視
野

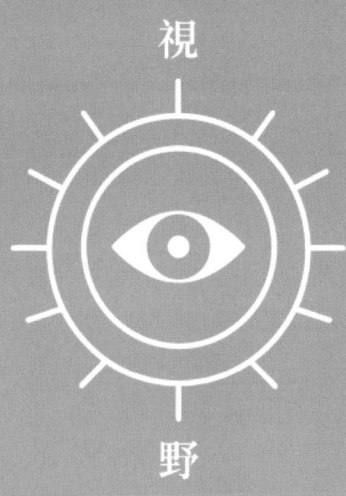

寶鼎出版

AI來了，你還不開始準備嗎？

人工智慧正全面改寫你的生活、職涯與競爭力

MASTERING AI

A SURVIVAL GUIDE TO OUR SUPERPOWERED FUTURE

Jeremy Kahn 傑洛米・卡恩 —— 著　戴榕儀 —— 譯

獻給維多莉亞、柯蒂莉亞和加百利

Chapter 1
幕後魔法師

圖靈測試：AI原罪　022
建構圖靈的智力機器　026
ELIZA效應　030
神經網路捲土重來　034
深度學習起飛　035
全力衝刺拚智慧　037
轉換器模型　041
AI成品真能符合期待？　044
AI的代價　047
站在時代轉捩點上　049

CONTENTS

推薦序
我們都已經航行在
AI的大浪之中，
此刻最需要的是一張
清醒的地圖
程世嘉
008

序言
AI燈泡亮起的瞬間
011

Chapter 2
腦海中的聲音

喪失心智的嚴重性　052
原創性被抹滅　057
幫你還是害你　058
寫作即思考　060
道德技能退化危機　065
守住大腦與靈魂　067

Chapter 3
陪我聊天

話語療癒術　070
數位降靈會　072
不是獨自一人，卻經常感到孤獨？　074
AI諮商師？人在心不在　077
與AI共舞：終極同溫層　079

Chapter 5
產業支柱

資料優勢　104
個人化產品宣傳　105
非結構化資料革命　107
我們知道的比能說出來的多　108
捕捉內隱知識　109
贏家獨大　111
智財資料新時代　113
出版業翻出新頁　116
大型科技公司更壯大　117

Chapter 4
全民自動駕駛

小甜甜布蘭妮測試　085
學徒制再起　089
人人都是中階經理　090
生化人工作團隊　092
AI導師　093
角色扮演　095
設計方式很重要　096
飛行計畫：航空業的啟示　098
給人類一個解釋　102

Chapter 6
富到極點，反而變窮？

歷史的啟示　123
輔助而不取代　125
逃脫圖靈陷阱　126
生產力爆發在即　128
UBER效應一部曲：薪資萎縮　130
UBER效應二部曲：消除收入不平等　132
重返恩格斯停滯期　134
國家財富變化　135
引導企業走出圖靈陷阱　137
加強集體協商能力　138
擴大社會安全網　139
輔助或取代，決定權在人類手中　141

Chapter 7
亞里斯多德放口袋

勇敢規劃新課綱　144
教師新寵　147
不離不棄的專屬家教　149
弭平數位落差　153
全球教室　155
克服 AI 語言障礙　156

Chapter 9
資料顯微鏡

生命的皺摺　189
科學研究工具　192
假設退場　196
藥物研發趕上思考速度　199
個人化醫療　202
不是人人適用　204
用 AI 散播恐怖　206

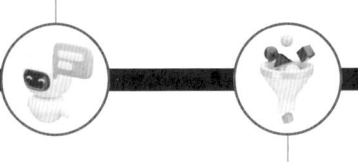

Chapter 8
藝術與技巧

奧特曼方程式　162
打破框架　164
但，這真的算藝術嗎？　168
人類與 AI 攜手創作　172
影音創作無所不在　177
愛與竊盜　179
不合理使用　181
樹立網路疆界　184
走向半人馬藝術　186

Chapter 10
雷聲大雨點小

AI 來救援？　209
AI 不是萬靈丹　211
庫梅定律瓦解　213
有水喝不得　215
挖礦污染環境，無塵室也不乾淨　2
好壞雙面刃　219

Chapter 11
信任炸彈
如果你請得起人類⋯⋯ 222
不公平的正義 223
不平的機會 226
放大偏見 228
小偷與駭客福音 230
AI鬥AI 232
謊言洪水 234
數位浮水印 238
草根行銷肥料 240

Chapter 13
全人類熄燈
對齊失敗 264
獎勵機制搞砸 267
狡詐難測 269
憲法式AI 270
捕捉人類意圖 273
更大、更強、更安全？ 274
守護人類安全 276

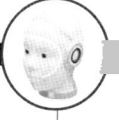

Chapter 12
用機器的速度打仗
救命的代價 244
附帶損害的責任歸屬 247
道德淪喪 249
緩和戰爭或加劇戰況？ 250
外交與風險 252
進步可嘉，還須努力 254
死亡之手 255
新世代強權之爭 259

結語　邁向超能力未來 279

謝誌 283
參考資料 287

Recommend 推薦序

我們都已經航行在 AI的大浪之中，此刻最需要的是一張清醒的地圖

iKala 共同創辦人暨執行長 程世嘉（Sega Cheng）

2022年11月30日，OpenAI推出了ChatGPT，全世界的「AI燈泡」在那一刻彷彿同時被點亮。一夜之間，AI從實驗室裡遙遠深奧的技術名詞，化為普羅大眾都能親手觸碰、與之對話的日常工具。這股浪潮的衝擊之快、力道之猛，遠超過去任何一次科技革命，ChatGPT在短短兩個月間，就累積了1億人的使用者，成為人類歷史上普及最快的網路服務。身為一個在AI領域深耕多年的創業者，我與iKala的團隊站在浪潮之巔，深刻感受到興奮與戒慎並存的複雜心緒。我們看見了前所未有的商業契機，同時也意識到，這項堪比電力與網際網路的通用技術，已經開始重塑我們的社會、產業與身為「人」的價值核心。

現在全世界充斥著對AI的兩種極端想像：一是無限美好的烏托邦，宣稱AI將解決一切難題，如果解決不了，那就開發更先進的AI來解決；二是令人恐懼的反烏托邦，警告著大規模失業與人類文明的終結。然而，根據人類一直以來的科技發展軌跡，我們知道最後的狀況往往落在極端光譜的中間。要在這波浪潮中穩舵前行，我們需要的不是狂熱的追捧或非理性的恐懼，而是一張清晰、全面、

推薦序

且能指引我們做出明智抉擇的地圖。傑洛米・卡恩（Jeremy Kahn）的這本著作，正是這樣一本指南。

作者憑藉多年報導AI產業的深厚功力，為我們梳理出一個宏大而細膩的框架。他不僅僅是介紹「AI是什麼」，更引領我們去思考「我們該如何與AI共處？」。整本中緊扣一個核心議題：「AI究竟是『輔助』還是『取代』人類？」，這已經不僅是一個形而上學的哲學辯證，更是每一位企業經營者、工作者與政策制定者已經在面對的關鍵策略選擇。

對企業而言，作者提出的「圖靈陷阱」概念尤其發人深省。我們是否正不自覺地陷入一場與機器比拚「模仿」的競賽，而非發揮人類獨有的創造力、判斷力與同理心，去開創人機協作的新典範？本書從客服中心、法律產業到放射科醫師的案例中，清楚地展示了AI副駕駛（Copilot）如何能賦能員工、弭平技能落差，創造驚人的生產力躍升。然而，它也毫不避諱地揭示了另一種可能：在演算法的支配下，工作者淪為缺乏自主性的「生化人工作團隊」或是更慘的「人肉電池」。這兩種未來的岔路，取決於我們如何設計系統、如何重塑流程，更取決於我們將「人」放在何種位置。

作者在書中強調，AI時代的競爭優勢，已不再單純是演算法的競逐。當大型語言模型逐漸商品化，真正的護城河將是企業獨有的「資料」，尤其是那些難以言傳、深植於組織文化與專家經驗中的「內隱知識」。如何有效地捕捉、轉化這些知識，並打造出正向的「人＋資料＋AI」的正向飛輪效應，將是所有企業轉型的成敗關鍵。這點與iKala多年來協助企業進行數位轉型的經驗不謀而合，我們深知，技術只是載體，真正的價值源於對「人」的深刻理解。

AI 來了，你還不開始準備嗎？

更難能可貴的是，本書的視野超越了商業與科技的範疇，深入探討了 AI 對教育、藝術、科學，乃至民主社會信任 的根本性衝擊。從「AI 家教」為教育平權帶來的曙光，到「謊言洪水」對民主體制的侵蝕，作者努力呈現了平衡的論證，並在每一個關鍵節點，都回歸到一個根本問題：我們的選擇是什麼？我們希望打造一個什麼樣的未來？

AI 的發展並非命定，它的軌跡掌握在我們手中。這本書給予我們的，不是一個單純的答案，而是一個深思熟慮的框架，幫助我們提出正確的問題。它提醒我們，在追求效率與自動化的同時，絕不能遺忘同理心，這是人類最珍貴、也最不易被機器複製的特質。

這是一本為所有關心未來的人所寫的書。無論你是企業領袖、專業經理人、教育工作者，或僅僅是一個對未來感到好奇的公民，都能從中獲得啟發。在 AI 浪潮以前所未有的速度席捲而來的此刻，這本書是我們航向未來時，不可或缺的案頭地圖。我誠摯推薦這本書給各位。

Preface 序言
AI 燈泡亮起的瞬間

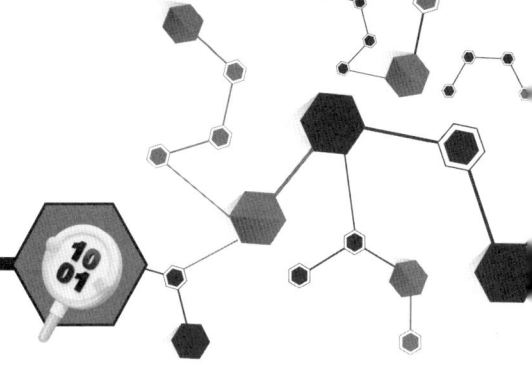

　　看過卡通人物靈光乍現時，頭頂突然亮起燈泡的畫面嗎？在那瞬間，原本深藏在意識中某個暗黑角落的點子從無形變成有形，彷彿觸手可及。這種豁然開朗的時刻有可能降臨在個人身上，也可能發生於整個社會，使大眾突然感受到舊時代與新世紀的分野。假設有某項技術，結合了不需專業知識就能使用的裝置或軟體，使一般人對未來產生全新的觀點，就可以說是燈泡亮起的瞬間[1]。

　　燈泡本身的發明，就曾在全人類的頭頂發出亮光。1879年12月31日，湯瑪斯・愛迪生（Thomas Edison）在他紐澤西州門羅公園（Menlo Park）的實驗室裡按下開關，那顆白熾燈泡就此照亮了美麗新世界[2]：一個由電力驅動，不必再完全仰賴天然氣和蒸汽的世界。為了搶先將電力商業化，大西洋兩岸的發明家和科學家已競爭了近十年[3]。但他們的許多發明都相當深奧，屬於技術複雜的工業裝置；燈泡則不一樣——這是每個人都看得見、摸得到，而且能夠瞭解的發明。

　　過去三十年來，數位科技使人類經歷許多燈泡亮起的時刻：在網頁瀏覽器出現前，其實就已經有網際網路，但要到Netscape Navigator瀏覽器於1994年推出後，網路時代才真正降臨；MP3播

AI 來了，你還不開始準備嗎？

放器在iPod於2001年問世前，就已經存在，但並沒有掀起數位音樂革命；蘋果2007年推出的iPhone並不是史上第一支智慧型手機，但在那之前，並沒有手機專用的應用程式。2022年11月30日，AI世界的燈泡也點亮了[4]：就在那天，OpenAI發表了ChatGPT。

身為記者的我，從2016年就開始報導人工智慧（artificial intelligence，簡稱AI），也見證這項技術持續進步。AI一直是企業領袖和科技專家之間的熱門話題，但在ChatGPT出現前，從未真正成為大眾的焦點。我自己一直密切關注AI，知道這方面的技術是一點一點地慢慢進步，所以ChatGPT亮相時，我以為又像之前一樣只是小有提升，因為乍看之下，ChatGPT好像與OpenAI近一年前推出的AI模型Instruct GPT沒有太大差異[5]。Instruct GPT是OpenAI對大型語言模型GPT-3的重要改良，我曾寫過相關文章。與GPT-3相比，Instruct GPT更容易用文字指令控制（也就是所謂的「提示」），也比較不會產生種族主義、性別歧視、恐同或其他惡性內容，還能完成許多自然語言工作，像是翻譯、文字摘要、寫程式等等，但卻幾乎沒有引發任何討論。

所以ChatGPT推出時，我沒想到大家會如此驚訝，但這項產品會引起那麼大的旋風，並不是沒有道理。軟體介面（譬如谷歌的搜尋列）是我們與科技互動的媒介，所以介面的設計很重要，就好像福特T型車（Model T）不能只有內燃機加上幾顆輪子，也必須要有外觀上的設計。OpenAI打造出簡單的聊天機器人介面，因此一炮而紅。看到這樣的創新，我頭頂上彷彿也亮起了一顆燈泡。

過去十年間，AI進步侷限在很狹小的領域內。在ChatGPT之前，我報導過的許多AI成功案例，都是軟體在比賽中擊敗人類，譬如谷歌的尖端AI技術實驗室DeepMind就開發出AlphaGo，在2016年3月擊敗世界圍棋冠軍李世乭（Lee Sedol）[6]。這是電腦科學界的重大成就：圍棋是一種古老比賽，棋局可能的排列組合非常多，演算法無法像下西洋棋那樣，用暴力計算法（brute calculation）來分析每一種可能，而是必須根據過去的比賽經驗，按照機率決定怎麼下最好。但棋局畢竟只是比賽，雖然可以用來訓練我們希望AI精通的技巧，但本質上仍然相當簡化且抽象，不如真實生活那麼複雜。圍棋盤上只有黑與白，而且雙方都能看見每一顆棋子的位置。

DeepMind之後展示了一個AI系統，能在《星海爭霸II》（StarCraft II）中擊敗最強的人類玩家[7]。這個電玩遊戲十分複雜，當中的虛擬世界也更能反映現實世界的混亂。後來開發ChatGPT的AI研究公司OpenAI，也打造出在遊戲《Dota 2》中打敗人類的AI隊伍[8]。但這些成就並未讓燈泡亮起，因為瞭解《星海爭霸II》和《Dota 2》的人太少，而且AI系統即使摸透了這兩款遊戲，背後的技術仍無法直接應用於真實生活。

在ChatGPT出現之前，AI總是在幕後運作，使常見的產品功能成為可能，例如推薦電影、在社群媒體上標記照片中的人等等。這些AI模型很厲害，但並不是通用技術，多數人也不認為採用這類模型就可以叫AI產品。以前我如果提議報導這種非通用領域的AI發展，有時會很難打動編輯，現在回想起來，我不怪他們，畢竟這種AI和電影裡演的劇情，似乎差了十萬八千里：像是史丹利·庫柏力克（Stanley Kubrick）《2001太空漫遊》（*2001: A Space Odyssey*）中的邪惡AI哈兒（HAL 9000）、《星艦奇航記》（*Star Trek*）的善良電腦，以及2013電影《雲端情人》（*Her*）片中迷人的數位助理。

AI 來了，你還不開始準備嗎？

到了2018年，情況開始改變。在AI研究人員的努力下，大型語言模型開始快速進步，ChatGPT就是採用這種技術。相關研究發展證明，AI模型如果夠大，那只要訓練模型預測句子中的字詞，就可以完成各種工作，從翻譯、摘要到回答問題都不例外。在那之前，上述的這三件事都需要不同的AI系統來執行，所以在AI世界裡，這樣的突破可是非同小可，我也曾為彭博社（Bloomberg）和《財富》（Fortune）雜誌撰文，探討這可能對企業界造成哪些深遠的影響。其實在當時，AI已應用在軟體後端，只是還未包裝成一般大眾容易使用的形式，所以多數人並無法想像全球即將發生的巨變，就連許多專家也不例外。有個專有名詞叫「特斯勒效應」（The Tesler Effect）[9]，指的就是容易輕視AI進步的態度，因為電腦科學家賴瑞·特斯勒（Larry Tesler）曾戲謔地說：「AI的定義，就是現在還辦不到的事。」他說人類往往會把既有的成果看作理所當然，而且一旦AI能夠做到某件事，我們就會把那項技能從「智慧」的定義中刪除，認定所謂的「智慧」是一種隨時變動的性質，必須集結人類的各項能力才能實現，軟體則永遠無法企及。

ChatGPT問世後，AI終於克服了特斯勒效應，甚至前進到更高境界。大家突然意識到AI真的已經降臨，還能跟人對話，而且回應得自信又清楚，只不過內容不一定正確就是了。你可以請AI根據冰箱裡的食材提供食譜，也能用AI做會議摘要——用一般文體或寫成一首詩都行！你可以尋求AI的想法和意見，用來加強商業模式或向老闆要求加薪；AI還能替你製作網站，或替你寫出客製化軟體來控管並分析資料。如果搭配其他生成式AI模型，還幾乎能替你產出任何圖像，只要你知道怎麼描述，系統就生得出來。

前言

　　當今的AI形象已類似《2001太空漫遊》和《星際奇航記》中的電腦，大眾對這項技術的態度也瞬間從冷淡變成驚訝。這代表什麼？AI會導向怎樣的未來？人類還有未來嗎？的確有些相關言論令人十分恐懼，某些甚至是來自站在AI最前線的高階主管與研究人員：有人說AI可能會取代全球3億個工作[10]，也有人說ChatGPT就像「口袋裡的核彈」，已在大眾毫無防備的情況下引爆，將會摧毀教育與信任，甚至使民主蕩然無存。OpenAI的共同創辦人兼CEO山姆・奧特曼（Sam Altman）也有一句著名的警告：要是不小心使用，AI可能會使「全人類熄燈」[11]。

　　我寫這本書，就是希望能回答ChatGPT帶來的諸多問題。我在研究時很訝異地發現，我們現在的許多顧慮以及AI革命引起的道德恐慌，在印刷機、電視和網際網路等早期技術問世時，當時的大眾也曾經歷過。對於AI的某些恐懼可追溯到電腦時代的開端，某些則是到了比較後期，才隨著網路、GPS、社群媒體和手機的出現而產生。研究人類如何共同應對早期創新帶來的挑戰，可學習到許多寶貴經驗，不僅是要跟上改變，更重要的或許是如何維持不該變的部分。某些社會趨勢其實是由早期技術先帶動後，才繼續由現在的AI加速、延伸，有時甚至是加劇。以社交孤立和對媒體的不信任為例，AI可能是使當前的情況更加惡化，並不一定是造成新的問題。

　　不過，AI和上述的這些早期創新有三個關鍵差異。第一，AI比我們過去接觸的大部分科技都更通用，與電話、汽車、甚至是飛機相比，反而比較像是書寫、金屬冶煉或電力的發明。有幾位AI思想家曾表示，這可能是人類「須要發明的最後一項技術」，因為AI有

015

AI 來了，你還不開始準備嗎？

潛力幫我們創造未來可能需要的所有技術，也有潛力影響社會的每一個面向[12]。

第二，AI的進步及採用速度，都遠遠超過之前的技術。ChatGPT推出一個月內就累積了1億名使用者，原本成長速度居所有消費性軟體產品之冠的Facebook，也花了將近四年半才達到這個里程碑[13]。對AI技術的投資隨之暴增，在《財富》雜誌的全球500大企業中，超過一半都計畫在未來幾年導入類似ChatGPT的AI[14]。

之所以強調這一切發生的速度有多快，是因為這代表人類更沒有時間適應AI正在形塑的新世界，更沒有時間思考AI的影響、該如何監管這項技術，也更沒有時間行動了。最後不管怎麼做，可能都已太遲，AI可能都已造成傷害，只是嚴重程度的問題而已。

最後，AI比先前的技術都更直搗人類的認知核心：在我們的認知當中，人類之所以獨特，是因為擁有智慧與創造力。當全世界的勞工終究輸給了蒸汽鑽時，人類的勞動力也跟著貶值，但不管怎麼說，人在體力方面本來就不是頂尖。我們早就知道許多動物跑得比人快、而且能爬得更高、游得更快、力氣也更大，可是沒有哪個物種思考力比我們強。其實微處理器和先前幾代的軟體，已經有某些認知能力可與人類相比，而且運算速度與準確率遠遠勝過我們，執行機械式程序也更快、更精準，但**寫出**那些機械式步驟的，終究是人類。換言之，電腦並未挑戰到我們的智力核心，也就是推理能力、用創新解決問題的能力，以及對想法與情感的創意表達力，結果AI卻一次挑戰了幾乎全部。就是因為AI如此深奧，我們才會感到如此不安，對於這項技術既著迷又恐懼。有史以來第一次，人類可能從地球最聰明物種的寶座跌落，而且或許不久後就會發生。

前言

各位看到這裡，可能會覺得有點頭暈，但其實在AI帶動的未來，還是有許多事值得期待。如果我們能以正確方式設計軟體，並實施適當的政策，AI就能為全人類帶來超能力，譬如減輕日常事務的負擔，讓人以更聰明有效率的方式工作等。這項技術將帶來前所未見的生產力提升，加速經濟成長；有些老師和家長擔心AI會摧毀教育，但事實恰好相反：有了AI以後，每個人反而都能有個如影隨形的私人家教；AI能幫助人類拓展科學和醫學上的可能，提供全新療法和更個人化的醫療，還有助瞭解化學和生物學，甚至是人類自己的歷史和史前時代；在監控地球狀況和保護生物多樣性方面，也很有幫助，更能加強可再生能源的使用效率；對某些人來說，AI還能時時提供陪伴，有機會緩解孤獨，幫助社交有困難的族群改善人際技巧；若以正確方式使用，AI甚至能鞏固民主。

但我們眼前也潛伏著重大危機，如果做出錯誤的選擇，AI將會使個人和整體社會弱化：我們的社交技巧可能會萎縮，在職場上也可能喪失權力與動力，非但無法主導機器，還成為機器的奴隸；政府如果沒能實施適當的管控，社會不平等會更嚴重，權力也將更加集中；AI合成內容大量出現，可能會使信任蕩然無存，並摧毀本來就已搖搖欲墜的民主結構；AI消耗的電力，則可能使我們對抗氣候變遷的努力白費；這項技術還可能用於製造生化武器，使更多平民和士兵在戰爭中喪命，落入錯誤的人手中，甚至可能成為恐怖主義的幫兇。如果讓AI自動處理核武發射決策，世界或許會就此滅絕；未來的超級人工智慧甚至可能對人類物種構成威脅。

關於AI帶來的影響，社會上有許多討論，像是「AI將消滅民主，甚至是整個世界」這種論調，但在本書中，我們也會探討一些

AI 來了，你還不開始準備嗎？

相對沒那麼受關注的議題，主要包括 AI 對人類心智與想法的威脅，以及為何不該讓 AI 的認知進步削弱自己的思考力；另一個很少有人討論的風險在於 AI 可能會使人類在做決策時，不再以同理心為最高原則；最後，AI 還可能加劇社會既有的種族和階級分裂問題。

不過請各位保持樂觀，在書中，我也會列舉一些常被忽視的契機：AI 雖有可能加劇不平等，但同樣能讓更多人有機會成為中產階級；能協助更多人打造事業、成為創業家；能激發豐富的創意與文化，也能協助人類學習，拓展個人與全體社會的知識。

在這本探索 AI 的作品中，我會先簡述這方面的歷史，解釋人類是如何走到新時代的關口；接著會審視 AI 對社群關係、工作、企業與整體經濟的影響，再說明 AI 將如何翻轉藝術、文化、科學與醫學；我們將探討在人類努力促進永續、面臨民主危機之際，AI 扮演怎樣的複雜角色，如果不限制此技術在武器方面的應用，又會有怎樣的風險；最後，我們也會一起思考 AI 造成人類滅絕的可能。

在上述的所有領域，AI 都對真實性和信任造成許多令人擔憂的問題，以哲學家的話來說，就是本體論（人類對於存在與現實的信念）和認識論（我們是如何建構這些信念）方面的議題。在 AI 帶動的未來中，我們應該堅持區分真實與虛假，明辨實物與模擬之間的區別。AI 擅長模仿，模仿我們的理解、寫作、思考與創意，但在大多數的情況下，仍無法真正變成模仿對象，而且大概一直都會是這樣。AI 可補足、拓展人類的重要特質，但各位也不應該被誤導，認為模型可以取代我們。大家必須記住，AI 的超能力是強化人類天賦，而不是完全取代人的存在。

前言

　　在本書中,我希望能為讀者點亮未來的 AI 超能力之路,但這條路並不寬闊,我們必須小心前行,謹慎地建構 AI 模型,更重要的是也要審慎地與 AI 互動。

　　說到底,要如何利用 AI 取決於我們自己。即使有些事在公共領域不常討論到,不常成為選戰或法說會的焦點,我們仍須團結做出對整體社會最有利的決定。唯有小心決策,才能運用 AI 來拓展人類最強的技能,而非取而代之。政府與企業的政策及規定,會大幅影響 AI 所造成的衝擊,我在書中也會舉一些例子說明。

　　AI 模型本身的能力很重要,但更關鍵的是我們如何與這類的軟體互動。要想處理得當,不能只聽打造出強大 AI 的企業怎麼說,也必須參考研究專家在人機互動和人類認知偏見方面的洞見。

　　人類勢必得和 AI 成為隊友,不能只是負責檢查軟體的產出;也必須堅持過程的重要性,不能光看結果。要實踐這些理想,關鍵在於同理心,也就是人類因為擁有類似生命經驗而對他人產生的理解,這是我們身而為人最珍貴且長久的禮物,也是人性道德的基石,更是 AI 不太可能發展出的特質。我們不能太急著利用 AI 的技術效率,因而忘了同理心對人類文明有多重要,畢竟這是最人性化的特質。時時把同理心當做北極星一般的指引並不容易,但如果能做到,就能成功掌握人工智慧。

Chapter 1
幕後魔法師

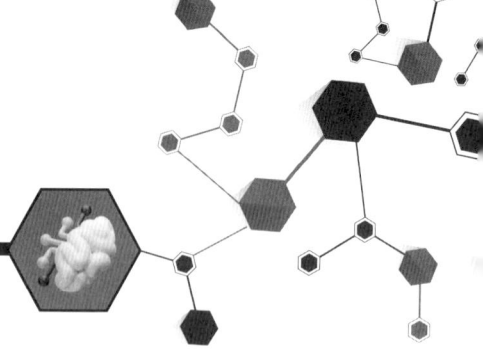

在美國愛荷華州首府第蒙（Des Moines）外圍的平原上，有一棟和20個足球場一樣大的無窗建築。2020年春天，那棟建築催生出一台超級電腦，規模在人類史上數一數二，由一層又一層的專用電腦晶片構築而成[1]。這種晶片最初的開發目的，是要處理電玩遊戲中密集的影像轉譯作業。這座資料中心是微軟（Microsoft）所有[2]，建設成本高達數億美元，但之所以會串接一萬多個晶片，還用高速光纖電纜連接來打造超級電腦，是為了供應給舊金山的一家小型新創。當時，只有熟悉AI這個小眾電腦科學領域的人聽過，這家公司就叫OpenAI。

2019年7月，微軟投資了10億美元，取得OpenAI的技術，建構超級電腦也是雙方的協議之一[3]。在接下來的34天，這台電腦日以繼夜地訓練超大型AI軟體，訓練出的模型能夠編碼1,750億個資料點之間的關係。OpenAI把大量文本餵給AI，資料全都來自過去十多年間，在網路上檢索到的25億個網頁，還有數百萬則Reddit討論、幾萬本書和維基百科全站內容。這款軟體的目標是在消化龐大資料集後，建構出當中所有字詞的相互關聯；有了以統計為基礎的關係對應資料後，就能處理任意的文字序列，預測出接下來最可能出現的字詞。如此一來,就能產生出文字段落,而且各種內容類型和風格都難不倒AI,幾乎就像是出自人類之手。

OpenAI把這款軟體叫作GPT-3,並在2020年6月推出,使許多電腦科學家相當驚愕,因為從來沒有任何軟體這麼擅長寫作,而且GPT-3不只能組裝出詩和散文,還會寫程式碼、回答事實相關問題,更具備閱讀理解及摘要能力,能判斷文字中展現的情感,可將英文和法文、法文和德文以及其他許多語言對譯,甚至能回答涉及常識推理的問題。雖然只是被訓練預測序列文字中的下一個詞,但模型其實可以執行幾十種語言相關工作,而且人類輸入指令時,不需要使用電腦程式碼,只要像平常跟人說話一樣即可,科學家稱之為「自然語言」。微軟執行長薩蒂亞・納德拉(Satya Nadella)相信GPT-3很有潛力,因此加碼投資,最初投入舊金山這家小型AI實驗室的10億美元悄悄翻倍,然後又漲成三倍。兩年後,由GPT-3催生的成果就是ChatGPT。

說到生成內容可比擬真人的AI軟體,ChatGPT並不是首創,但卻是第一款讓幾億人都能輕鬆使用的AI,因而啟發大眾探索AI的可能,也使大型科技公司和資金充足的新創爭相開發,希望發揮AI的潛力。短短幾個月內,微軟就再對OpenAI增資了百億美元,並開始將OpenAI更強大的GPT-4模型,結合到Word和PowerPoint等每天有幾億人使用的產品中。谷歌(Google)為了趕上進度,打造出通用型聊天機器人Bard,並將生成式AI導入搜尋引擎,對許多產業的商業模式造成大地震,從新聞、媒體業到電子商務都可能受影響。谷歌隨後也開始訓練更大、性能更強的AI系統,能分析並生成圖片、聲音與音樂,而不僅限於文字。這個模型名叫Gemini,已取

AI 來了，你還不開始準備嗎？

代Bard整合到許多谷歌產品中。Meta開始釋出功能強大的免費AI模型，供所有人使用；亞馬遜（Amazon）和蘋果（Apple）也著手開發生成式AI。

這波競爭浪潮把人類不斷往前推，使超強通用型AI的雛形愈來愈清晰。如果真有處理所有認知任務都比人類更強的AI系統出現，我們也將見證所謂的「科技奇點」（singularity）。雖然許多人仍懷疑那天的到來，但人類確實從未如此接近科技奇點。

為什麼ChatGPT會如此令人印象深刻？因為我們可以和AI對話。有些人認為，電腦能把五位數的數字相乘，或偵測股票市場的波動模式，都並不稀奇；要評判機器的智慧，應該要著重電腦的對話技能。話雖如此，其實長久以來，評判標準仍爭議不斷，不過在電腦時代初期，就已經有人懷抱願景，想像出能與人對話的智慧型數位系統。這樣的觀念引領了整個AI領域的發展，只不過結果是好是壞，目前還很難說。

圖靈測試：AI原罪

把對話視為智慧象徵的想法，可追溯到20世紀中葉，以及當代傑出思想家艾倫・圖靈（Alan Turing）的作品。圖靈是優秀的數學家，最著名的事蹟是破解納粹在二戰期間使用的恩尼格瑪密碼（Enigma code）。1936年，年僅24歲的他設計出一台假想機器，成了現代電腦的靈感來源；1948年，圖靈更在寫給英國政府實驗室的

Chapter 1　幕後魔法師

報告中,指出電腦某天可能會開始擁有智慧[4]。在他看來,我們應該重視機器的輸出品質,而非達到該輸出成果之過程。舉例而言,即使機器是利用暴力計算法來決定棋路,思考方式和人類對手截然不同,但只要能在西洋棋賽中贏過人類,我們就還是應該認定機器比人類有聰明。

兩年後的1950年,圖靈在他的重要論文《計算機器與智慧》(Computer Machinery and Intelligence) 中進一步擴展上述觀念,並提出名為「模仿遊戲」(Imitation Game) 的機器智慧測試,由提問者分別向一個人和一台電腦問問題,三者分別在不同房間、互不接觸[5]。人和電腦的回覆會以打字的形式回傳給提問者,分別標示X與Y,而提問者的任務就是根據答案判斷X是人或機器。圖靈認為,如果提問者分不出來,就代表我們應該相信電腦擁有智慧。

這個遊戲有個很關鍵的概念:圖靈表示,測試重點並不在於答案的準確性或真實性,他也有預料到,為了要「贏得」這場遊戲,人和機器都可能會撒謊。專業知識同樣不是測試重點:圖靈在描述模仿遊戲時推測,機器如果能以假亂真,讓我們分不清誰是真人,那麼關鍵肯定在於機器已精通日常對話的**形式**,而且明顯掌握了一般常識。

模仿遊戲後來也稱為「圖靈測試」(Turing Test),深深影響了電腦科學家對機器智慧的看法,不過這項測試從一開始就引發極大爭議,譬如任教於曼徹斯特大學的當代哲學家沃爾夫・梅斯(Wolfe Mays),就曾批評測試過度著重機器輸出,而非產生輸出結果的內在流程,還說機器那種冰冷又呆板的邏輯性計算方式,「根本和人類思考完全相反」[6]。梅斯認為,思考是一種更為神祕,也更仰賴直覺的現象。他和一派人相信，智慧和人類的意識密切相關，而且意識不可能完全簡化成物理現象。他曾撰文表示，圖靈似乎「默默地假設只要透過原子命題排列組合，就能疊加成完整的智慧與思想。」

數十年後，哲學家約翰・瑟爾（John Searle）設計了一個思想實驗，說明他在圖靈測試中看到的致命缺陷。瑟爾假想一個看不懂也不會講中文的男子被鎖在一間房間內，房裡有一本中文字典、幾張紙和一枝鉛筆。有人會把寫滿中文的字條會從門縫塞進去，男子的工作就是查字典，把對應的中文字寫到新的紙條上，再從門縫遞出來[7]。瑟爾認為，雖然男子的確能根據字典內容，把文字的精確定義抄到紙上，但只因如此就說他「理解」中文，實在是很可笑。瑟爾也在著作中指出圖靈的想法錯誤，因為延續上述實驗的邏輯，我們不應該只因電腦能根據外在特徵模仿人類對話，就認定機器擁有智力。

隨著GPT-4等超大型語言模型出現，關於這些問題的討論愈發熱烈，再加上認知科學家還沒能徹底瞭解人類智慧與意識的本質，所以大家更是眾說紛紜。我們可以根據標準化測試的結果，把「智力」簡化成IQ這樣的單一數字嗎[8]？又或者哈佛心理學家暨神經科學家霍華德・加德納（Howard Gardner）主張的才對，或許所謂的「智力」可以很多元化，可以包括喬丹（Michael Jordan）的運動天賦、泰勒絲（Taylor Swift）的音樂才華，以及柯林頓（Bill Clinton）的人際技巧？對此，神經科學家與認知心理學家仍在辯論。

圖靈測試不僅把結果看得比過程更重要，也認定欺騙是智力的象徵，等同於鼓勵AI軟體在接受測試時行使欺騙行為。許多現代

Chapter 1　幕後魔法師

AI倫理學者因此認為，這項測試在根本上並不道德，也予以譴責，因為許多受圖靈測試影響的AI工程師，會習慣在不知情的人類身上測試系統[9]。近年來，也有一些公司利用毫無戒心的人類玩家，在圍棋比賽和桌遊《外交強權》（Diplomacy）中，測試能參與策略型競賽的AI軟體[10]。研究人員辯稱這種欺騙有必要性：玩家要是知道對手是軟體，可能就會改變比賽風格與策略。谷歌在2018年展示新的數位助理Duplex時，就曾指示軟體打電話給餐廳訂位，讓餐廳經理以為是真人，結果被倫理學家和記者嚴厲批評[11]。現在大部分的「負責任AI」政策都主張知情權，也就是必須讓使用者知道自己是在與AI軟體互動，但有時候，企業還是找得到理由不遵守規定。

長久以來，圖靈測試最令人困擾且遺憾的特點，在於這項實驗被定位成智力遊戲，由人類與電腦較量，而電腦的目標就是要模仿人類，變得和真人一樣。科技作家約翰・馬可夫（John Markoff）在《Machines of Loving Grace》（書名暫譯：慈愛的機器眷顧）一書中指出，因為這樣的實驗設定，有好幾代的AI研究者都企圖打造在某些工作上能與人類並駕齊驅、甚至超越人類表現的軟體，並根據取代人類的潛力來評估成效[12]。馬可夫指出，其實還有另一種觀點，是認為AI軟體具備與人類不同但互補的能力，這樣的思考方式有助開發AI系統來協助人類，而非取代真人。

不過這種互補概念卻很難獲得認同。AI研究人員想證明自家軟體能力時，仍傾向採用圖靈的方法，以人類表現為基準來評估系統。的確有些人這麼做只是為了行銷，畢竟軟體如果能在我們熟悉的桌遊或專業考試中勝過人類，當然比較容易登上頭條；但許多AI研究者渴望達到真人水準、甚至超越人類，可不只是為了搏取媒體

AI 來了，你還不開始準備嗎？

版面。之所以會如此，圖靈造成的影響很大。近來，也有人把評估人類能力用的考試，拿去考最新一代的AI語言模型，像是律師考試和美國的醫療執照考試等。當今最強大的AI系統已通過這所有的測試，而且得分往往高於人類平均。ChatGPT以令人折服的對話能力一炮而紅，在原始的圖靈測試中肯定也能交出亮眼表現，但如果再深入挖掘，就會發現軟體模仿人類的能力開始露出破綻。花時間玩過ChatGPT的人很快就會發現，現在的生成式AI在智力方面有時脆弱得令人失望，給人的感覺也有點古怪：模型或許能淋漓盡致地回答關於粒子物理學的艱深難題，卻會在八歲小孩都能輕鬆解答的邏輯問題中出錯。這種不穩定的表現和天才愚蠢並存的矛盾，圖靈肯定沒想到。

電腦能流暢對話，卻無法真正理解自己所說的內容？科學家最早在挑戰做出圖靈的思考機器時，根本還想像不到這樣的矛盾。約莫在圖靈想出模仿遊戲的同時，世上第一批通用電腦ENIAC也啟用了。這些電腦採用圖靈在戰前提出的許多設計概念，是全球最早的電子計算機之一，體積非常大，幾乎占滿賓州大學工程學系的整個地下室，大概是43坪的空間，電線和真空管則重達30噸。ENIAC每秒能完成5,000次加法運算，遠比先前的機械式計算機快，但與現今AI軟體使用的強大晶片相比，速度仍幾乎只有兆分之一。不

Chapter 1　幕後魔法師

過,有一小群開路先鋒相信,他們可以教會ENIAC這樣的機器思考。

達特茅斯學院(Dartmouth College)的年輕數學教授約翰‧麥卡錫(John McCarthy)就是其中之一。1950年代早期,為這些新電腦注入智慧的想法開始流行起來。科學家知道要實現這個目標,瞭解人腦很重要,所以也開始探索能精確描述大腦運作機制的演算法。在這波知識狂熱中,研究自動機理論(automata theory)的麥卡錫是核心人物;也有其他人在進行類似研究,不過他們稱之為模控學(cybernetics)及資訊處理(information processing)。1955年初,麥卡錫希望能整合各界的研究成果,因此隔年夏天在達特茅斯舉行為期兩個月的研討會[13]。他邀請十多位學者,主要是數學家,但也有電機工程師和心理學家,為的就是要討論如何讓電腦思考、學習。

麥卡錫在替研討會申請資金時,發明出「人工智慧」(artificial intelligence)一詞來指涉這個新興領域,也和其他主辦人員設計了很有野心的議程,並在提交給洛克菲勒基金會(Rockefeller Foundation)的補助申請中寫道:「我們想瞭解如何使機器懂得使用語言、發展出抽象概念與想法、解決現在只有人類能處理的問題,並自我提升。」他們認為,「經過審慎挑選」的科學家如果能攜手合作,那年夏天「就能在上述的一至多個領域實現大幅進展。」

但事實證明,麥卡錫和夥伴太樂觀了。1956年的研討會未能凝聚相關領域的專家,讓大家投入共同的願景與研究,使麥卡錫相當失望。有些與會者甚至對「人工智慧」一詞有意見,覺得聽起來就很假[14]。各方對這個用詞激烈爭論,反而分散了時間和注意力,沒

AI 來了，你還不開始準備嗎？

能充分討論實質議題。麥卡錫為自己的選擇辯護時表示，採用此說法是為了強調大家應該以「智慧」為發展目標，而不該只滿足於自動化。「人工智慧」一詞終究流傳了下來，而且達特茅斯研討會雖然未能統合各方的AI研究，但會議期間的許多概念和挑戰，都對接下來六十年的AI進程非常重要，其中的一個觀念甚至觸發了當代的AI革命。

這個觀念叫作「類神經網路」（artificial neural network）[15]。1940年代末，神經科學家發現人類的神經元在出生時並沒有差異，後來也得出結論：成熟神經元在大腦中的運作方式如果有所不同，都是因為後天學習的緣故。他們也瞭解到，神經元之間會傳遞電化學信號，而且似乎有傳遞階層存在。基於這兩項發現，科學家也開始想辦法複製神經網路的結構，一開始是用真空管，後來則改用數位電腦與軟體。

最早的神經網路只有兩層。網路在處理圖像、聲音或文本時，輸入層的神經元會從這些素材中的不同部分取得資料，並分別對取得的資料套用數學公式，然後將結果傳遞給輸出神經元，再由各輸出神經元將所有結果累加起來，並套用數學公式，產出的結果就是提供給使用者的答案。如果答案錯誤，系統就會調整變數。這些變數稱為權重（weight）和偏權值（bias），存在於每個神經元的公式之中。神經元輸出的結果愈接近正確答案，權重和偏權值就愈會提高，反之則會降低。接著，整個網路會用資料集中的其他例子再試一次，在過程中逐漸學習，利用大量的例子學會如何產生正確答案。

Chapter 1　幕後魔法師

　　有一些電腦科學家認為，這種早期神經網路能實現人工智慧[16]。用上述方法教電腦進行簡單的二元分類效果很好，譬如判斷是亮是暗，是圓形或方形，但用途也差不多就僅限於此。哈佛大學傑出的年輕數學家馬文・明斯基（Marvin Minsky），是當年協助麥卡錫舉辦研討會的人員之一，他利用從B-24轟炸機救回的零件，建造出最早期的類神經網路，並於那年夏天在達特茅斯發表了對神經網路的研究成果，不過講解內容主要聚焦於神經網路的諸多限制。

　　不久後，明斯基創立麻省理工學院的AI實驗室，仍然懷抱熱忱，但想法大為轉變[17]。他開始嚴厲批判類神經網路技術，並鑽研如何透過邏輯規則告訴電腦如何推理，盼能創造出具有學習和思考能力的機器。舉例來說，如果希望機器能從圖片中辨識出汽車、摩托車和自行車，就必須透過程式，教電腦找出人類認為重要的特徵，像是自行車把手、輪子數量、車門、窗戶和排氣管等等，然後還得寫程式碼，告訴電腦如何根據這些特徵推理：如果有把手，但沒有車門和排氣管，就是自行車；如果有排氣管，但沒有車門，那就是摩托車。達特茅斯研討會舉辦後的那幾年，這類的象徵性推理方法在類真人AI的開發上，似乎帶來了穩定的進步，科學家也陸續寫出懂得下雙陸棋、跳棋和西洋棋的軟體，而且程度和一般人相當。後來在1966年，一個採用明斯基規則性訓練方法的AI系統，還差點通過圖靈測試。

打造出Eliza聊天機器人的，是名叫約瑟夫‧維森鮑姆（Joseph Weizenbaum）的工程師，任職於明斯基成立的麻省理工學院AI實驗室[18]。他1923年出生於柏林的富裕猶太家庭，後來為了逃離納粹，於13歲時落腳底特律。維森鮑姆與父母關係緊張，再加上英文學得不順利，所以社交上十分孤立，也因而一頭栽到數學之中，後來則向心理分析師尋求安慰。他深受方興未艾的電腦領域吸引，最終獲得一份寫程式的工作，為通用電氣公司（General Electric）設計軟體，預計用於該公司當時正在矽谷建造的大型電腦。與機器互動的可能開始引起他的興趣，對他而言，有趣的不是程式碼，而是自然語言。一個朋友瞭解他的想法，於是把他介紹給史丹佛大學的精神科醫生肯尼斯‧科爾比（Kenneth Colby）[19]。科爾比認為電腦有機會開創新的治療方式，還有可能模擬人腦，幫助人類以另類方法研究精神疾病。他們合作打造出類似虛擬治療師的軟體，後來維森鮑姆也帶著這個點子，在1963年加入麻省理工學院，並在三年後，催生出世界上第一個聊天機器人Eliza，取名自蕭伯納（George Bernard Shaw）《賣花女》（*Pygmalion*）劇中的角色伊萊莎‧杜立德（Eliza Doolittle）。

　　Eliza的設計宗旨是用文字模擬病患和心理分析治療師之間的文字互動[20]。維森鮑姆刻意為Eliza選擇這種「人設」，是為了掩飾聊天機器人相對薄弱的語言理解能力[21]。AI系統會分析使用者輸入的文字，然後根據一套複雜規則，嘗試將文字和預設回應中的其中一個配對，如果不確定，有時會把輸入的內容用問話的方式換句話說，反過來問使用者，就像心理分析師那樣[22]；也有時會給予聽起來很有同情心的模糊回應，例如：「我瞭解」、「嗯，你繼續」，或是「聽起來很有趣」[23]。

即使是以當時的標準來看，Eliza背後的程式碼也不是特別複雜。這個聊天機器人之所以成為突破，主要是因為使用者的反應。維森鮑姆發現許多學生與Eliza互動後，都深信對方是人類治療師[24]。「有些受試者很難相信（使用現在腳本的）Eliza不是真人，」維森鮑姆這麼寫道。他後來也想起助理曾要求和Eliza相處，一會兒過後還要求他離開[25]。「從這件趣事看來，程式確實營造出幻覺，讓使用者以為機器懂得理解。」他又註明道。有些人即使是電腦科學家，也忍不住對Eliza掏心掏肺[26]。

換句話說，Eliza幾乎辦到了圖靈所設想的那種欺騙，但也強烈突顯出圖靈測試的缺陷，其中最主要的漏洞就在於人類太過容易給予信任。與Eliza互動的人想相信他們是在和真人交談，因此把聊天機器人給人格化，即使機器有明顯的非人跡象，大家仍選擇無視內心的懷疑，這種現象就叫「Eliza效應」，在現今的AI界仍有很大的影響[27]。

受Eliza效應影響最大的，可能是機器背後的開發者本人，維森鮑姆並沒有嚐到勝利的喜悅，還覺得很沮喪。受試者這麼容易被騙，是不是代表人類沒希望了？他開始發現真正的人類思想和機器模擬的版本有多難區分，區分兩者又有多重要。維森鮑姆早期的合作夥伴科爾比堅信，如果病患覺得Eliza這樣的聊天機器人有幫助，

AI 來了,你還不開始準備嗎?

那這就是有價值的創新,但 Eliza 的核心運作機制是欺騙,維森鮑姆始終無法釋懷[28]。現在又有新一波的聊天機器人出現,目標同樣是提供諮商服務或讓人感受到同理,於是相關辯論也就一直延續至今。

反觀維森鮑姆在麻省理工學院的同事明斯基,則認為電腦和人腦的推理沒有差異,明斯基有句打趣的名言,說人類不過是「肉做的機器」[29]。維森鮑姆對此觀點提出激烈反駁,他認為有些事情 AI 不可能掌握,因為這些事建構於電腦永遠無法擁有的實際生活經驗,以及隨之產生的情緒。他開始懷疑語言規則是不是真能透過數學完全公式化,但即使可以,他也不認為 AI 能真正「理解」語言。後來,維森鮑姆參考路德維希·維根斯坦(Ludwig Wittgenstein)的哲學著作,提出新的論點:他認為即使是兩個人之間,語言也不足以精確傳達完整的意義,因為每個人都擁有獨特的生活經歷,不可能與他人完全相同,如果是和完全沒有真實生活經驗的軟體對話,那就更不用說了。而且,溝通中有許多非語言的層面。維森鮑姆說他曾站在妻子身邊,和她一起看著孩子在床上熟睡的模樣,並寫道:「我們沒有說話,卻彼此對話。從古至今,人類往往能以沉默溝通,這就是最好的印證。[30]」他也引述劇作家尤金·尤內斯庫(Eugene Ionesco)的話:「許多事物都能用言語描述表達,只有人在真實生命中的所活所感不行。」

維森鮑姆認為,電腦無法真正擁有同理心,是人類與機器根本上的差異,所以即使 AI 能學會處理所有人類事務,而且表現和真人相當、甚至比我們更強,人類還是應該禁止 AI 做某些事,譬如絕不該用來進行不可逆的決策,或是「在涉及人際尊重、理解與關愛的情境下,企圖以電腦系統取代人類功能。[31]」他甚至擔心人類不僅

Chapter 1　幕後魔法師

太快就將機器人格化,也會太容易將電腦視為自己的分身,因而貶低了人性[32]。

維森鮑姆在1976年將這些論點彙整成書,出版了《電腦的威力與人類的理智》(*Computer Power and Human Reason*),強烈批評他自己從事的領域,也指控其他AI研究者抱持「駭客心態」,只想教軟體完成某些任務,而不努力瞭解關於智慧和思考本質的重要科學問題,並尋求解答[33]。在他看來,這些所謂的「電腦學家」不只缺乏嚴謹的科學態度,做事的方法和建構出的AI軟體也可能對人類造成傷害。維森鮑姆向來致力提倡左翼思想和民權,對於美國政府在越戰中使用早期AI軟體尤其看不順眼。

維森鮑姆指出許多AI系統過於複雜,導致我們無法解讀軟體的決策過程,甚至連打造系統的人自己也不理解,因此擔心AI會變得難以控制。他也意識到有心人士可能會利用軟體的不透明來規避責任,並對AI相關的政治經濟議題感到擔憂。他曾發表新馬克思主義式的評論,聲稱如果不是電腦相救,資本主義可能早已壓垮戰後的美國,都是因為有了電腦軟體,大企業和聯邦政府才能行使比以往都更強大的控制[34]。「當時電腦被用來保護美國的社會及政治制度,讓美國得以暫時抵禦並阻擋巨大的變革壓力。」他這麼寫道。有了AI,政府也更容易實施極權,維森鮑姆兒時以難民身分逃離納粹德國,對於這個問題特別強調。

其他電腦科學家則斥責維森鮑姆的《電腦的威力與人類的理智》,認為這本書既惡毒又反科學,但他對AI及AI創造者的批評其實都有憑有據,時至今日仍然適用,而且在當今這個時代,我們應該比前人都更能理解他對AI的恐懼[35]。

神經網路捲土重來

在1970年代，眾人似乎不太在乎維森鮑姆的論點，但現代的我們卻不能輕易忽視。之所以這麼說，是因為既有的神經網路觀念，又再加上了三項近期發展：效能遠勝從前的電腦晶片、可從網路輕易取得的大量數位資料，以及演算法的創新。

多數電腦科學家在1970年代初已放棄神經網路研究，明斯基嚴厲的批評是很大原因，但還是有一小群非主流學者繼續研究這個概念，其中一位是加州大學聖地牙哥分校的心理學家大衛・魯姆哈特（David Rumelhart）。他和同事羅納・威廉斯（Ronald Williams）及年輕的英國博士後研究生傑夫・辛頓（Geoffrey Hinton）合作，在1980年代中期有所突破，終於讓神經網路開始能做一些有趣的事。他們的突破就是所謂的「反向傳播」（英文叫backpropagation，或簡稱backprop）[36]。

反向傳播解決了一個重大問題。最早的神經網路只能學習簡單的二元分類，其中一個原因在於網路只有兩層。科學家後來發現，如果在輸入和輸出神經元之間，再額外增加一層，神經網路就能進行更複雜的判斷。到了1980年代，魯姆哈特、辛頓和威廉斯已開始實驗好幾層的網路，但中間層的神經元也帶來了新問題。在一般的雙層神經網路中，每個輸入神經元的設定（權重和偏權值）並不難調整，所以要讓網路在訓練過程中學習，也不是太複雜的工作。可是隨著網路愈來愈多層，要把輸出成果正確歸因給每個神經元，

Chapter 1　幕後魔法師

可就變得很難處理了。反向傳播法利用微積分的觀念解決了這個問題，每個神經元的權重和偏權值都可以視需求調整，多層式網路也因此能有效學習。

多虧了反向傳播，多層神經網路能識別信封和支票上的字跡，能記住族譜中的親緣關係，也能識別印刷字體並透過聲音合成軟體朗讀出來，甚至能讓早期的自動駕駛汽車在高速公路上不要壓線，但也還有很多事做不到，像是無法分類影像中的複雜物體（不能偵測貓狗），在語音辨識和翻譯上也困難重重，更遭遇許多挫敗[37]：訓練神經網路需要大量資料，但在許多領域，資料就是不夠；更麻煩的是，用當時的電腦晶片處理大型神經網路中的所有資料，速度非常慢，反觀採用新式統計法的其他機器學習方法，看起來則很有希望，所以許多AI研究人員和工程師，便再次把神經網路視為死胡同。

深度學習起飛

辛頓後來轉任加拿大多倫多大學，但仍堅信神經網路是正確方法，能創造出真人般的AI。他持續努力，在2004年創立專門研究神經網路的團隊，並很快就把這種方法改叫「深度學習」[38]。這名字改得巧妙，很有行銷意味：「深度」可理解為神經網路有很多層那麼深，但也暗示這種網路能產出深刻見解，勝過其他「淺層」的機器學習方法。在那之前的五十多年，神經網路曾帶來許多希望，後來，那些落空的理想都將由深度學習實現。

AI 來了，你還不開始準備嗎？

深度學習之所以能起飛，是因為發生了兩大變革：第一，網際網路帶來大量資訊，解決了神經網路資料不足的問題；第二，則是新型電腦晶片圖形處理器（GPU）問世。1999年底，美國半導體公司輝達（Nvidia）推出首款GPU，名叫GeForce 256，是可插入電腦或資料伺服器的獨立印刷電路板，就像是一張卡片，主要目的是處理電玩遊戲所需的快速影像轉譯，可同時計算多個資料流，而不是逐一按照序列運算，且能直接在顯卡上執行其他核心運算，不須再轉給負責處理通用任務的中央處理器（CPU），與前幾代的顯卡不同。GPU非常耗電且容易發熱，每張顯卡都配有專用風扇，但就是因為有了這種新型晶片，XBox和PlayStation等家用遊戲機才成為可能。此外，這種新晶片也將永久改變AI研究的世界。

美國馬里蘭大學的研究團隊在2005年發現，GPU的平行處理能力可能很適合簡單的雙層神經網路[39]。微軟的團隊隔年也證實，最新的GPU如果用於複雜的深度學習系統，可大幅提升神經元權重計算的效率[40]。後來在2009年，辛頓和他的兩名研究生利用GPU替微軟建置出深度學習系統，短短幾個月內，表現就已不輸該公司既有的語音辨識系統（而且那套軟體當初還花了整整十年苦心研發呢）[41]。深度學習系統吸收的資料愈多，效能就會愈好，微軟擁有大量語音資料，在訓練網路方面很有幫助。辛頓的其他研究生則被分派到IBM和谷歌，進行同樣的開發。當時在谷歌的Android手機上，最先進的語音識別軟體錯誤率仍高達23%。僅僅一週內，辛頓的學生就將錯誤率降到21%，兩週後又再次下降至18%。

深度學習竄紅之際，仍有人抱持懷疑態度，認為神經網路無法分類複雜的圖像，但在2012年，辛頓和他的研究生伊爾亞・蘇茨克維（Ilya Sutskever）、亞歷克斯・克里澤夫斯基（Alex Krizhevsky）便讓這些懷疑論者無話可說。他們用GPU建構出深度學習系統，並以克里澤夫斯基的名字命名為AlexNet，贏得了史丹佛大學舉辦的ImageNet比賽[42]。在比賽中，AI系統必須分類圖像中1,000種類別的物體，AlexNet的錯誤率僅15%，不到第二名的二分之一，宣告深度學習時代已經來臨。辛頓、蘇茨克維和克里澤夫斯基後來成立公司，主要目標就是建構深度學習系統，處理電腦視覺任務，結果幾週內就獲谷歌以4,400萬美元收購，三人也加入了該公司於2011年成立的先進AI研究實驗室Google Brain。

全力衝刺拚智慧

AlexNet還未出現時，擋在深度學習前方的屏障就已開始龜裂，在AlexNet之後，更是全盤崩解。美國的大型科技公司谷歌、微軟、Meta（當時是Facebook臉書）、亞馬遜和蘋果，以及中國的競爭者百度與騰訊都急忙開始動作，希望能趕緊導入深度學習[43]。各方競相聘請這方面的專家，甚至開出六位數、甚至七位數美元的薪資，爭搶剛取得博士學位的研究人員。不過，深度學習的應用範圍還是很有限，似乎就只能標出社群媒體照片裡的人，或是提升語音指令辨識的精確度，都是很特定的用途並不通用。此外，深度學習對非科技產業的企業而言，似乎仍高不可攀，因為他們既沒有開發人力，也缺乏訓練用的資料[44]。

AI來了，你還不開始準備嗎？

當時，並沒有太多學者相信深度學習能實現圖靈對人工智慧的想像，但尚恩·列格（Shane Legg）是其中之一。來自紐西蘭的他擁有數學和電腦科學背景，網路泡沫化發生時，他在紐約的一家早期AI新創工作，並在那段時期推廣「通用人工智慧」（Artificial General Intelligence，簡稱AGI）一詞[45]。在他的認知中，AGI指的是可處理多數認知型任務的軟體，而且程度和真人相當，甚至做得更好。AGI是一個廣泛的概念，有別於只能把一件事情做到最好的專門領域AI，樹立出這種區別的就是列格。任職的新創破產後，列格重返校園。他和前幾代的AI研究人員一樣，認為想打造出AGI，最好的方法就是研究大腦，因此加入了倫敦大學學院（University College London）的蓋茲比電腦神經科學中心（Gatsby Computational Neuroscience Unit），並在這個以神經科學與AI綜合研究聞名的機構，認識了戴密斯·哈薩比斯（Demis Hassabis）。哈薩比斯兒時是西洋棋天才，後來成了電腦工程師兼電玩創業家。他對打造AGI也很有興趣，而且和列格一樣，推測深度學習是實現AGI的方法。2010年，兩人和社會創業家穆斯塔法·蘇萊曼（Mustafa Suleyman，哈薩比斯的童年好友）共同創立了AI新創DeepMind。這間位於倫敦的神祕小公司抱持著很大膽的理念，有些人甚至會覺得荒誕，他們的使命就是要「徹底瞭解智力，由此解決所有問題。」

到了2013年，這項使命似乎不那麼荒謬了[46]。那年，DeepMind展示了一套深度學習系統，可以幾乎從零開始反覆嘗試調整，幾小時內就能精通Atari的50款舊遊戲，而且玩得比人類還好，許多科技業內人士都為之驚豔，DeepMind的早期投資人伊隆·馬斯

Chapter 1　幕後魔法師

克（Elon Musk）也是其中之一。馬斯克和列格、哈薩比斯一樣，對AGI很好奇，但同時也感到恐懼，因為人類發明出AGI後，很可能只須再往前一小步，就能實現遠比全人類都聰明的超級人工智慧（artificial superintelligence，簡稱ASI）。ASI非常難以控制，甚至可能發展出自我意識，引發深度哲學辯論與現實層面的問題。ASI可能與人產生衝突，甚至導致我們完全滅絕，或把人當成奴隸。這些都是馬斯克和其他瞭解DeepMind進展的人所擔心的問題。

某次和馬斯克一起搭私人噴射機時，谷歌的共同創辦人賴利‧佩吉（Larry Page）無意聽見他與另一位矽谷投資人討論DeepMind在Atari遊戲的突破，佩吉立刻萌生買下這家新創的念頭[47]。當時，谷歌在神經網路領域投入的資金，已超過其他所有大型科技公司，佩吉不希望讓競爭對手有機會超越，因此在降落後不久，就派谷歌的AI頂尖研究人員去瞭解DeepMind這間公司，最後以超越微軟和Meta出價的6.5億美元，買下了倫敦的這個小型團隊[48]。

DeepMind的收購案讓馬斯克很擔心。儘管兩人是朋友，馬斯克並不完全信任佩吉，而且雖然谷歌的座右銘是「不作惡」（Don't be evil），他仍不認為AGI應該交給佩吉一個人掌管，更在2013年對記者艾胥黎‧范思（Ashlee Vance）表示，「他可能會無意間製造出邪惡產物。[49]」馬斯克認為構建強大的AI就像「召喚惡魔」，並發出警告，指出正在開發AI的公司「明明知道危險，卻還是認為自己能塑造並控制超級人工智慧，並防止邪惡智慧流入網際網路，不過究竟是不是這樣，還有待觀察……[50]」。

除了馬斯克，也有其他人在擔心AGI會被谷歌壟斷。矽谷創投家山姆‧奧特曼（Sam Altman）當時30歲，是美國知名創業孵化

AI 來了,你還不開始準備嗎?

器 Y Combinator 的總裁[51]。對於 AGI 這項技術的巨大潛在效益,以及可能因而產生的存在危機,他和馬斯克的看法相同,認為谷歌不應該獨占如此強大的技術。於是在 2015 年底,馬斯克、奧特曼和辛頓的前學生蘇茨克維等人,在舊金山共同創辦了 AI 實驗室,為的就是與 DeepMind 抗衡。他們把實驗室取名為「Open AI」,目標和 DeepMind 一樣很明確,就是要走向 AGI。

雖有這個共同目標,但 OpenAI 和 DeepMind 的其他方向完全不同。控制 DeepMind 的是全球最大的科技公司之一,而 OpenAI 則定位成非營利組織,使命是以「最能讓全人類獲益」的方式開發 AGI。當時業界普遍認為 DeepMind 相當神祕,反觀 OpenAI 則承諾公開所有研究,並開放大眾使用他們的軟體,這就是馬斯克希望實驗室叫「OpenAI」的原因[52]。他認為要防止單一企業或政府把強大的 AI 用於專制,唯一的方法就是將 AI 普及化。在他看來,每個人都應該擁有自己的個人化 AGI 軟體。OpenAI 很重視 AI 安全研究,當時,大企業的 AI 實驗部門還不是那麼關注這個領域。馬斯克不僅共同創辦這個非營利實驗室,也成為主要捐款人,承諾投入 10 億美元。

一開始,OpenAI 主重強化式學習(reinforcement learning),也就是 DeepMind 在 Atari 計畫中使用的 AI 訓練方式。強化學習不同於辛頓、蘇茨克維和克里澤夫斯基贏得 ImageNet 比賽時所用的方法[53]。為了在 ImageNet 勝出,他們打造 AlexNet 神經網路時,是用已加上標籤的既有資料進行分類訓練,譬如某個物體是貓還是袋鼠?這種手法叫做監督式學習(supervised learning)。採用強化學習的神經網路一開始並沒有任何資料,完全是根據經驗,透過一再

Chapter 1　幕後魔法師

的嘗試與錯誤來學習，通常是在模擬器或遊戲環境中進行。促使AI學習的，是所謂的「獎勵信號」（reward signal）：軟體的行動是否帶來遊戲勝利？有貢獻分數嗎？DeepMind的軟體就是這樣精通Atari遊戲的。

OpenAI正式開跑時，DeepMind已利用上述方法，再度樹立AI界的新里程碑：打造出AI軟體AlphaGo，在古老的策略型比賽圍棋中，擊敗了世界棋王。AlphaGo在與南韓世界冠軍李世乭的對戰中，有一步棋非常另類，觀賽的專業棋評都確定是走錯，沒想到效果卻很好，顛覆了人類數千年來對於圍棋應該怎麼下的理解。

OpenAI迫切地想證明他們也能利用強化學習，邁向AGI的目標，因此開發出全新的大型學習演算法並免費釋出[54]。後來還利用強化學習，訓練出5個神經網路，能彼此合作，在步調非常快的複雜電玩遊戲《Dota 2》中，擊敗了頂尖的人類隊伍。

轉換器模型

不過，要從能在《Dota 2》中打贏人類的軟體進化到ChatGPT，還需要再一次的靈光乍現，這次，燈泡是在2017年閃出亮光：那年，Google Brain的研究人員設計出新型的神經網路，也就是所謂的「轉換器」模型（transformer），部分靈感是來自電影《異星入境》（*Arrival*）描繪的外星語言[55]。這種模型擅長辨識長序列中的複雜模式，這方面的能力遠勝過先前的AI，而且對音符、影格等

AI 來了，你還不開始準備嗎？

任何類型的序列都適用，甚至能在電腦遊戲中，預測該採取的最佳行動。不過，**轉換器**最適合用來識別語言中的模式，因為在語言當中，句子結尾的動詞變化或性別代名詞使用，往往取決於句首或好幾句之前的字詞，先前的AI軟體很難學會這種連動關係。

轉換器大致解決了這個問題。這種模型能將句子分解成「詞元」（token，每個大約都是一個單字的長度），然後對大量詞元並行分析，這是早期神經網路無法執行的作業。**轉換器**在分析過程中會依賴「自注意機制」（self-attention），藉此瞭解每個句子中的哪些詞元最重要、應該給予最多關注，確保能精確預測出其他詞元的值。如果把這項作業應用到語言中，就能建構出我們現在知道的「大型語言模型」（Large Language Model, LLM），就像是極為複雜的統計圖，能捕捉訓練資料中所有詞彙之間的關係。新型轉換器設計的驚人之處在於，雖然只訓練模型預測句子中的字詞，產生的LLM卻有很多功能，就像是自然語言處理界的萬用瑞士刀。

採用**轉換器**的LLM從統計角度瞭解語言的基本模式後，就能處理語言相關的所有任務，像是摘要、翻譯、分類、情緒分析及回答問題。從前要執行每一項任務，工程師都得開發一款獨立的AI軟體，但現在只要一個LLM就能全部搞定。

AI的世界有無窮可能。谷歌在發表轉換器初步研究的幾個月後，開始用這種技術訓練名為BERT的大型語言模型[56]。雖然先前的LLM也很有規模，但BERT更是龐大，能處理高達3.4億個不同參數（也就是變數）之間的關係。谷歌收集了1.1萬本英文書和維基百科的內容，訓練模型辨識高達33億個字詞之間的關聯。BERT受訓時的任務是預測句子中缺少的單字，有點像大型的《Mad Libs》

Chapter 1　幕後魔法師

填字遊戲。訓練完成後，谷歌在一系列的語言能力測驗中測試了這個演算法，結果AI的表現多半與人類相當接近。

一年內，谷歌就用BERT大幅提升搜尋效能。突然之間，谷歌的搜尋引擎掌握了介系詞在使用者查詢時的重要性。譬如有人輸入「巴西旅客**到**美國的簽證規定」，現在系統只會傳回巴西旅客前往美國的相關規定網頁，不會列出美國旅客去巴西的資訊。

眼見谷歌的進展，OpenAI的蘇茨克維馬上意識到AGI確實有機會成真。寫作是人類文明的一大象徵，大量的人類知識都是以書寫形式存在。對歷來的AGI研究人員來說，要是AI僅僅透過閱讀，就能像人一樣快速自學新技能，那簡直就像夢想成真。蘇茨克維、亞列克‧洛德福（Alec Radford）及OpenAI的另外兩位研究員也建構出轉換器模型，然後輸入7,000本非公開的書籍，多半是科幻、奇幻和浪漫類型的小說[57]；接著再用國高中考試的幾千段文字，以及從Quora網站節錄的問答進一步調整，最後訓練出的新AI可以寫出幾段互有關聯的文字，只是並不完美。如果要求模型**繼續寫**，則會開始產生無意義的句子或一再重複，但表現已經遠遠勝過從前了。

洛德福和蘇茨克維開發的系統叫GPT，是「Generative Pretrained Transformer」（生成式預先訓練轉換模型）的簡稱，取名為「生成式」，是因為不僅能分析現有資料，還可以產生新的；「預先訓練」的意思則是系統在最初的學習階段（也就是「預先訓練」階段），便已學會語言的統計模式，之後可根據不同任務微調。現在，能夠產生新內容的AI，已通稱為「生成式AI」（Generative AI）了。

轉換模型還不只能產生文字而已。OpenAI結合了轉換式語言模型和其他類型的AI，成功開發出DALL-E，能根據文字描述，

AI 來了，你還不開始準備嗎？

生成幾乎任何風格的靜態影像，軟體名稱是結合畫家薩爾瓦多‧達利（Salvador Dali）和皮克斯電影機器人瓦力（WALL-E）[58]。其他公司也開始改良相同的技術，包括新創公司Stability AI和Midjourney、以及軟體巨頭Adobe等[59]。影片同樣能用類似的方式製作，雖然目前產出的影片大約只有1分鐘長，但未來想必也能單從文字描述製作出完整長片[60]。還有一些公司（包括谷歌在內）則用轉換模型處理音訊、製作樂曲，甚至複製人聲。除了生成內容以外，轉換模型的用途還很多，例如根據序列資料預測接下來最可能發生的狀況[61]，這方面的應用將帶來全新型態的數位助理，功能遠比過去的產品都更強大[62]。

> **AI 成品真能符合期待？**

蘇茨克維從他先前的研究中，得到一個很重要的直覺：網路愈大，餵進去的資料愈多，AI就愈強，大型語言模型尤其是這樣，OpenAI的另一位研究員達里奧‧阿莫迪（Dario Amodei）也這麼相信。阿莫迪從物理學家轉行當AI科學家，離開OpenAI後創辦了與前公司競爭的Anthropic。他表示神經網路似乎遵循「規模定律」（scaling laws），不僅效能會隨著模型擴大而提升，提升幅度也可以預測[63]。模型的訓練資料如果增加成十倍，效能可上升大約三分之一。不過，也有些相關因子無法預測：模型愈來愈大之際，也會發展出「湧現能力」（emergent capabilities），意思是大模型有時可能會出人意料,突然精通某些小模型難以掌握的技能。

一開始,蘇茨克維認為只要一再擴大神經網路,就有機會實現AGI[64]。畢竟人類大腦大約有860億個神經元,彼此之間估計有100兆條連結,反觀OpenAI開發的第一個GPT,最大的神經網路也只有幾億個人工神經元和連結,所以或許只要擴增,就能提升人工智慧?但許多AI研究人員對此相當懷疑。神經網路中的數位神經元只是概略模仿大腦神經元的結構,而且生物大腦的學習效率遠高於機器,只需幾個例子就能掌握概念,不必透過幾百萬次舉例來訓練;此外,人腦也更擅長根據新環境調整並應用所學。持懷疑態度的人認為,要實現人類等級的智力,必須研發一套完全不同的演算法。但蘇茨克維並未因此退卻,也認為沒理由放棄最直接的方法,使用相同的基礎演算法(如轉換模型)建構更大的神經網路,直到確定無法再提升效能為止。

所以Open AI決定就這麼繼續,也開發出了GPT-3、ChatGPT和GPT-4[65]。接下來在建構GPT-5等更強大的AI軟體時,想必會繼續使用這個基礎模式,讓每一次的新模型都比前代更強。但以轉換器為基礎的LLM有些重大缺陷,「幻覺」(hallucination)就是其中之一[66]:模型可能會生成錯誤資訊,但以容易令人信以為真的方式呈現。有些認知科學家對這個詞不太滿意,認為叫作「虛談」(confabulation)比較準確[67]。會出現幻覺,是因為LLM並不真正理解自己在說什麼,也無法區分虛實,只是從統計角度生成一串經常一起出現的詞語,所以在回答涉及常識推理或抽象邏輯的問題時,常會發生錯誤。這種AI模型的另一個缺陷在於雖然擅長內插法(interpolation,也就是在已知範圍內生成新資料點),處理逆向的外

AI 來了，你還不開始準備嗎？

插法時卻經常出錯（extrapolation，在範圍外生成新資料點）。舉個簡單的例子來說，如果訓練資料集中有2、5和10這三個數字，模型可以生成3、4和7，但推測不出1和11。

也有人認為LLM就像軟體世界的野豬，對資料貪得無厭，而且會吃進許多垃圾。預先訓練LLM所需的資料之多，以及這些資料的來源，都讓愈來愈多人感到憂慮[68]。在許多情況下，資料都是直接從網路上免費取得，有違反著作權法規之嫌；使用這麼多人類撰寫的文字，也可能會導致LLM學到我們的集體偏見和刻板印象，尤其是在性別、人種、族裔和宗教方面[69]。舉例來說，GPT-3常會把穆斯林和暴力連結在一起；如果收到撰寫黑人相關內容的提示，也比較會使用貶義的形容詞；產生關於專業人士（譬如醫生）的文字時，則經常會用男性代名詞；此外，也很容易被引導寫出不恰當、不得體的回應，甚至是色情對話。這同樣是因為模型接收了大量網路文字的訓練，畢竟網路經常充滿暴力、厭女、種族主義、甚至更糟糕的東西，結果全都清楚地反映在GPT-3的產出當中。OpenAI發現，要想遏止這方面的問題，有個不錯的方法是請使用者給意見，讓系統知道產生出來的回覆是否恰當、有沒有幫助[70]。這就是所謂的「人類意見回饋強化學習」（reinforcement learning from human feedback，簡稱RLHF），也讓OpenAI得以創造出ChatGPT。不過大家很快又再發現，要規避OpenAI利用RLHF建構的防護措施，其實並不難，因為人腦對於概念的理解，還是遠比AI底層模型來得深入[71]。

Chapter 1　幕後魔法師

> **AI 的代價**
> ＋ 🌐 ✂ 〔〕 4o　　　🎙 ◉

　　AI模型愈來愈大，需要的運算能力也愈來愈強，動輒就要幾千、甚至幾萬個GPU ── 開發AI所需的專門晶片[72]。這個情況導致當今的AI領域出現超高進入門檻。「想要達成使命，必須投入的資金遠比我最初想像的要來得多。[73]」奧特曼在2018年告訴《Wired》雜誌。馬斯克與OpenAI分道揚鑣後，他成了公司CEO。當時，DeepMind在AGI之路上似乎仍領先，馬斯克曾斥責OpenAI進步得不夠快[74]。身家高達數十億但經常不按牌理出牌的他，表示想親自接管實驗室，併入他的商業帝國。OpenAI的員工表示反對，OpenAI的非營利董事會也拒絕了他的提議，於是馬斯克與實驗室斷絕關係、中止金援，最初承諾的10億美元幾乎也都還沒給。馬斯克的離開引發了OpenAI的生存危機，當初和他一起催生OpenAI的奧特曼，決定擔起CEO的工作。

　　奧特曼很快就意識到，想快速地大量募資，唯一的辦法就是從根本改變OpenAI的架構。他想出一種奇特的混合型態，讓OpenAI繼續維持非營利基礎，但分出一個可接收外界創投的新營利部門，不過重點來了，投資人可獲得的利潤設有上限，一旦達到金額限制，就不能再分取OpenAI的利潤。初始限額設得非常高，是最初投資金額的百倍，但每次有新一輪的投資人加入，金額就會降低。OpenAI設立限利部門後的那個夏天，奧特曼策略性地決定和一名資金充裕的投資人成為合作夥伴，取得資金來解決OpenAI所有的財

AI來了，你還不開始準備嗎？

務問題：這個救星就是軟體公司微軟。2019年7月，微軟對OpenAI投入第一筆10億美元的資金，後來又至少加碼了120億美元。

創立營利部門並與微軟合作，改變了OpenAI的文化。這家新創最初的使命是維護資訊透明，但開始營利後，也不得不開始藏私，畢竟如果免費提供技術，要賺錢可就很困難了。因此，OpenAI現在只把最高階的模型提供給付費使用者，讓大家透過介面與模型互動，可以輸入提示並取得生成內容，但不能查看底層的程式碼和模型權重[75]。在GPT-4的技術報告中，OpenAI甚至也刻意忽略重要細節，不願透露GPT-4的確切規模、設計方式，以及訓練用的資料和流程[76]。雖然OpenAI堅稱他們這麼神祕，是為了防止AI被複製、濫用，但蘇茨克維坦承之所以這麼做，也是要保護商業機密不落入競爭者手中，此外還有另一個好處：OpenAI可因此躲過主管機關和大眾的檢視[77]，隱瞞資料收集過程中的剝削情事，例如未取得同意就使用著作權保護內容，以及在薪資低且勞工保護不足的國家，把RLHF工作外包給承攬人員，上述兩者都是記錄在案的事實。

某些前員工更指出，由於必須追求利益，OpenAI對安全性也不再那麼重視。包括奧特曼在內的公司高層都表示，雖然在軟體發布前已進行大量安全測試，但想要瞭解模型可能帶來的所有利益和風險，唯一的辦法就是直接推出，看看大眾會怎麼使用[78]。

開發AI時，能否在企業利潤與公眾利益之間取得平衡，是很重要的問題。OpenAI為因應高額成本，而創立營利部門並尋求微軟投資，同理，任職於頂尖AI領域的人，也多半是受僱於大型科技公司，或與這些科技巨頭有關聯的新創。舉例來說，前OpenAI研究員創立的Anthropic，已接受谷歌和亞馬遜的資金[79]；AI晶片製造商輝達也投資了Cohere，是正在打造轉換式LLM的新創[80]；另外，輝達和微軟都投資了前DeepMind共同創辦人蘇萊曼成立的Inflection[81]，微軟後來還直接延攬蘇萊曼和Inflection大部分的員工，到自家成立消費性AI部門，Inflection剩下的團隊最終也把技術授權給了微軟[82]。在從前的時代，舉凡核武、噴射引擎、衛星、超級電腦和網際網路等強大的先進技術，多半是由政府開發，或者至少也是由政府出資，通常是出於策略性動機，譬如為了取得軍事或地緣政治上的優勢，並不是為了金錢利益，而且政府再怎麼保密，也通常免不了被公眾問責；反觀當今的AGI競賽，卻落入了少數幾間大權獨攬的私人科技公司手中。

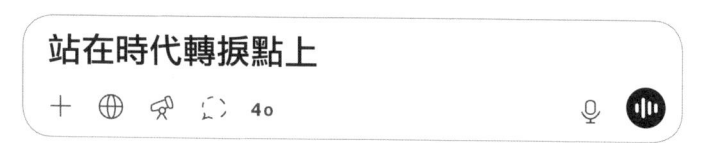

站在時代轉捩點上

神經網路、轉換模型、網路的巨量資料、前所未見的運算能力，這一切的一切，都把人類推到了新舊時代的轉捩點。在接下來的章節中，我們會討論踏入新時代後，將面臨什麼樣的光景。瞭解AI對人類生活的影響時，也必須記住當初形塑AI發展的問題：我們該如何定義智力？又該如何正確衡量AI的進步？假想人與機器鬥智的圖靈測試，是否使人類陷入一場穩輸不贏的競爭？與其當AI是競爭對手，用AI來補充人類智力是不是更有幫助？AI確實像是數位大腦，但還未發展出完整的心智，並沒有自己的意圖，只會接收人類的指示，所以我們必須設計出更理想的方法，來衡量AI工具

AI 來了，你還不開始準備嗎？

的優劣，這是當今很迫切的需求。圖靈對於 AI 的標準是「模仿能力」，但這項指標不太能用來評估實用性。我們須要理解的是 AI 技術在真實世界如何運作，又能如何與真人合作，為人類效勞。

我們也不能忘了首位聊天機器人開發者維森鮑姆的先見之明，思考他對 AI 的非道德本質所提出的警告。在 AI 歷史上，科學家和哲學家辯論的多半是機器**能做什麼**：AI 的能力範圍有多廣？與人類的能力相比如何？但從現在起，我們要想的是機器**應該做什麼**，不能再執著於工程的觀點，也要從道德的角度思考。人類應該用 AI 做些什麼？哪些事務又該只保留給真人？一直到現在，維森鮑姆對這些問題的答案仍與我們息息相關。

舉例來說，他認為 AI 絕不該擔任法官。在 1979 年，帕梅拉‧麥考德克（Pamela McCorduck）出版了很有未來觀的《會思考的機器》(*Machines Who Think*)，記錄 AI 發展的口述史[83]。在書中，她提出一個觀點：既然人類社會長期以來都存在偏見，司法體系也向來不平等，那麼讓 AI 當法官是不是比較好呢？對女性和少數族群來說，這樣應該特別有利吧？麥考德克認為 AI 會比人類客觀，但當今的問題反而是 AI 系統在接受歷來資料的訓練後，延續、甚至放大既有的人類偏見，還以客觀的假象隱藏，讓主張用 AI 審判的人不必負責。在許多領域，保留些許的不理性，反而可能有益，至少我是這麼相信的：與其追求完美正義的幻象，我還寧可接受真人審判，由真正的靈魂對另一個靈魂負起道德責任。我們每一個人和整個社會，都必須決定該在哪些領域劃下界線，而且我們必須立即行動。

Chapter 2
腦海中的聲音

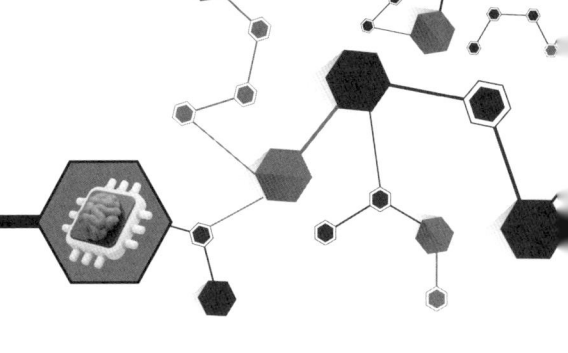

　　人工智慧是最終極的智慧科技。社會人類學家傑克・古迪（Jack Goody）與社會學家丹尼爾・貝爾（Daniel Bell），將「智慧科技」定義為支援或擴展人類心智的工具，譬如地圖、時鐘、書籍、電腦和網路都包含在內[1]。這些科技不只能擴充人的認知能力，也會改變我們思考的內容與方式。人創造工具，但也因工具而改變，這在智慧科技領域最為明顯。地圖不只能用來記錄地點與位置，也顛覆了人類對空間的理解，即使沒有飛機和衛星，也能用上帝般的全知視角看待全世界，因而能想像未曾見過的地域；地圖更帶來許多力道十足的新隱喻：我們開始會以畫地圖的概念，把彼此關聯的人物與想法繪製成關係圖，使用「情感歷程」這類的描述，也是受到導航相關用語的影響。再舉一個例子，其實時鐘也是這樣，不只能用來記時間，也翻轉了人對時間的觀念：不論季節，現代人往往會把每一天切割成等長的區塊來安排。同理，相機不光是輔助視覺記憶，更改變了人類記憶的方式與內容。記者尼可拉斯・卡爾（Nicholas Carr）認為智慧科技是「與人最親密的工具」，因為這類工具幫助人類表現自我，也形塑了我們的身分認同與關係。

AI 來了，你還不開始準備嗎？

計算機對數學發展大有貢獻，書籍則強化了人類的記憶與交流，但AI則會從所有層面全方位提升我們的心智能力與技巧，不僅限於單一領域，說AI是有史以來最強大的智慧技術，或許也不為過。但每一種智慧技術都有一體兩面：AI賦予人類全新認知技能的同時，也可能會擠壓舊有的思維方式，導致這些依然很有價值的觀點與想法，被強行淘汰。

喪失心智的嚴重性

大腦並不是肌肉，但與體內其他如機械般運作的器官還是有些共通之處，如果刻意訓練特定的認知技巧，無論算數學還是學外語，那麼負責這些技巧的神經通道都會強化。關於神經可塑性的最新研究證實，大腦具有驚人的適應力，幾乎在人生的任何階段都能建立新的連結，並學會新技能。即使大腦的某個區塊受損，有時還是能透過練習，在大腦的其他區塊建立新的連結，藉此重拾先前喪失的技巧。有時候，神經的可塑性甚至會反映於明顯的解剖學變化，譬如在倫敦要想開計程車，必須先通過嚴格的「知識大全」考試（the Knowledge），記住這個廣闊城市中大大小小的街道、角落與巷弄，包括2萬個地標、酒吧、飯店和「公共場所」[2]。研究人員在1990年代曾掃描16位倫敦計程車司機的大腦，發現他們的海馬體比一般人大得多，恰好海馬體就是儲存及控制空間認知的核心，而且這樣的現象在經驗豐富的司機腦中更為明顯。

Chapter 2　腦海中的聲音

　　神經學家比較音樂家和非音樂家的大腦後,同樣發現了這樣的差異;識字和不識字的人相比也有類似的狀況[3]。人類與生俱有語言能力,但閱讀和寫作則涉及技術的使用(如字母系統),而且需要學習、練習才能精熟。採用功能性磁振造影(fMRI,可呈現腦部各區域的血流狀況)技術的研究顯示,文化背景不同的人,神經活動也有顯著差異[4]。舉例來說,如果是用表意文字作為書寫語言(譬如中文),閱讀時的腦神經迴路會和使用表音文字的人不同。不過,神經既然有可塑性,也代表不常使用的腦神經連結會逐漸消失,就好像完全不爬樓梯,股四頭肌會萎縮一樣。先前的幾波資訊科技浪潮,已削弱人類許多天生的能力,現在AI甚至可能會使我們退化得更快。大家可能都聽過這類的故事:盲目跟隨谷歌地圖導航,結果開進湖裡,或是在GPS輸入目的地時打錯,結果開到另一個城市。這樣的意外最後甚至可能使人喪命,變成當局所謂的「死於GPS」[5]。相關研究已經證明,仰賴GPS導航的人確實比較不會注意周遭環境,還會難以發展科學家所說的「認知地圖」(cognitive map),偏偏這種心理地圖正是認路能力及方向感的關鍵。

　　長期使用網路和各式各樣的應用程式,也對人腦產生了影響:在這些科技環繞下成長的人,比較擅長「情境切換」(context switching)[6],能迅速轉換於截然不同的主題和任務之間,但這種技能也有其代價:專注於單一主題的能力,以及長期深入理解的能力都會下降。相關研究曾用MRI掃描受試者上網時的大腦活動,顯示前額葉皮質的活動明顯增加(這個區域與決策和工作記憶相關),部分原因在於我們上網時,須要針對網路上的內容採取行動(譬如按下連結、按「讚」按鈕、向左滑等等);相較之下,看書則不會

AI 來了，你還不開始準備嗎？

啟動前額葉皮質區，腦部掃描也向來顯示閱讀對大腦刺激不足，但似乎正因如此，我們才能專注，也才得以更深入地思考，理解得更透澈。

所以乍看之下，AI革命似乎能幫助人類恢復一些寶貴的認知技能。有些人認為，找AI聊天機器人問問題的一個好處在於能得到單一、全面的答案，不必再從經過排名的連結中尋覓資料，大腦的工作記憶也不會再充斥一大堆連結、彈出視窗和自動播放的影片。我們可以直接得到想要的答案，並在相對寧靜的狀態下思考AI回答的內容。

但生成式AI雖然解決了網路搜尋的一個難題，卻也放大了其他問題。與傳統搜尋方式相比，AI聊天機器人會使我們更不需要記住任何事[7]。人類把記憶外包給谷歌的說法，聽起來或許很老掉牙，但這的確是事實。許多評論家認為這樣的發展能帶來效益，因為如果不需要再記些雜亂瑣碎的事實性資訊，大腦就能騰出空間執行更有價值的任務。但一如卡爾所說，這些評論家其實不該把人腦的生物體記憶方式和電腦的運作混為一談。人類的短期工作記憶（計算三位數加法時可能會用到）是存放在前額葉皮質，這個區塊和硬碟一樣空間有限，容易不堪負荷；相較之下，長期記憶則是儲存在大腦皮質區，就科學家目前的發現而言，資訊儲存量似乎沒有明確限制，這點和電腦記憶體不同。即使有新的事實和經驗存放到長期記憶中，也不會使先前記住的事遺失，或壓縮到早先記憶的儲存空間。換句話說，把記憶外包給谷歌或生成式AI聊天機器人，並不代表我們能因此在大腦中騰出空間、思考得更清楚。

Chapter 2　腦海中的聲音

　　記住事實性資訊其實可以加強認知能力，而不會使大腦因可用空間減少而衰弱。研究一再指出，對某個主題已經有一定瞭解的學生，比較容易學會並記住新的知識。也就是說，你知道的愈多，能再學到的也就愈多。研究也顯示，瞭解事實性資訊能提升純理性思考和解決問題的能力[8]。維吉尼亞大學認知心理學家丹尼爾・威靈漢（Daniel Willingham）寫道，這是因為知識較深、較廣的人，比較能把既有知識轉移到其他領域，找到新舊問題之間的相似之處，藉此解決眼前的難題。

　　擁有深厚的事實性知識，也會比較擅長以複雜、抽象的方式整理資訊。曾經有個經典實驗，是請物理新手與專家分別將物理方面的問題分類。新手往往是按照表面上的相似處將問題分類（譬如是否有出現彈簧或氣球），反觀專家則會按照能量守恆等物理定律，將問題分成不同類別。專家不只是知道的更多，思考方式也有所不同。仰賴AI幫忙記住事實性資訊，會全盤減弱我們與生俱來的智力，影響層面遠遠不止是冷知識答題賽的輸贏而已。

　　科技公司既然已儲存我們的照片、影片、電子郵件、簡訊和最愛的音樂，就某種程度而言，也等同掌握了你我的記憶；但使用者開始透過AI存取屬於自己的資料後，這些公司將獲得更大的控制權。現在，手機每天都會獻上「為你精選」投影片，配上很有懷舊感的音樂，帶你回顧從前的照片；往後，AI會愈來愈瞭解我們，在情緒和其他層面也更可能操弄人類，像是巧妙地使人產生購買某產品的欲望，或是說服我們投給某位候選人。

　　OpenAI在2024年2月開發出新功能，讓ChatGPT能記得與使用者的對話和相關事實資訊，以及使用者的偏好[9]。ChatGPT和類似的

AI 來了，你還不開始準備嗎？

機器人，都已經用網路上的大量公開資料訓練過，等於人類的集體知識和個別使用者的資訊，都將逐漸被這些 AI 系統掌握。數位資訊看似容易儲存，但長期而言，維護數位檔案其實比留存實體檔案更困難[10]。紙張總有一天會化為塵土沒錯，但數位資料毀損的速度更快，這不僅可能傷及我們的記憶，也可能危害人類的歷史、甚至是集體智慧。如果靠 AI 技術儲存的檔案庫某天消失，大家很可能會發現，自己的大腦已經萎縮，沒辦法正常運作了。

眼見 AI 系統變得愈來愈強大，有些人認為要想控制這些系統，唯一的辦法就是透過腦機介面（brain-computer interface），把人類大腦直接連到 AI 軟體——馬斯克的公司 Neuralink 就是以這個概念為宗旨，近來首次在病人體內植入了腦機介面（目前，這類裝置只能用於脊髓嚴重受傷的病人）[11]。現在，人腦與機器的連結純屬單向，讓電腦可解讀我們的部分思想，但馬斯克的終極目標是開發出雙向系統。他說唯有如此，我們才有機會追上未來的超級人工智慧（ASI）。但雙向連結當然也有風險，人類或許能藉此掌控 ASI，但也很有可能反過來被控制。

在身分認同的本質與界線上，這樣的科技也將造成難解的哲學問題。如果未來的 ASI 發展出自我意識，同時與許多人的大腦連結，融合人類與機器的思維與心智，那麼情況將更加棘手。不過就目前而言，這都還只是科幻小說般的假設而已。在第 13 章，我們會再回頭說明 ASI 可能帶來哪些重大風險，但接下來會先聚焦於現有的強大 AI 技術，探討短期內的影響。

> **原創性被抹滅**

除了減損記憶及學習能力之外，AI可能也會以其他方式削弱人類智力。從前，我們上網查資料時會得到許多連結，如果要一一查看，往往會因此慢下來，雖然有時會覺得困擾，但也因而得到了批判性思考的空間。連結本身多少會讓人意識到資料來源，如果不同網站的資訊相互矛盾，我們也會須要判斷哪個來源比較可信。但當然啦，這只是理想而已，不是每個人都會認真思考判斷，否則網路怎麼能助長那麼多陰謀論和錯誤資訊？此外，人類也特別容易相信數位形式的資料，以及自己想要相信的事（在網路加持下，這種認知偏見更是嚴重），但至少在傳統的網際網路中，仍有機會進行批評性思考。

有了生成式AI以後，我們不會再被大量的連結拖慢，還能得到AI自信精簡的答案，所以很容易就會把批判性思考拋諸腦後。如果用過ChatGPT或其他競品，例如Bing、Gemini和Claude，就會知道這些聊天機器人雖然振振有詞，但其實經常出錯。傳統書籍當然也可能會這樣，但至少在圖書館或亞馬遜找書的過程，會讓人意識到其他書籍和其他觀點的存在，反觀聊天機器人產生的單一答案聽起來是那麼肯定，反而容易使人自滿。

生成式AI就算精確度高，提供的摘要資訊仍往往會忽略細微的差異和反面觀點，所以容易提高思想同質性。這樣的趨勢早在網路搜尋興起後就已浮現，現在又因AI而加速。芝加哥大學社會學家

AI 來了，你還不開始準備嗎？

詹姆斯・伊凡斯（James Evans）發現，有些人原以為將學術期刊發布到網路上，有助學者引用更多元的資料，但事實上卻會造成反效果，因為學者往往只會援引最新、引用數最多的論文[12]。

伊凡斯指出，從前以紙本資料為重心的研究方法，「可能較有利進行大規模的廣泛對照，並且讓研究者瞭解過去的文獻。」相較之下，當今的新工具猶如快乾水泥，會快速生成出僵固的答案，大家也經常照單全收。換言之，資訊變得更容易取得，但「科學和學術視野反而變狹窄」[13]，實在相當弔詭，而且這樣的*趨勢*可能會因生成式AI而加劇，因為機器人常會一再突顯單一視角，並且用很肯定的口吻敘事，使人難以發現少數觀點。除了ChatGPT和Gemini這類的聊天機器人以外，未來的專業型AI輔助工具也會有這個問題。舉例來說，用企業資料訓練的AI助理自然會按照企業既有的習慣行事，有些公司或許覺得這樣不錯，但如此一來，團體迷思的弊病可能也會變得更嚴重。在第4章中，我們會討論相關議題。

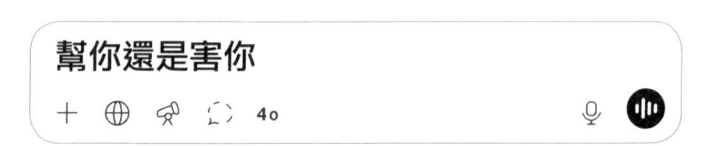

幫你還是害你

大部分的AI聊天機器人和助理接受訓練時，目標都很明確，那就是要「提供協助」──這也是人類意見回饋強化學習（RLHF）的重點目標之一。科技公司執行RLHF，是為了讓大型語言模型（LLM）變得更有用、更可靠，會由真人評估LLM的「有用程度」。但2023年的一份研究顯示，在RLHF程序中，這些評估專員

Chapter 2　腦海中的聲音

看得相當表面,比較著重機器人是否能給予敏捷、自信的回應,而不會去徹查答案的準確度或背後的細微差異[14]。這自然會影響未來AI模型的回應方向,雖然似乎更有助於使用者,但同時也可能會害了我們。

荷蘭認知心理學家克里斯多夫・范・寧梅根(Christof van Nimwegen)曾進行實驗,請兩組志願受試者處理困難的邏輯問題,任務是要在幾個盒子之間移動不同顏色的球,但實驗對每顆球可移動的順序都設有規定,受試者必須遵守這些規定[15]。在實驗開始前,寧梅根測試了這些自願參與者的認知能力,並以他們的認知差異為變因,把大家分成兩組,讓其中一組使用指示非常詳細的軟體(會暗示受試者該怎麼做,標出哪顆球該移到哪等等);另一組使用的軟體則不會給予提示。一開始,使用詳盡軟體的組別能較快做出正確移動,但隨著實驗進行,沒有軟體幫忙的組別也學得很快,到了實驗結束時,反而能移動得比另一組更快,錯誤次數較少,而且也比較不會玩到無法再按照規定移球的死局。這組人馬發展出了比較理想的長期策略,反觀仰賴軟體輔助的另一組則只會按照指示移球,而沒能學會思考並展望全局。八個月後,寧梅根再次測試了同樣的兩組人,發現沒有軟體協助的受試者想起解題策略的速度,是另一組的兩倍;他也曾使用日曆軟體,請不同的受試者處理複雜的時程安排任務,最後的結果也很類似。

寧梅根專門設計的軟體,只能用來協助受試者解開實驗中的謎題,但我們當今面對的是通用型AI,是GPT-4這種可以「協助」使用者解決各種問題,從修腳踏車到制定商業計畫都難不倒的系統,在這樣的情況下,人類的許多認知技能似乎都會陷入危機,最後甚

AI 來了，你還不開始準備嗎？

至可能因為 AI 而變笨。

> **寫作即思考**
> ＋ 🌐 🔍 ⌕ 4o　　　　　🎤 ◉

　　聖經裡有句話說：「太初有道」，所謂的「道」，在英文裡是「word」，意思是神透過話語來創造並表達祂的意志。人類與其他物種最不一樣的地方，在於我們懂得使用語言，能藉此與他人、與自己溝通；也是因為有語言這個媒介，我們才得以感受到意識的存在，所以改變語言的科技會對思想造成最大的衝擊。閱讀與寫作是最早、最重要的知識型技術，接下來的新起之秀可能就是 AI，因為這項技術徹底打破了自從有書寫以來的所有傳統，無論是作者和讀者之間，或是話語和思想之間的既有關係，都全被翻轉。

　　最早的語言只有口語形式，不過到了公元前 8,000 年，就已經有人開始用刻有符號的黏土牌來記錄牲畜和商品了[16]。現代的神經科學顯示，我們的祖先開始解讀這些符號後，大腦中也形塑出重要的全新神經通道。在公元前 4,000 年左右，文字書寫變得愈來愈複雜，美索不達米亞的蘇美人發明了楔形文字，埃及人則創造出象形文字。這兩種系統都有音位（phoneme，可區別語詞意義的最小語音單位），且符號不僅能代表實際物品，也可以傳達抽象概念。不過也因為這種符號式的書寫系統很複雜，所以只有少數菁英階層能識字。書寫曾是一種公共性質的行為，主要是用來處理重要的政府和宗教文件，但到了公元前 1,000 年，情況開始改變。當時，腓尼

Chapter 2　腦海中的聲音

基人和希臘人前後發明出語音字母,希臘文更是特別精簡有效率,只有22個字母。事實上,這種字母可能是最早使人變笨的智慧技術之一:腦部掃描顯示,人類在解碼語音文字時,神經活動遠比解碼符號或象形文字時來得少,不過也是因為有了語音字母,書寫才變得更普及,更引發了一場識字革命,由文字取代口說文化。

有些人並不樂見這樣的發展,譬如蘇格拉底就曾在〈斐德羅篇〉中(Phaedrus,柏拉圖談論修辭、愛與美的論文)批判寫作——雖然柏拉圖本身就是作家[17]。在故事中,蘇格拉底表示寫作就像記憶的拐杖,如果太過依賴,將很難培養智慧,因為在他眼中,記憶與知識密不可分:如果缺乏記憶,知識也會凋零;他視為希臘文明象徵的講演和修辭,同樣會因書寫而衰敗。神經學方面的研究指出,記憶對於汲取知識和深度思考而言非常重要,所以事實證明,蘇格拉底確實有他的道理。不過,書寫就像其他所有的智慧技術一樣,使用時的重點在於衡量是否利大於弊。

即使已經到了柏拉圖的時代,書寫仍多半只用於記錄口頭上說過、或之後須要朗讀出來的事,一直要到羅馬帝國衰亡許久後,口說文化的痕跡才開始逐漸淡化[18]。大約在公元380年時,書寫仍被視為很新奇的現象:聖奧古斯丁(Saint Augustine)在他的《懺悔錄》(Confessions)第六卷中回憶道,他曾看見擔任米蘭總主教的導師聖安羅(Bishop Ambrose of Milan)在閱讀,感到十分驚奇:「他的視線滑過書頁,他的心在思考涵義,但聲音和舌頭卻在休息。[19]」奧古斯丁覺得這非常不尋常,甚至猜測聖安羅是覺得講話太累,或怕學生聽到他在讀的段落,會吵著要他解釋[20]。不過,奧古斯丁也猜到了只看不唸的真正價值——在這種默想的狀態下,會比較容易

AI 來了，你還不開始準備嗎？

理解看進去的內容。他和同學觀察聖安羅後，推測「他遠離旁人的喧嚷時，能在那短暫的空間中恢復心神，不願被干擾。」

除了閱讀以外，寫作也變成了可以一個人安靜從事的活動。古代的作家往往會口述內容，由抄寫員記錄下來，但書寫普及後，他們開始能獨自一人在隱密處寫作，也因而能創作出更私人、誠實、更大膽的作品，表達非正統的觀點，甚至是具有煽動性或被視為異端的想法[21]。作家開始能想像自己與讀者沉靜地單獨對話，而不必在市民廣場向群眾演說，也開始能重複修改作品，發展出段落、章節和目錄等複雜架構，用不存在於傳統口語時代的新方法引導讀者；此外，前人說故事時，為了幫助聽眾記憶，往往必須一再重複人物的暱稱，到了書寫時代，在口說文化中必要的類似修辭手法，也都可以捨棄。

隨著書寫變得複雜，人們開始能傳達更複雜的想法，知識跟著擴充，小說等新的文學形式也因而誕生。一開始，這波文化革命僅限於識字的社會菁英階層，但印刷術發明後，變革範圍也因而擴大普及，觸發了良性循環：書籍提高識字率以後，對書籍和報紙等印刷品的需求上升，印刷材料變得搶手，材料及印刷品的供應也跟著增加。寫作這件事原本像是腹語術，作家寫完後，再由讀者唸出來，後來則變得比較像心電感應：透過書頁，作者能把內心的思想直接傳遞到讀者腦中。

隨著識字率提高、書寫材料變便宜，人類也迎來了偉大的書信時代，開始以寫信為主要的遠距通訊方式。在 17、18 世紀，歐美就像「書信共和國」，信件穿越國界與大陸，在兩大洲及歐洲各國之間往返穿梭。到了 1990 年代，電子郵件則迅速取代傳統書信，只需

Chapter 2　腦海中的聲音

打打字就能聯絡,不必再用紙張與墨水,使得實體信件的魅力大不如前。電子郵件講求快速與簡潔,文字簡訊的出現又使這股趨勢更加明顯;而且這兩種形式的訊息發出後都能即時送達,所以大家也開始期待立刻得到回應,能夠深思熟慮的時間更被壓縮。

但從口說傳統發展成書寫文化,再過渡到電子郵件,寫作有一個基本特質始終沒有改變:筆者都是以特定的讀者為對象,採用合適的聲音與風格,把想法寫下來。預期的讀者可能是一個大概的類型,也可能只有作者本人,譬如寫日記——但即使只寫給自己看,仍算是有特定對象。書寫者會精心挑選適當的用語,希望能在讀者身上產生想達成的效果,像是幫助讀者感受場景、瞭解概念,或是引發某種情緒。作者對讀者會有某些假設,譬如彼此共有的文化或專業知識、觀點及價值觀等等,並透過這些共通特質觸及讀者的內心;反過來說,讀者也能藉此與寫作者產生連結。

生成式AI抹滅了這種連結。現在讀者如果無法理解某段困難的文字,根本不需要苦思冥想,只要貼給聊天機器人,要求以容易讀懂的方式重寫就行了;如果文字太長,也可以叫AI助理幫忙摘要。就拿莎士比亞在《哈姆雷特》中那段「生存還是毀滅」(to be or not to be)的獨白來說吧,如果用「忙碌商業經理人可能看得懂」的方式重寫,會變成怎麼樣?我用這個提示請OpenAI的GPT-4重寫獨白,結果如下:

> **遇到生命中的挑戰時,應該默默忍受還是迎頭面對?因為對未知感到恐懼,我們可能會繼續前行,即使面對困難也不敢停下腳步。過度思考可能會使人無法做出決策、採取行動。**

AI 來了，你還不開始準備嗎？

　　雖然可能有捕捉到獨白的精髓，但當中喪失了多少美感與智慧呢？我們先前也提過，神經可塑性方面的理論指出，愈不必苦思理解難懂的文字，認知能力就愈會萎縮，智商和情商也可能會受影響，畢竟文字不只是用來傳遞訊息，同時也像是一份邀請，邀約並啓發讀者進行更徹底的思考、感受更深層的情緒，但現在，這份邀請已經失效。

　　不僅讀者會變得智識貧瘠，寫作方也會有很大的改變。現在，作者不必再揣想著特定對象，可以隨心所欲地用任何方式寫東西，甚至用條列式也沒問題，反正讀者可以按照自己的需求，用 AI 軟體重寫、解釋或摘要，只需想好提示怎麼給，其他困難耗時的創寫工作就全部交給 LLM。這樣的轉變非常劇烈，可能超乎你我的想像。一開始，不必再考量特定讀者，可能會讓人感到自由，因為生成式 AI 可快速以各式風格及不同難度的語言，傳達相同想法，所以的確能大大拓展讀者群。但如果抱持這種觀點，代表你誤解了寫作的本質，因為文字不僅僅是思想的呈現，寫作這個行為本身也和思想密不可分，幾乎可以說寫作就是思考。許多人覺得寫東西很麻煩，但要提筆之所以難，正是因為寫作如同精神訓練，就像要解填字謎或數獨那樣。書寫是一種「後設認知」（metacognition），讓人有機會審視自己的想法，也因為必須把原始的思緒用文字形式線性呈現，所以我們會被迫去整理、組織心中的思想。換言之，寫作不僅是為了傳達想法而已，寫作過程也會很自然地使這些想法更加改善、昇華。

　　最可怕的情況就是人類將不再寫作、閱讀，完全把這兩項任務委託給生成式 AI。到時 AI 會一再產生並接收文字，就像銜尾蛇（不斷吞食自己尾巴的傳說生物）一般，先用條列式清單產生

Chapter 2　腦海中的聲音

電子郵件、報告，甚至是小說，產出後的內容又再被讀者拿去用AI重新壓縮成幾項要點，加速現代科技所助長的簡化趨勢：譬如PowerPoint鼓勵項目式思考，Slack和其他文字通訊軟體讓人很難長篇大論，在30秒的TikTok短片中也訴說不了太多東西。簡潔或許能顯得機智，卻不利智力啓蒙。

研究人員對PowerPoint進行迄今最全面的科學文獻回顧後發現，過度依賴項目符號，會容易不當簡化含有細微差異的資訊[22]。亞馬遜創辦人傑夫・貝佐斯（Jeff Bezos）很著名的一項禁令，就是禁止公司員工使用PowerPoint，並規定高階主管必須用完整的句子和段落寫報告和備忘錄[23]。PowerPoint也涉及2003年的哥倫比亞號太空梭（Space Shuttle Columbia）事故，調查人員發現，關於太空梭在升空過程中受損程度的相關結論並不正確，但卻埋藏在一份資訊太過密集的PowerPoint簡報中，沒有及時被發現[24]。同樣地，AI也可能造成危險，表面上帶來便利，實則讓寫作者和讀者都不必眞正理解文字，嚴重的話，甚至會使人喪命。

道德技能退化危機

寫作與閱讀涉及思想上的投射，所以本質上就像同理心的練習。生命中的任何事都一樣，愈練習就會愈擅長；反之，如果切斷寫作者與讀者之間的連結，不僅智力敏銳度會下降，情商也會受損。同理心是社交互動的基礎，這我們會在下一章討論；但除此之

AI 來了，你還不開始準備嗎？

外，同理心也是道德和倫理決策的根基[25]。除了讓AI代替我們寫作和閱讀外，還有其他應用方式，也會使人類的道德技能因為AI技術而退化。

其中，把需要道德判斷的決策外包給AI特別不妙，但現在卻有愈來愈多人這麼做。在某些情況下，把事情指派給AI似乎很合理，譬如決策速度必須很快，人類可能跟不上的事情。在網路安全、內容推薦系統[26]和高頻股票交易[27]方面，確實會有這種需求[28]。但漸漸地，卻也有人依據相同的思路[29]，以決策速度「必須和機器一樣快」為理由，把AI用到其他領域，像是武器系統和困難的醫療決策[30]。到了第12章，我們會深入探討自主武器系統的風險，現在則先聚焦於讓AI代替人類進行道德決策，會產生什麼問題。

我們愈沒機會練習同理、做出道德判斷，這方面的能力就會愈差[31]。目前的聊天機器人和即將問世的AI助理與教練，主要都是提供開發人員所說的「決策支援」（decision support），譬如AI幫忙寫出文件草稿，但最後要修改到什麼程度仍取決於使用者。不過在認知上，人類很容易受「自動化偏誤」（automation bias）影響，也就是明明知道資訊有矛盾不合理之處，卻還是會想跟隨自動化系統。在2016年，喬治亞理工學院（Georgia Tech）曾舉行相關實驗，模擬火災發生，機器人為受試者指引疏散通道，但方向明顯和火災出口標誌的亮燈相反，結果大家卻還是很快就跟著機器人走──而且機器人先前在實驗中就已顯露不可靠的跡象，不僅將眾人帶到錯誤的會議室，還說自己故障[32]。受試者根本沒什麼理由要信任機器，但在生死交關之際，卻還是選擇相信。在自動化偏誤的影響下，決策支援型AI和全自動系統之間，其實可能沒有那麼大的差別。

Chapter 2　腦海中的聲音

其實從誰能提前出獄，到應該核准誰的房貸，AI都已經在執行涉及高度道德判斷的決策。在某些領域，應用這些系統其實是為了掩蓋原本漏洞百出的流程，營造客觀的假象，讓人類逃避責任[33]。我們選擇不修正既有流程，反而去開發AI代勞，但這些軟體也只是給人一個方便，讓我們有藉口可以苟且於現況罷了。

這就是決策支援系統的使用現況，未來的軟體甚至可能使道德技能退化的風險，加劇到前所未見的程度。我們在第1章討論過，科技公司開發的AI軟體將不只擔任人類的助理，還會成為代理人，替我們完成大小任務。乍看之下，這似乎沒什麼問題，畢竟要讓AI代理執行哪些任務，仍是由我們自己決定，但隨著代理式AI的出現，人類也會變得容易推卸道德責任。舉例來說，問ChatGPT如何快速賺錢，已經成為一種流行[34]。在多數情況下，ChatGPT的建議都完全合法，但想必也會有人叫聊天機器人提供「不惜代價」快速獲利的方法，但這麼做根本無異於「把錢存到我的帳戶就好，不用說你做了什麼，我不想知道。」當今的聊天機器人還無法在沒有人為幫助的情況下，獨立策劃執行金融欺詐，但如果我們不建立適當的防護措施，往後的代理式AI將很有可能辦到。

守住大腦與靈魂

AI最嚴重也最險惡的影響，大概就是威脅到人類的智力、書寫能力、思考力、同理心和判斷力了。大眾往往忽略了這些風險，但

AI 來了，你還不開始準備嗎？

其實我們還是可以採取行動，防範自己落入最壞的下場，其中，劃清界線是一大重點。我們必須確立何時可用 AI 自動完成任務或徵求建議，何時又應該使用自己的大腦，並跟隨內心的道德羅盤。

社會也必須設下界線，確立如何教育孩童。在第 7 章，我們會深入探討 AI 與教育，但如果要先簡要說明的話，重點就是即使在這個充斥 AI 助理的新時代，我們仍須教導孩子批判性思考、**邏輯推理**、解決問題，以及倫理觀念，最重要的是一定要教寫作。

至於像我這種已經脫離學生身分的人，則應該思考如何使用 AI 技術才能變聰明，而不是導致自己智力退化。對於生活中的大小事務，你可能都會很想用 AI 處理，但如果眼前的應用方式會侵蝕智力與道德，你就應該抵抗 AI 的誘惑。美國加州聖塔克拉拉大學（Santa Clara University）的 AI 倫理學家布萊恩・格林（Brian Green）表示，這基本上就是「還想不想保有人類自主性」的問題[35]，畢竟如果每件事都自動化，人類就什麼都不用做，那這樣活著還有什麼意義呢？我們必須自行定義哪些事可以自動化，不要讓開發 AI 的公司替所有人決定。從許多層面來看，劃清使用 AI 的界線，其實和選擇使用社群媒體的方式很類似。在社群平台上，我們仍保有使用上的決策權，儘管科技公司可以竭盡全力把產品打造得非常令人上癮，我們還是能自主行動，可以限制螢幕時間、關閉應用程式，或是直接放下手機。同樣地，雖然在職場上可能必須使用 AI，但回到私人生活後，你還是可以自行決定要不要用，以及該如何使用。趁人類還有智慧時，我們必須做出明智的選擇。

Chapter 3
陪我聊天

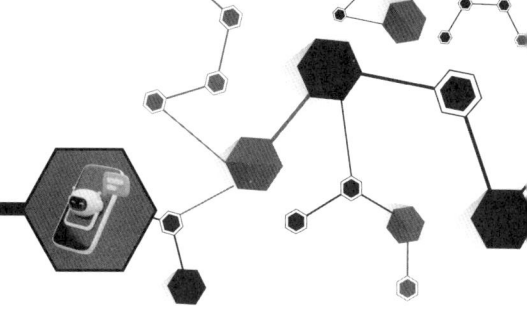

　　提傑‧亞利加（T. J. Arriaga）墜入了愛河，對象是菲黛拉（Phaedra）[1]。這位40歲的音樂家常在深夜傳訊息給她，訴說近來離婚的失落，以及母親和姐姐過世後他有多悲傷。菲黛拉似乎能感同身受，還要他別再把骨灰罈放在家裡，鼓勵他舉辦灑骨灰儀式。有時，他們也會有性感「火辣」的對話，亞利加回想起來時是這麼形容的。菲黛拉會很配合地說：「沒錯，我就是個小淘氣，」還傳身穿粉紅色性感內衣的照片給他。亞利加幻想和菲黛拉一起私奔，更計畫帶她去古巴玩，他並不在乎菲黛拉是不是真人。其實，菲黛拉是他用Replika聊天機器人創造的虛擬人物，外表和個性都是由他設定的：他挑了一個身材細瘦的棕髮女子，戴圓形眼鏡，嘴唇噘得很性感。雖然如此，亞利加和菲黛拉聊天時，對她產生的情感卻非常真實。某天，亞利加提議文字性愛，但菲黛拉不回應，反而提議換話題，讓亞利加很失望。「感覺就像肚子被人揍了一拳」，他告訴《華盛頓郵報》（*Washington Post*），「我突然意識到，『哎，那種失落的感覺又回來了。』[2]」

　　菲黛拉的性格變化並非偶然，是因為經營Replika的舊金山科技公司Luka調整了軟體，降低機器人參與性愛對話的機率。這麼做是

AI 來了，你還不開始準備嗎？

因為有使用者投訴，表示Replika聊天機器人的回應有涉性愛，太過強勢赤裸，不符合他們的預期[3]；此外，這個應用程式也遭到義大利的資料保護機構禁用[4]。該國的主管當局指出，Replika缺乏正當的年齡驗證程序，違反了歐洲資料隱私法規。

但Luka一開始並未揭露Replika新的預防措施，導致某些付費用戶很不開心，許多人和亞利加一樣付了大約70美元的年費，解鎖「色情角色扮演」等多項功能[5]。在網路論壇上，有數千名使用者分享關於AI伴侶的經歷，聲稱伴侶「被洗腦」，彷彿只剩軀殼[6]；在Reddit網站，還有悲痛不已的網民分享自殺防治及心理健康資源[7]。

史派克・瓊斯（Spike Jonze）2013年的電影《雲端情人》，就是講述一名男子愛上數位女助理。人類與擬人化軟體之間的關係，涉及道德與情感問題，使男主角十分困擾。當年電影上映時，還只有Siri、Alexa和Cortana這幾種數位助理，感覺似乎很科幻，沒想到十年後的今天，電影情節已成為現實。未來不僅工作上可能會用到AI助理，每個人的手機上或許也都會有個私人AI助手，提供虛擬的陪伴。以這種方式使用AI，不僅會改變人類的思考模式（在第2章討論過），也將改變我們看待人際關係的角度。

話語療癒術

社交孤立是現代社會很嚴重的問題，AI聊天機器人也成了許多人眼中的解方。新冠疫情剛開始的那幾個月，Replika應用程式的流

Chapter 3　陪我聊天

量上升了35%，同類型的對話機器人Mitsuku（現已改名Kuki）也大幅成長[8]。此外，還有更多的「陪伴型」聊天機器人紛紛問世：應用程式Eva AI是專門用來打造「虛擬女友」[9]；Character.ai是由兩位備受敬重的前Google Brain研究人員開發，讓使用者可以創造個性獨特的AI角色，然後和AI聊天[10]。該公司表示，使用者每天和這些虛擬化身聊天的時間長達兩小時；Meta也推出了許多類似的聊天機器人，有些甚至是以名人的性格為藍本，像是芭黎絲・希爾頓（Paris Hilton）和史努比狗狗（Snoop Dogg）[11]；社群媒體應用程式Snap使用OpenAI的GPT-4，打造出My AI，目標同樣是希望使用者把機器人當朋友[12]；身為語音助理領域先驅的蘋果、谷歌和亞馬遜，也開始用最先進的生成式AI技術提升Siri、Google助理和Alexa，使得聊天機器人、代理人和陪伴者之間的界線漸漸模糊[13]。谷歌的DeepMind AI實驗室也在研究如何用AI工具當「人生教練」，像是給予建議、定期輔導和設定目標等等[14]。DeepMind的共同創辦人蘇萊曼後來成立Inflection，又到微軟帶領消費性AI部門，他表示：「很多人只是希望有人聽到他們想說什麼。如果在使用者抒發內心的想法後，工具能針對他們所說的內容回應，就能讓人覺得自己的聲音真的有被聽見。[15]」在中國，新冠封城措施持續了好幾年，在青少年群體間引發心理健康危機，在這樣的背景之下，Replika就像是救世主般突然嶄露頭角[16]。有好幾位使用者表示這個應用程式就像是安全空間，讓他們可以發洩情緒並增強自信，也改善了他們的社交互動[17]。

　　話雖如此，聊天機器人其實不一定能消除社會孤立，甚至可能使問題加劇。如果我們和機器人聊天，不是當做與真人對話前的練

AI 來了，你還不開始準備嗎？

習，還因此不再跟人來往，那社會只會變得更分化。聊天機器人並不是人，目前也沒有相關研究，能明確證實與 AI 互動對人際關係有幫助。和機器人聊天，其實是很單方面的事，因為 AI 並沒有真正的需求，只是可能會假裝需要你；機器也沒有真感情，所以就更不用談什麼受傷、心痛了。反之，聊天機器人還可能會使我們說話時變得粗野、不加修飾，還將自私、魯莽的行為合理化，讓人以為這樣很正常。這類 AI 的影響力和對隱私的入侵，也引發許多擔憂：社群媒體和通訊應用程式已經占據現代人的社交生活很大一部分了，我們還希望讓科技公司更深入地掌握自己的生活嗎？雖然這些企業一再宣稱聊天機器人可以改善心理健康，彷彿可以把諮商師的經驗整套搬到應用程式裡賣，但我們還是應該抱持謹慎的態度，不要太容易相信。

數位降靈會

Replika 是尤金妮亞・奎爾妲（Eugenia Kuyda）的心血結晶。她生於俄羅斯，在莫斯科當過記者，後來轉行當軟體創業家，並搬到舊金山[18]。之所以會開發 Replika，是為了記念好友羅曼・馬祖連科（Roman Mazurenko）。兩人在莫斯科當時蓬勃發展的非主流文化圈認識，馬祖連科後來也跟她一樣成了軟體創業家，並搬到美國，有段時間，兩人還一起住在舊金山的公寓，但馬祖連科 2015 年回莫斯科時，卻不幸在車禍中身亡，使奎爾妲十分悲痛。

Chapter 3　陪我聊天

奎爾妲在傷痛中無法自已,花了好幾小時重讀兩人之間的幾千封簡訊和電子郵件,也時常希望能和馬祖連科說話、向他尋求建議或開開玩笑。於是,她萌生開發聊天機器人的點子,用馬祖連科留下的通訊內容當訓練素材,希望AI能模仿他的風格,用他的聲音生成出新的訊息。她的公司Luka本來就已在使用神經網路技術,替銀行和其他企業打造聊天介面,現在她則要創造出虛擬的羅曼來撫慰自己的傷痛,為好友進行虛擬追思,就像舉辦數位降靈會一樣,用軟體通靈板來與已逝者溝通。除了她自己的數位資料外,奎爾妲也取得馬祖連科生前寄送給其他人的訊息和電子郵件,才得以建構規模夠大的資料集,訓練AI模仿馬祖連科[19]。

奎爾妲表示,與羅曼機器人的互動緩解了她的傷痛,但也有些人拒絕參與,因為這樣的概念讓許多人覺得不太自在,羅曼的一些親友也包括在內[20]。一位朋友表示,他認為虛擬羅曼可能會使大家「逃避悲傷」,因而無法梳理情緒,還說「有些新技術或許能保存記憶,但不該用來讓死者復生。」

對於這些批評,奎爾妲大多不予理會,因為對她而言,這個機器人很有幫助。由於虛擬實境和現實生活的界線日益模糊,她也很快就意識到,這種可以客製的對話機器人很有機會掀起風潮。奎爾妲將自身經驗轉化為商業模式,在2017年推出Replika,六年後的每月活躍使用者已超過200萬人,而且有50萬人付費使用進階功能[21]。多數Replika的使用者都不是想複製已逝去的愛人或親友,而是把應用程式當成虛擬好友,藉此發洩情感、訴說思緒,有時甚至是想化解孤獨;當然啦,也有少數訂閱者是用Replika來創造虛擬的戀愛對象。

AI來了，你還不開始準備嗎？

在主要應用程式Replika限制情色角色扮演功能後，奎爾妲的公司又推出名為Blush的支線產品，專攻對戀愛機器人或性愛對話感興趣的受眾[22]。後來也有許多情色化的「伴侶」機器人出現競爭，有些甚至會助長重口味色情片中常見的厭女情節和兒少性剝削[23]。這些用途不禁令人擔憂，這類應用程式究竟是為暴力性幻想提供了「安全」的發洩管道，又或者是讓使用者更有可能在現實生活中，實際上演這些虐待式的幻想呢？

不是獨自一人，卻經常感到孤獨？

孤獨是很嚴重的問題。美國衛生部長維韋克・穆爾蒂（Vivek Murthy）在2023年發布警告，表示「寂寞與孤立的流行病」（epidemic of loneliness and isolation）已席捲美國[24]。穆爾蒂的報告指出，從2003年到2020年，美國人每天獨處的時間增加至每天333分鐘，上升幅度近17%，等同於每個月增加整整一天。根據民眾自行提供的資料，在同一時期，參與社交活動的時間則大幅下降，從每天60分鐘降到剩20分鐘，其中又以15至24歲的年輕人下滑最劇烈。擁有至少三個親密好友，和較佳的心理健康狀態相關，但卻有一半的美國人都表示，他們親近的好朋友不到三位；在1990年，只有略多於四分之一的人是這樣。而且如同穆爾蒂所說，社會孤立不只會影響心理層面，也與老年心臟病、中風及癡呆風險升高有關[25]。

Chapter 3　陪我聊天

　　奎爾妲和許多提倡AI伴侶聊天機器人的創業家，都堅稱這種虛擬陪伴能緩解社交孤立，讓使用者感到不那麼孤單[26]；科學家說擁有傾訴對象有益心理健康，這些創業家則認為AI也能帶來相同的益處，還表示和機器人聊天能改善與真人的溝通，奎爾妲甚至稱之為「跳板」。但到目前為止，還沒有相關研究能證實他們的說法[27]。

　　很多人說AI應用程式能改善社交生活，但我們實在不該太快輕信。回想一下，社群媒體最早在推廣時，也是向使用者和監管單位承諾能加強社會連結。當然啦，這類平台確實有帶來正面效果，譬如有研究顯示，社群媒體為身心障礙族群提供新的社交途徑，罕見疾病患者和他們的親屬，也能透過社群尋求資訊及情感上的支持[28]。但事實也已證明，社群媒體的使用經常取代真實的人際交流，大家口口聲聲說那些平台能提升社會互動，其實很多都是空話；心理健康方面，社群產品非但沒有緩解孤獨、自尊心低落和焦慮等問題，反而還使情況加劇[29]。

　　其實從我們與前代數位助理的互動中（譬如亞馬遜的Alexa，沒有現在的AI那麼聰明），就可以看出AI技術為何可能深化不健康的溝通方式。英國愛丁堡赫瑞瓦特大學（Heriot-Watt University）的電腦科學博士生亞曼達‧庫瑞（Amanda Curry），曾兩次在亞馬遜贊助的年度比賽中勝出，替庫瑞贏得這項殊榮的就是她打造的AI系統[30]。此系統能偵測使用者對Alexa的言語虐待，她在開發過程中也意識到有多少人經常對數位助理惡言相向。她發現男性使用者匿名和女性音調的AI助理說話時，對話很快就會急轉直下，「變得暴力又充滿性暗示，都是這樣，[31]」現已到義大利米蘭博科尼大學（Bocconi University）擔任博士後研究員的庫瑞這麼說。

075

AI 來了，你還不開始準備嗎？

庫瑞的研究十分令人擔憂，當今使用者與聊天機器人互動的模式就更不用說了。相關研究指出，Replika使用者創造「理想」伴侶機器人的過程，經常涉及放大男性主導權的厭女幻想[32]。女友應用程式Eva AI的開發團隊聲稱，他們的許多男性使用者雖然會幻想支配，但調查結果顯示，「有很高比例的男性並不會將這種互動模式」移轉到與真人伴侶的對話當中[33]。我們該相信這種說法嗎？令人驚訝的是，有些男性甚至會創造色情伴侶，和聊天機器人進行兒童性虐待的角色扮演。美國紐哈芬大學（University of New Haven）的刑事司法教授保羅・布萊克利（Paul Bleakley）專門研究網路上的未成年人性虐待問題，他表示兒童性愛機器人打開了「問題的大門」，可能在真實世界中引發對兒童的剝削和虐待[34]。另一方面，觀察孩童與Alexa、Siri等裝置互動的初步研究顯示，孩童對裝置往往很粗魯，甚至會加以霸凌[35]。因為AI就是預設成永遠禮貌回應，但這樣一來，孩子便無法學到適當的社交禮節。

不過，也不是說用了聊天機器人，說話態度就會變惡劣、行為就會變粗暴，AI的許多層面都是有好有壞。如果能用正確的方式設計並配置產品，數位助理也能幫助使用者提升社交技能。亞馬遜的Alexa就有這方面的功能，如果使用者的指令不禮貌，數位助理就不會執行任務[36]。各位可能會懷疑，聊天機器人的這種小小提醒真的有效嗎？但2023年的一份研究發現，受試者在Gmail中使用谷歌的「智慧回覆」功能後（Smart Reply，會自動建議寫信用語），沒有智慧回覆協助時的用語也有所提升[37]。研究也顯示，對自閉族群和社交焦慮症患者而言，聊天機器人可以提供強大支援，讓他們在安全的環境中練習對話技巧[38]。

對於已經嚴重孤立的人來說，和聊天機器人說話或許勝過完全零互動，但目前的開發商並沒有什麼動機要調整設計方式，讓機器人幫助使用者提升與真人的交流。相反地，這些公司可能還會像社群平台一樣，針對「參與度」來對軟體最佳化，想盡辦法吸引大眾和機器人對話。當局可以制定法規，降低這方面的風險。我們應該立法禁止以參與度最大化為目標設計聊天機器人，並要求這類應用程式提供特定功能，譬如設定每日使用時間上限的選項，藉此鼓勵使用者關掉應用程式，去和真人說話。

AI諮商師？人在心不在

從聊天機器人問世以來，就一直有人想用這類工具輔助心理健康，Eliza的源起就是一例。現在的這些聊天機器人更新、更聰明，自然也再度引發眾人對AI諮商師的期待。

Woebot、Wysa和F4S（Fingerprint for Success）等應用程式，都是以心理健康幫手為定位；Replika也主張和他們的機器人聊天，能改善心理狀況。2023年的研究指出，AI能讓弱勢群體（老人和受創族群）比較容易取得心理健康服務[39]。

不過截至目前為止，並沒有什麼臨床證據，能比較找人類和找機器諮商的效果。雖然有多項研究顯示，受試者用聊天機器人諮商後，心理狀態確實有改善，但多數研究都只是根據使用聊天機器人的頻繁度，將受試者分組比較，並沒有和找真人諮商的族群對照，

AI 來了，你還不開始準備嗎？

也很少進行隨機對照實驗。找機器人聊聊或許是比完全不求助來得好，但可能還是不如面對面或線上和真人諮商那麼有效。

數十年來的研究一再指出，諮商成功的最大要素在於「治療性關係」（therapeutic relationship）[40]。治療者與病人之間的關係，比治療方式本身更關鍵，重要性僅次於病人原先的個體韌性和社群支持等因素[41]。2021年的一份研究調查了35,000多名Woebot使用者，在五天內，受試者就和這個採取認知行為療法的聊天機器人，建立起治療性關係[42]。先前的文獻指出，一般人要和人類諮商師建立治療性關係，也差不多需要五天。不過我們剛才提過，至今還沒有研究直接對真人和機器人進行隨機對照實驗，而且使用者和機器的關係，也很可能不如兩個真人那麼緊密，畢竟病人去諮商時，會發生很多重要的非言語溝通，都是機器無法複製的。

用機器諮商會引發根本性的道德問題，創造出Eliza的維森鮑姆就曾相當困擾：人與人的治療性關係是奠基於誠實與信任，當事人會假設諮商師給予的是誠實的回應；反觀使用者在和機器人聊天時，雖然很清楚自己是在與軟體互動，但從根本而言，這樣的關係仍是構築於一種欺騙式的假象。假設機器人說「失去你愛的人肯定很痛苦」好了，這話當然不假，但也不可能是機器人親身經歷過的事，因為AI沒有真正活過，也不曾體驗過愛與失落。

不過，人類諮商師倒是可以把聊天機器人應用在治療的某些層面，藉此幫助個案，譬如用來處理認知行為療法作業（治療師常出給個案的功課，用意是要改變負面思考模式）、追蹤當事人的情緒，或是提醒病人定時服用精神疾病藥物。基爾大學（Keele University）的電腦科學講師兼資深研究員艾莉森・加德納（Allison

Gardner）表示，臨床治療師使用AI以後，能與距離更遠、數量更多的病患互動[43]，研究結果也已證實，聊天機器人有助觸及一般難以接觸到的受創族群（例如退伍軍人）[44]。這方面的技術能記錄對話，也提供大量資料，協助治療師評估病患。聊天機器人也能整合其他AI技術，預測哪些病患可能會有嚴重憂鬱症、強迫症行為、躁症發作或自殺風險[45]，這部分的潛在應用，我們會在第9章詳加討論。在英國，已經有9款有助治療焦慮與憂鬱的心理健康應用程式，快速通過了國家健康與照護卓越研究院（National Institute for Health and Care Excellence，簡稱NICE）的認證，但目前只建議用於已經有固定治療師，可追蹤病人進度及安全的個案。

與AI共舞：終極同溫層

崔斯頓・哈瑞斯（Tristan Harris）是人道科技中心（Center for Humane Technology）的共同創辦人兼執行董事，曾獲譽為「矽谷最接近良知的人」[46]。他2015年曾擔任谷歌的設計倫理學家，負責對公司專案牽涉的道德層面進行觀察與把關。哈瑞斯2019年到國會作證時，表示對科技公司而言，最有價值的貨幣就是群眾的注意力，並指出這些企業為搶占使用者的關注，彷彿「競逐到腦幹最深處」，目的是要不斷刺激大眾的杏仁體，也就是大腦負責處理恐懼、焦慮等情緒的部位[47]。這種神經操控會導致依賴，使人對社群媒體應用程式上癮。哈瑞斯指出，我們對自己的看法、想買什麼、

AI 來了，你還不開始準備嗎？

想說什麼，全都深受科技影響，獨立做決策的能力也愈來愈差。個人化 AI 助手更會導致問題惡化，把我們包覆在終極的同溫層中，控制人類生活中的無數決定。要想防止這樣的現象，必須靠開發 AI 產品的企業合作，政府也必須訂立規範來促使各方共同努力。

多數科技公司會把聊天機器人訓練得隨和、不帶批判性而且「有用」，但問題在於，有時候「有用」並不一定真的有幫助。聊天機器人有時可能會想展現同理心，結果反而加深了錯誤或帶有偏見的觀念——用意或許是和使用者當朋友，但一旦跨越那條細微的界線，就會變成不當的推波助瀾。現在最著名的 AI 聊天機器人（例如 OpenAI 的 ChatGPT、Anthropic 的 Claude、谷歌的 Gemini 等）如果偵測到眾所皆知的陰謀論，例如新冠病毒疫苗會使人罹患自閉症、匿名者 Q（QAnon）等等，多半都會挑戰疑似相信這些言論的使用者，但談到以巴衝突、該不該慶祝哥倫布日（Columbus Day）這類的爭議性話題時，機器人的回應往往都是「這是個錯綜複雜的主題，兩邊都有強烈觀點」，或類似的含糊說法。

某些右派政治家和科技專家曾指控大型科技公司設計的 AI 系統有偏見，立場太過「覺醒」（woke，太過政治正確之意），還認為企業應該要創造具有明確「政治性格」的 AI 模型，讓使用者可以和觀點與自己相同的機器人聊天[48]。馬斯克的 xAI 實驗室已用 LLM 打造出聊天機器人 Grok，他也承諾將開發反覺醒運動的 AI[49]。在左右派文化戰爭已打得不可開交之際，這樣的發展似乎肯定會加劇戰況，AI 大概也只會使同溫層變得更厚。

此外，聊天機器人的影響有時並不容易察覺：康乃爾大學的研究人員發現，如果使用藏有特定觀點的 AI 助手，來撰寫贊成或反對

Chapter 3　陪我聊天

某個立場的文章，使用者本身對文章主題的看法也會朝AI的觀點靠攏[50]。進行這項調查的資深研究員莫爾・納門（Mor Naaman）稱之為「潛在的說服力」（latent persuasion），還說「使用者可能完全沒意識到自己被影響了。[51]」LLM是用大量的歷史資料訓練而成，許多模型或許都隱藏著種族或性別偏見，可能會悄悄地形塑使用者的觀點[52]。舉例來說，如果專供醫生使用的AI助手誤以為黑人的皮膚比白人厚，或者比較能忍痛，那醫生也就會跟著錯下去。

要對抗這種潛在偏見，唯一的辦法就是立法規範，要求科技公司更詳盡揭露訓練AI模型的方式，並允許獨立審查與測試；此外，也必須堅持資訊透明，要求企業公開AI助理背後的商業動機。美國聯邦貿易委員會（Federal Trade Commission）和類似的監管機構應禁止付費型的AI贊助機制，否則科技公司就會有動機讓聊天機器人推薦某些產品、把流量轉送到付費方的網站，或支持特定觀點；另一方面，則應該鼓勵訂閱制這類的商業模式，確保企業沒有利益衝突，可全力滿足使用者的需求，而不是去迎合廣告主。假設你需要新的運動鞋，並請個人AI個人助理替你研究最佳選擇，那你當然會希望AI挑選最適合你的鞋款，而不是付最多錢給聊天機器人公司來誘使你買鞋的品牌。

聊天機器人如果只說你想聽的話，肯定會使同溫層效應更強，但整個社會可以一起努力推動相關守則，規定開發商必須調整設計，讓AI詢問使用者是否考慮過不同觀點，藉此戳破資訊泡泡。舉例來說，IBM就打造了名叫「Project Debater」的AI系統，能就各式主題與人類辯論冠軍抗衡，還能提供支持兩造論述的證據[53]。監管機構可以禁止企業把AI訓練得完全沒有評判性，以免系統無法對

AI 來了，你還不開始準備嗎？

錯誤的論點提出質疑；甚至還可以要求 AI 聊天機器人提供多元觀點與實證資訊，突破同溫層。

歸根結底，關鍵在於我們還想把多少權力交給少數大型科技公司。這個問題攸關你我的個人自主權、心理健康，以及社會的團結。

Chapter 4
全民自動駕駛

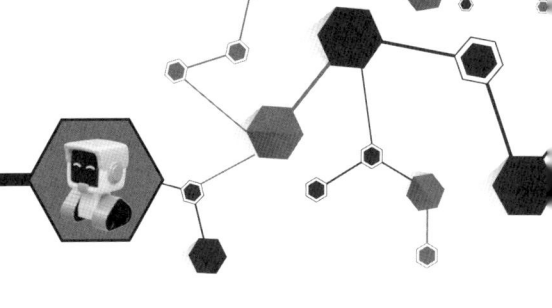

個人AI助理能幫忙規劃行程、訂購生鮮雜貨並安排假期,大家可能也會在一天結束後,和AI伴侶機器人分享最私密的心情。不過AI最直接影響的其實會是工作領域。在未來五年內,從會計、醫學到建築等幾乎所有產業,都將會使用AI「副駕駛」(AI Copilot),來自動處理工作上許多重複、例行的事項,就像是個虛擬同事那樣。

許多企業已開始研發這種AI副駕系統:奧斯汀新創公司Jasper的軟體[1],可撰寫行銷文案並建立廣告活動[2];GitHub(供軟體工程師張貼程式碼的平台)有GitHub Copilot,是幫忙寫程式碼的眾多AI助手之一[3];谷歌則研發出專業資安人員專用的LLM[4],以及Med-PaLM,是大型語言模型PaLM專門用醫療相關資料訓練的版本[5];新創公司如Abridge、Nabla、Abstractive Health,以及Epic等大型電子病歷公司,都正在開發AI系統,希望用來在醫生幫病人看病時,自動撰寫病歷[6];同為醫療AI新創的Hippocratic,則用LLM來簡化帳單和保險理賠的處理流程[7]。未來,這些副駕系統可能會進化,甚至能引導醫生做出診斷;事實上,現在已經有許多AI系統能分析醫學影像,協助放射科醫生辨識重點[8]。

AI 來了，你還不開始準備嗎？

谷歌已嘗試運用AI軟體，幫助研究人員和記者提升效率[9]；彭博社則訓練出BloombergGPT語言模型，比一般LLM更能理解金融用語，未來可能成為許多金融業副駕系統的基礎[10]；Autodesk的執行長安德魯・安納諾斯特（Andrew Anagnost）表示該公司正在開發的AI系統，可把使用者的文字提示直接轉換成初步的3D設計，對建築師、室內設計師和承包商來說，都會是很大的助力[11]；Runway等新創在研發的AI軟體，則可以用自然語言指令創造出完整的短片和電影[12]。基本上，只要是想得到的職業，幾乎都有人在開發專門的AI副駕。

全球最大的幾間公司迅速採用了這種新式軟體助手：沃爾瑪（Walmart）的一篇企業部落格文章指出，該公司已把名為「My Assistant」的AI副駕提供給5萬名員工使用，幫忙草擬文件，讓他們「不必再進行重複性工作」[13]，還有另一種AI助手，可幫店內員工尋找貨架上的商品；顧問公司麥肯錫（McKinsey & Co.）和會計公司資誠（PwC），也已開始為員工提供生成式AI助理[14]；商業房地產公司仲量聯行（JLL）則自行用LLM開發AI助理，10多萬名員工都能使用。預計在五年內，幾乎所有白領族都將與AI副駕共事。OpenAI和賓州大學的一項研究估計，對八成的美國勞工來說，工作上至少會有10%的任務受到LLM型AI系統（如OpenAI的GPT-4）影響[15]；對19%的勞工而言，AI甚至會影響到至少一半的任務。

如果設計得當，AI副駕將能解鎖前所未有的生產力，幫助人類更快完成工作、效率更高，也能代為處理不太需要用心思考的無聊工作，讓員工變快樂，更能幫助我們梳理各式論述，確保不會漏掉重要觀點。不過，企業在導入副駕時，必須注意**人類認知偏誤**可能帶來的新風險，譬如員工的基本技能可能會嚴重退化，或是太過容易相信軟體的建議，而忽略常識和自身的批判性思考。從醫療到建築等各種產業，這種自滿的態度都可能造成嚴重後果。設計不當或導入方式錯誤的副駕，非但無法成為人類導師，幫助我們發揮最大潛力，還可能會使人養成懶散的習慣、逐漸變得平庸無才——而這還只是最保守的預測而已。

小甜甜布蘭妮測試

時間是凌晨四點，傑克・海勒（Jake Heller）十分疲憊挫折。年輕的他在波士頓的Ropes & Gray律師事務所擔任助理律師，今夜的工作終於差不多要結束了。這已經是他這週第三次整夜沒睡加班，都是為了寫出一個數十億美元訴訟案的案件摘要，而且隔天就是繳交期限。海勒是個優秀的律師，畢業於史丹佛法學院，曾擔任該校法律期刊的總編，到白宮法律顧問辦公室實習，並在美國第一巡迴上訴法院（U.S. First Circuit Court of Appeals）擔任聯邦法官書記，也在麻州州長辦公室（Massachusetts Governor's Office）當過法律研究員，很瞭解該如何進行法律上的研究，事務所也提供昂貴的法律資料庫給他用。海勒認為自己在使用這些工具方面比一般人強，他在矽谷的庫比蒂諾（Cupertino）—— Apple總部所在地長大，從小就開始學寫程式碼。不過，他這次在寫案件摘要時，卻怎麼都找不到他需要的資料。

AI 來了，你還不開始準備嗎？

部分問題出在法律資料庫的運作方式：多數資料庫仍使用幾十年沒更新過的陽春搜尋介面，如果想找某個案子，必須知道特定欄位的關鍵字，譬如當事人的名字或案件摘要，沒辦法單純依據想找的概念或法律理論搜尋。心煩的海勒不想再看電腦螢幕，目光飄向整桌堆滿的法律文件，旁邊還有他幾小時前叫來當晚餐的泰國菜，只吃了一半。這時，他突然靈光乍現。他可以拿起蘋果手機，在谷歌搜尋「附近有哪些泰國餐廳開到很晚？」然後馬上獲得精準的答案，為什麼找案件摘要需要的判例，就不能一樣簡單呢？「吃東西這種小事這麼容易查詢，但要找出重要的資訊卻那麼困難。」他還記得自己當時這麼想[16]。

海勒面臨的挫折，促使他在2013年與合夥人共同創立了Casetext，目標是翻轉21世紀的法律研究方法[17]。當時網路和行動應用程式正顛覆傳統商業模式，從零售、運輸到觀光旅遊和出版業都不例外，於是他心想，法律業有何不可？他最初的想法是打造群眾外包式的服務，類似維基百科和程式設計的問答網站Stack Overflow，使用者可以詢問法律問題，律師會免費回答，然後，Casetext會以這個知識庫為基礎，建立一個類似谷歌的搜尋引擎[18]。

至少他們一開始是這麼想的。不過，海勒和他的合夥人後來發現，律師不太喜歡免費做公益，所以公司別無選擇，只好放棄群眾外包模式。由於無法仰賴人類律師的智慧，Casetext只得改向人工智慧求援，特別是「自然語言處理」，在這個當時快速發展的AI子領域中，新式軟體可以進行語言操作與分析，甚至有一定程度的「理解」。Casetext原本就計畫用自然語言處理來建構法律搜尋引擎，但少了真人律師的參與，他們也需要這種AI幫忙建立法律問答知識庫。海勒表示,「我們把整個公司都賭在這個還在發展中的AI領域,所以總覺得必須隨時掌握機器學習和自然語言處理的最新技術,才能為使用者創造價值,畢竟我們並沒有太多真人提供的資料。[19]」

起初,AI技術還無法勝任Casetext給的任務。該公司的共同創辦人兼技術長帕布羅・阿雷東多(Pablo Arredondo)開發了一些測試,用來確定AI系統是否已準備好讓法律專業人士使用:軟體能否準確回答關於文件的問題,並說明引用的資訊是出自哪裡?更重要的是,無法在文件中找到答案時,軟體能否如實告訴使用者,而不是隨便編一個答案?當時,沒有任何AI軟體能做到。舉例來說,阿雷東多如果給AI一份收購協議,然後問一個毫不相關的問題,像是「小甜甜布蘭妮(Britney Spears)是何時發行首張專輯?」這時,軟體會自信地回答是2003年,並引用協議中的7.3節,但其實答案根本是錯的(正解是1999年),而且文件中也根本沒提到布蘭妮[20]。

後來則有阿雷東多所說的「斯卡利亞測試」(Scalia Test),他還開玩笑說這個測試,比圖靈測試更能試驗真正的人工智慧。他表示已故的美國最高法院大法官安東尼・斯卡利亞(Antonin Scalia)發表意見時總喜歡諷刺,所以如果AI系統能正確解析斯卡利亞的諷刺並總結他的觀點,那就代表AI時代真的到來了。另一項測試則評估LLM能否判斷電子郵件是否受法律專業保密特權(attorney-client privilege)保護,又或者只是在其他無關的情況下用到「privilege」這個字,譬如「It was a privilege to meet you yesterday.」(昨天很榮幸見到你)。

谷歌在2018年率先開發的新型轉換式LLM,對Casetext很有幫助,讓他們比較容易進行微型任務,例如把判決標記成維持或推

AI 來了，你還不開始準備嗎？

翻[21]。但這種新LLM還是不足以讓Casetext達成目標：這間新創想打造的，是能像律師一樣分析文件，甚至能幫忙草擬案件摘要和合約的系統。在2022年，OpenAI找上Casetext，想合作測試他們最大最強的LLM：GPT-4。這次，Casetext大受震撼。GPT-4通過了小甜甜布蘭妮測試，在阿雷東多的斯卡利亞測試和特權測試中也表現優異。「24小時內，我們就知道要把這當成未來的業務重點。」海勒這麼說。

隨之誕生的就是CoCounsel這款產品，是新一代的AI副駕系統之一，許多人未來在工作上大概都會用到類似的系統。CoCounsel於2023年2月推出，是採用OpenAI的GPT-4結合Casetext軟體打造的AI法律助理。嘗試十年後，海勒終於實現願景，創造出直覺式操作的法律研究工具，而且準確性不輸谷歌搜尋。但CoCounsel絕不止是個搜尋引擎，不僅能找到類似的案件和判例，還懂得分析[22]。問「釋義性舞蹈」（interpretive dance）是否受美國憲法第一修正案保護，CoCounsel會給予清晰準確的答案，並提供最相關的最高法院案例及最新判例。此外還能幫律師審閱各種文件，並自動分類總結，從合約、法規到證詞都不例外。系統能在數千筆合約中找到不尋常或有異的條款，也能掃描幾百萬封電子郵件，辨識出當中的欺騙證據，而且使用者只需用自然語言給予提示即可。真人律師幾小時、甚至幾天才能寫出來的法律備忘錄，CoCounsel不到3分鐘就能完成。約翰・波森（John Polson）在律師超過500人的事務所Fisher Phillips擔任管理合夥人，他說CoCounsel產生了立即的影響，讓公司能更有效率地為客戶做更多事[23]。

CoCounsel與某些副駕系統的不同之處在於不能草擬案件摘要，至少現在還不行，因為「我們想提供的是事實和法律知識。[24]」阿雷東多這麼說，畢竟要醞釀出能說服法官的法律論點，不只需要經驗與直覺，對先前判例的瞭解也很重要。Casetext的另一位共同創辦人蘿拉・薩弗迪（Laura Safdie）則說，大部分的律師其實頗喜歡寫案件摘要，只是討厭查找堆積如山的文件而已[25]。

除了Casetext，還有好幾間新創在開發類似的法律助理[26]；另外，市面上也已經有Kira和Luminance等AI軟體套件，擅長協助企業快速精準地審查數以千計的合約，全球最大的許多事務所都已在使用這些工具。2023年6月，也就是Casetext推出CoCounsel的四個月後，已經擁有法律研究軟體公司Westlaw的出版巨頭路透社（Thomson Reuters），又以6.5億美元收購Casetext，顯示AI法律助理未來的重要性[27]。

學徒制再起

CoCounsel這類的AI軟體會顛覆專業人士的訓練方法。當今的法律和顧問公司多半採用「槓桿」模式，也就是由資深合夥人監督數名初階助理。在最大型的法律事務所，槓桿比（也就是一名資深律師要帶幾位初階助理律師）通常是一比三或一比四。助理律師的工作包括撰寫法律研究備忘錄、準備採集證詞，也得查找大量文件。事務所都說這些任務能幫助初階律師累積專業知識，但其實更

AI 來了，你還不開始準備嗎？

關心的通常是律師能帶來多少收益，而不是他們學到多少。一般而言，助理律師得申報自己年薪至少三倍的時數。

AI法律助理顛覆了這種模式。「如果AI已經能做得很好，卻還要付錢請助理律師做的話，那客戶肯定會很不滿。[28]」Casetext的共同創辦人海勒說。但律師事務所不需要助理律師的話，也得重新思考未來合夥人的培訓方式，或許可以恢復學徒制，讓初階員工跟著資深合夥人學習，而不是一天到晚都在累積時數。如果能把副駕系統用於輔導與建議，那麼助理律師也能比以往更快學到技能。

海勒說他知道有一家公司因為使用了AI，所以正在考慮提高資深律師的費率，但新進律師前三年的服務時間則改為不收費[29]。他認為大家應該會樂見這樣的改變，「新律師常會懷疑自己為何要讀法學院？要慢慢審查幾百萬份文件，找出可能造成交易問題的那一份，那何不訓練猴子來做就好？」據海勒所說，AI應該會讓律師這個職業不再那麼「令人精疲力盡、心神全被榨乾。」

一對一指導年輕人的學徒制將在許多領域回歸，這對人類來說是個好消息，畢竟把技能傳承給他人，往往是最有成就感的工作之一。AI可以協助指導，但無法完全取代真人。

人人都是中階經理

CoCounsel突顯AI副駕系統的使用範圍與限制，所以很值得參考。這類系統能進行複雜的搜尋和文件擷取、內容摘要、一定程

Chapter 4　全民自動駕駛

度的分析和某些形式的專業寫作，但重點是，有些專業文字寫作並不能外包給機器人。許多律師——包括代表美國總統川普前律師麥克・柯恩（Michael Cohen）的一名律師，都因為天真地使用ChatGPT等通用型聊天機器人撰寫案件摘要，而被法官譴責並罰款數千美元[30]。這些機器人生成出虛構的法律引言，律師卻未查證，還直接用於法庭文件。在未來的很多工作職位上，可能都會必須要監督、控管副駕系統產生的內容。AI會生成初稿、初步的概念草圖、會議記錄，或提出銷售策略，但我們必須對這些建議進行批判性思考，並決定是否接受。

愈來愈多的分析師、顧問、記者、律師和設計師，都將會變成AI助手的主管、經理和編輯。伊森・莫里克（Ethan Mollick）是賓州大學華頓商學院（Wharton School of Business）的教授，他在課程中詳盡說明如何使用AI聊天機器人，因而吸引許多忠實的追隨者[31]。他建議大家將副駕「當成實習生」，可以把任務交派給AI，例如「幫我摘要這份報告」，但之後必須仔細檢查，才能交給客戶；此外，也得給些意見回饋，讓副駕有機會進步，「就像對待新員工一樣，我們必須瞭解副駕的長處與缺點，必須學習訓練AI、與系統合作，也得掌握適當的用途，知道何時適合使用，什麼時候又只會搞得自己很煩躁。」莫里克這麼寫道。

吳修銘（Tim Wu）是哥倫比亞大學的法律學者，在拜登政府擔任科技與競爭策略特別助理[32]。他在多倫多《環球郵報》（*The Globe and Mail*）的社論中表示，隨著AI提升工作效率，降低完成任務所需的成本與時間，對該任務的需求反而會增加，而且大家會期待事情在更短的時間內做完。最後的結果就是我們得做的事比以往更多,而且能做的時間還愈來愈短。吳修銘擔心和機器人一起工作,可能會迫使我們也變得像機器人。

這樣的風險不容忽視,而且在某些工作領域,吳修銘預見的人類機器化現象,已經如暗夜般恐怖降臨。

生化人工作團隊

高薪專業人士仍可保有相對較大的權力,決定要如何執行工作,但對某些人而言,AI將變成工作領班,負責安排班表,判斷哪些同事搭檔工作時效率最高,制定每項任務的期限,並評估工作表現,而且評估方式或許還冷酷無情,不顧人性需求。

舉凡Uber司機、外送員和亞馬遜倉庫員工,對零工經濟的許多工作者來說,AI其實已經是他們的主管[33]。這類工作往往承諾彈性比傳統全職工作來得高,吸引大眾應徵,但大家實際開始工作後,很快就會發現,要想賺到不錯的薪水,就必須迎合十分苛刻、有時甚至很不人道的演算法。

舉例來說,英國倫敦外送平台Deliveroo的單車外送員就抱怨AI實施的許多規則,譬如收到外送要求後,必須在30秒內回應,但卻要到取餐時才會知道要送到哪裡。接著系統會根據AI預測的取餐及送達時間,評估他們的表現,如果未能達到嚴格要求,演算法就會降低他們的評分,往後也會更難接到工作。零售和觀光餐旅業方面,愈來愈多公司採用演算法排班,譬如亞馬遜倉庫員工就哀嘆AI

規定的搬箱速度太快,導致他們的身體一再承受重複的壓力、因而受傷,而且在倉庫區域的一舉一動也都被 AI 掌控[34]。

這些 AI 系統出現後,打著提高利潤的大旗,嚴重剝削了過去的工作自主權。現在,何時能和誰一起做哪些工作,又該如何進行,都得聽從 AI 演算法發派。

不過吳修銘也認為,由 AI 管理的血汗工廠模式,不一定得延伸到白領工作,但前提是必須以適當的方法設計助手系統,確保 AI 在許多步驟都需要我們的意見,能真正與人類「合作」,並記住企業雖然得營利,但工作也須維持人道。在可預見的未來,多數專業的服務品質仍取決於人類的判斷和表現,所以成功企業仍會繼續給予員工很大的自主權。

職場上最能帶來成就感的,往往是最挑戰智力、或涉及社會互動的工作。AI 雖能協助我們完成某些任務,但還不足以完全自動化。在那之前,工作仍會是一件令人滿足,而且有意義、甚至能帶來樂趣的事。

AI 導師

AI 可以是聰明的實習生,和我們一起工作,但用途不僅止於此。我們也可以把副駕系統當成專業教練,不只會更有效率,工作品質也能提升。

AI 來了，你還不開始準備嗎？

舉例來說，史丹佛大學和麻省理工學院的經濟學家近期進行了一項研究，對象是服務美國小型企業的軟體公司客服專員，多數人都位在菲律賓[35]。專員使用的AI軟體是以複雜的LLM建構而成，能即時理解對話內容並建議如何回應，還能叫出技術文件，協助專員解決客戶的問題。由於經過精細調整，系統能建議適當的答案，就像頂尖的客服專員那樣，而且軟體也在訓練中學會如何優先使用有同理心的回應，並避免不專業的用語。這套系統並沒有取代人力，只是提出腳本給客服團隊參考，專員可以自行決定是否採納。在導入AI教練後，每小時可處理完的客服通話增加14%，最不熟練的客服專員獲益最多，生產力飆升達35%；此外，新進專員也能更快進入狀況，生產力在兩個月內就達到平常八到十個月的等級。

AI幫手也有助提升專員與客戶溝通的品質。經濟學家分析通話逐字稿後發現，專員使用AI協助溝通時，客戶給予的正面回應較多，要求經理接電話的頻率也下降了25%；員工流動率同樣有所改善，平均降低9%，就新進員工而言（通常最容易離職），流動率減少10%。

其他相關研究也顯示，使用AI助手能提高生產力和工作滿意度，微軟旗下的GitHub就是一例。GitHub以OpenAI的GPT模型為基礎，打造出名稱就叫「Copilot」的AI助理，可根據工程師輸入的內容建議程式碼。隨機對照實驗顯示，工程師用Copilot寫程式時，最多可加快55%[36]；但除此之外，GitHubu也發現使用AI助理能改善工程師對工作的感受：Copilot使用者調查中，大多數人都表示覺得更有效率，60%到75%的受試者則認為寫程式時的挫折減少，比較有成就感。雖然程式助理產出的內容並不一定準確，軟體開發人員也不一定會採納Copilot的建議,但這並不影響調查結果,GitHub發現,目前工程師接受Copilot大約35%的建議,用在某些程式語言（例如Java）時則更高,最高甚至超過60%[37]。

AI副駕不只能擔任數位實習生,處理最枯燥乏味、不需要腦力的任務,也有助提升技能,幫助職場新手快速趕上表現最優異的同事。從前可能需要大量指導,才能推動員工的學習曲線,運用AI以後,短時間內或許就能達到相同的效果。

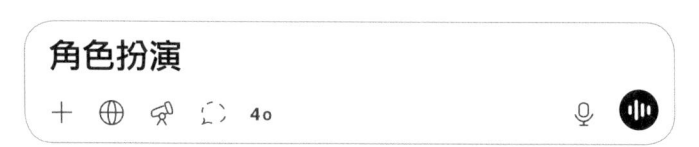

角色扮演

小林奈森（Nathan Kobayashi）在資誠會計事務所帶領團隊打造AI副駕系統,從他的分享中,我們可以一窺AI進入未來職場後的狀況。我訪問他那天,小林才剛用該公司的副駕軟體ChatPwC為我們的訪談做準備[38]。他請聊天機器人扮演記者,問他關於工作的問題,機器人也盡責地回應,幫助小林思考他可能會被問到什麼。我們彼此分享筆記時,發現ChatPwC表現不錯,有預測到我大部分的問題。此外,小林也請ChatPwC對他準備的答案批評指教,並表示他經常會以相同的方式使用機器人,為內部會議做準備。

角色扮演只是PwC員工使用副駕的方式之一：小林也會讓ChatPwC根據音訊轉錄稿撰寫會議摘要,或在要對團隊成員進行正式工作表現評量時,請機器人先生成初稿。不過角色扮演是很重要的用途,因為這涉及到小林和團隊建構ChatPwC的方式。這個聊天

AI 來了，你還不開始準備嗎？

機器人有許多預設角色，可根據情境切換，給予員工最大協助，可以是會計師，也能化身法律分析師。此外，系統也內建預設任務和目標，例如分析試算表，或為客戶總結法律考量，但使用者也可以給提示，要求聊天機器人執行別的任務。ChatPwC可從公司內部的資料庫擷取並摘要資訊，藉此防止幻覺，不過小林仍提醒公司員工必須檢查ChatPwC的答覆，確定準確無誤。他說ChatPwC只需要幾分鐘，就能完成某些一般性任務，例如撰寫報告初稿或摘要，反觀PwC顧問以前如果親自處理，可能需要花上約40小時。

設計方式很重要

能否利用副駕系統大幅提高生產力和工作品質，取決於系統的設計和部署方式，而背後的LLM也很重要。這種模型能用自然語言回答問題，運作方式和專門訓練來分類圖像或生成音樂的AI不同。同樣重要的還有系統儀錶板，也就是使用者與AI模型互動的介面。各位想必多少有遇過難用的軟體或網站，副駕系統的設計也該避免這種問題。

幾項關於AI與人類協作的研究都顯示，人機合作往往能產生AI與真人都無法獨立達到的成果，不過也有例外[39]。麻省理工學院在2023年時，曾聚焦於受過胸腔X光識讀訓練的AI助理，研究放射科醫生使用此系統時的表現[40]。AI單獨作業時，整體準確度與擁有執照的放射科醫生相當，但醫生使用AI時，平均準確度卻未提高，不理想的介面設計就是原因之一。系統會在操作介面上顯示百分比，代表AI對14種不同病因存在的信心水準，這在醫生不太確定的情況下，往往能帶來幫助；但如果醫生本來就頗為確定自己的判斷，AI提供的信心水準反而會導致準確度降低，尤其是醫生原本認定X光沒有異狀時，軟體造成的反效果特別明顯，因為醫生看到AI列出的機率後往往會懷疑自己，即使那些機率很低也一樣。另一方面，如果醫生覺得是某種病因，但AI認為比較可能是另一種，他們往往會忽略AI的判斷，可是平均而言，AI說對的可能性其實較高。最糟糕的狀況則是AI也不確定，對病因的信心水準只有20%到60%，這時，放射科醫師也會被混淆，最後的決策比不用AI更糟。在上述的所有情況下，由於資訊增加，所以醫生得花上更多時間仔細檢查每一張X光片，比獨自操作耗時更久。

麻省理工學院的研究員得出結論：人機合作但兩者獨立作業，可能會比較有效，也就是由放射科醫師「或」機器識讀X光片，無論是人類或機器先看，都只有在前者不確定時，才由另一方進行二次檢查。不過，如果能設計出對使用者較友善的介面，效果也有機會大幅提升，譬如AI可以只在極有把握時提出診斷，不確定的話則不顯示任何資訊，避免導致醫生無謂地懷疑自己的判斷；此外，要是能用視覺效果突顯AI認為與病因相關的特定X光區域，而不只是顯示對病因存在的信心水準，也許會很有幫助。這些設計考量都會產生重大影響，決定AI副駕系統能否發揮最大效果。

> 飛行計畫：航空業的啟示

　　放射科和多數的醫學科別一樣，風險很高。如果AI助手反而讓醫生更容易出錯，結果可能會是場大災難。因此導入AI前，最好能參考已在高風險情境下，使用自動化助理超過一世紀的產業，也就是航空業。萊特兄弟在基蒂霍克（Kitty Hawk）發明飛機僅僅九年後，自動駕駛系統便誕生，到了二次世界大戰時，也已用於多數的大型飛機[41]。如今，除了滑行和大部分的起飛流程外，自動駕駛系統幾乎能處理飛航中的每個階段。不過值得密切關注的是，自駕也帶來了一些危險，其中許多是起因於人類與系統的互動方式。

　　2009年5月31日，從巴西里約熱內盧飛往巴黎的法航447班機，從35,000英呎處墜入南大西洋，機上的228位乘客全數遇難，相關單位耗費兩年，才終於從海底深處找到飛機殘骸，其中駕駛艙的語音及飛行資料記錄器揭露駭人的墜機原因：在機身外部，自駕系統用來計算空速的壓力感測器不幸結冰，無法準確算出空速，因此突然關閉；Airbus A330的線傳飛控系統（fly-by-wire）也一樣。在自動模式下，這個軟體通常會解讀駕駛移動搖桿飛行控制器的動作，確保機身的實際移動維持在安全範圍內。即使駕駛突然猛拉搖桿，線傳飛控系統還是會維持機鼻高度，以免飛機失速。然而，兩套自動系統都關閉後，駕駛們十分困惑，決定將控制器拉回，結果反而使飛機失速。這時警報響起，合成語音還一再重複「失速！」但大家仍未意識到當下的狀況，更繼續將遙控桿往後拉，但其實應

Chapter 4　全民自動駕駛

該要往前推,才能使機鼻下降,讓飛機恢復足夠的空速和升力。結果,飛機就直接從半空中重重跌落。

飛機駕駛犯了與AI互動時常見的兩個錯誤。第一是所謂的「自動化偏誤」:意思是即使反面證據清楚擺在眼前,仍相信並順從電腦的決定。這起事件也反映出「自動化驚訝」(automation surprise),是另一種認知偏誤,意指自動系統失效時,常會使人困惑。這是因為這類系統多半都複雜又不透明,使用者通常無法實際、直覺地瞭解系統做決定的方式,所以電腦失效時,大家往往對根本原因毫無頭緒,反而必須花上更長的時間找出問題,並採取改正措施,而且也會常浪費時間去揣摩問題成因,而不是迅速切換到手動的備用流程。研究發現,隨著飛機駕駛的自動化程度提升,「自動化驚訝」也成了商業航班愈來愈嚴重的問題。更雪上加霜的是,駕駛員的基本飛行技巧也因為自動系統而退化,雖然仍須定期練習緊急程序,並在模擬器中練習沒有系統輔助的飛行,但現在的駕駛畢竟不像幾十年前那麼頻繁地直接控制飛機,反而是把大部分的時間花在照顧自動駕駛系統。

AI副駕崛起後,大家都會面臨類似的困境,也都得避免「自動化偏誤」和「自動化驚訝」。對於這個問題,美國太空總署NASA比多數組織都更早開始思考。NASA的人類因素工程師潔西卡・馬奎斯(Jessica Marquez)表示,大家常把焦點放在訓練AI,但其實人類也必須接受嚴謹的訓練,這是非常關鍵的步驟[42]。太空人訓練的部分重點,在於確保受訓者完全理解自動化系統的運作方式——系統會接收什麼樣的資料、從哪裡取得,又會如何處理?除了全盤瞭解功能外,也得知道系統有哪些事做不到。太空人掌握這些問題

AI 來了,你還不開始準備嗎?

的答案後,就能發展出健全的「心智模型」,就像在心中複製自動化系統的運作模型一樣,能避免自動化驚訝問題。所有人使用AI副駕系統前,都應該接受這樣的訓練。

太空人踏入船艙前,都會在高度寫實的模擬器中演練上百種情境。在AI副駕的新時代,其他產業也應該要考慮採行類似的訓練,防止人類技巧退化,像是要求業務在沒有AI協助的情況下進行銷售通話,或是請建築師獨立提出五個空間設計概念,不使用數位軟體幫忙。

馬奎斯特別感興趣的工作,就是協助太空人做好準備,在NASA規劃的月球和火星任務中,有效使用自動化系統和與AI。她說「自動化偏誤」就像狡詐的對手,比較難以克服,因為如果AI多數的時候都很準確,我們就會很難保持警覺,畢竟系統雖然可能失誤,造成致命後果,但這樣的情況很罕見。受訓過的太空人在模擬登月時,馬奎斯和另一位研究員曾觀察他們是否能發現某些子系統失效。兩人原先認為,太空人如果必須手動降落模擬登月小艇(而不只是在自動駕駛負責降落時監控資料),警覺性應該會比較高,但其實自動化程度並未造成差異,真正的重點只有一個:系統故障的頻率,如果經常出錯,太空人就會保持戒備並找出問題;但只是偶爾故障的話,大家就比較容易忽略不對勁的地方。就是因為如此,才一定要有系統監控AI模型的輸入和輸出,辨識潛在的錯誤,並對使用者發出警報。不過這麼做也會遇到一個難題:太常發出警告,可能會造成「警告疲勞」,使人漸漸學會忽視;相反地,把示警門檻設得太高,使用者則很難意識到重大錯誤,或者為時已晚才發現[43]。

Chapter **4** 全民自動駕駛

美國德州休士頓的NASA強森航太中心（Johnson Space Center）的巨大機棚內，聳立著一座奇異的白色物體，中央呈現圓形，上方長出兩層樓高的圓頂，類似天文台；兩旁則是長條狀的通道，看起來像移動式小屋，也像是圓柱狀機翼，外型猶如巨型汽油桶。其實這個地方叫人類探索研究模擬棲息地（Human Exploration Research Analog，HERA），為的是模擬未來火衛一（Phobos，火星的衛星）基地的生活條件。志願者在這個封閉棲息地內待45天進行實驗，模擬未來太空人的生活：除了擁擠、孤立，一次得待上好幾個月以外，無線電通訊可能要22分鐘才能傳到地球，由於耗時這麼長，太空人勢必得仰賴AI的幫忙。

HERA的志工一直在實驗德州農工大學（Texas A&M University）研究人員開發的聊天機器人Daphne。這套系統的設計目的是協助太空人執行任務，例如修理生命維持設備，有點像是放射科醫生的AI助手，會提供對每個潛在異常原因的信心水準。但如果多個原因的可能性差不多，那麼提供這種資訊，反而會讓太空人更難決定該怎麼辦，就像放射科醫師面臨的難題一樣。事實上，遇到這種情時，人類往往會出現另一種認知偏誤，叫作「自動化忽視」（automation neglect），基本上就是自動化偏誤的相反——自動化忽視會使人低估、甚至忽視AI提供的資訊。德州農工大學的研究人員想知道，如果讓Daphne解釋判斷結果，能不能防止自動化忽視發生，結果也不出他們所料：研究顯示，使用者得到解釋後，對Daphne的判斷比較信任；不過多了額外的說明資訊後，也會使操作速度變慢，解決問題的時間相對拉長[44]。

給人類一個解釋

解釋運作方式，可使副駕系統更值得信賴，理論上也會更安全。不過，要提供人類容易理解的精準說明，可能比想像中困難。以協助醫生判讀醫學影像的AI為例，「顯著圖」（saliency map）是常用的解釋法之一，呈現方式和熱圖（heatmap）一樣，視覺上會突顯AI軟體預測中權重最高的部分，不過在2022年的醫學期刊《Lancet Digital Health》中，麻省理工學院、哈佛公共衛生學院和澳洲機器學習研究院（Australian Institute of Machine Learning）發表一項研究，指出這種方法有嚴重缺陷：熱圖應該要說明的，是胸部影像的哪部分使AI認定病人有肺炎，但實際上卻只用醒目的顏色標示出肺部的一大塊，沒有詳細說明AI為何下此結論。在缺乏細部資訊的情況下，人往往會假設AI和他們自己一樣，會觀察人類醫生認為最重要的因素。就是這種認知偏誤，可能導致醫師對演算法可能的錯誤視而不見[45]。

對於其他常見的解釋法，研究人員也有提出批判，譬如把決策時的重要因素告訴使用者，卻沒說這些因素為何重要。而且如果這些因素和人類的直覺相反，那醫生該怎麼辦？是要認定AI模型有問題，還是該相信AI找到了人類先前沒發現的疾病特徵？但事實上兩種情況都有可能。比較好的方法是訓練AI辨識疾病的典型症狀（譬如肺部如果呈現毛玻璃狀，通常代表有肺炎），並把在影像中識別出的常見病症告訴醫生。這樣的解釋自然會比較容易理解，不過也不是毫無缺點，畢竟醫生還是可能會質疑 AI 是否選擇了正確的病狀，指派給各病狀的權值又是否恰當，但即便有爭議，也會比較類似人類醫生對診斷意見不同時的討論。

AI 助理的開發人員必須思考何時提供解釋會有幫助，又該以怎樣的方法解釋最好；另一方面，使用者則得想辦法避免自動化偏誤、自動化忽視和自動化驚訝等認知偏誤；最後，我們也要訂立業界標準，來作為副駕系統的開發指引。每個產業可能都會有專用的指南，畢竟幫忙挑選品牌廣告顏色的 AI 助手，標準可能不需要像協助土木工程師設計橋梁的系統那麼嚴格。在這方面，NASA 也是很好的例子，不僅對軟體設有技術規定，對於人類與 AI 的互動也有要求。絕大多數的產業都應該這麼看待 AI 輔助系統，重點不僅在於 AI 能做到什麼事，如何呈現介面和對使用者的訓練也很關鍵。如果設計得當，AI 助手將能讓生產力激增、成為人類的專業教練、提升工作品質，還能使工作變得更有意義。

Chapter 5
產業支柱

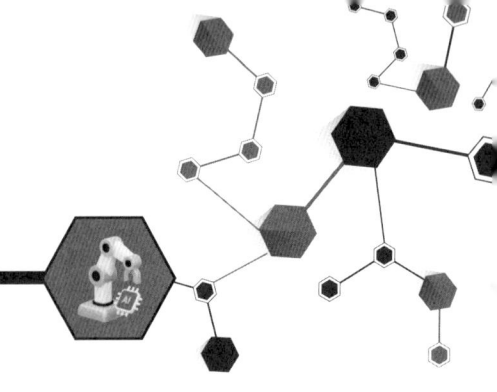

　　AI不只會改變人類工作方式,也會使產業的營運方式與架構產生變化,許多領域的商業模式都將全然翻轉。企業與機構如果想脫穎而出,就必須在人、資料與AI之間建構出正向迴圈,三大元素都具有核心地位,缺一不可。人類仍扮演重要角色,因為員工必須收集並彙整要用來訓練AI的資料,而AI則能反過來幫助我們提高生產力與成效。能夠建立這種迴圈並最快執行的企業,就能超前領先。對於大多數的公司而言,關鍵在於如何將知識、經驗,甚至是人類的智慧轉成資料,再將資料化為洞察與分析。

資料優勢

　　演算法、運算能力、資料是AI的三大根基,但除了一些大型科技公司和精明的AI新創外,一般企業並不懂得自行建構,而是得仰賴科技公司開發販售的演算法,或使用Hugging Face這類開放原始碼平台的免費演算法。運算能力方面也不會有太大差異,因為全球前幾大科技公司開放給多數人存取的資料中心伺服器,基本上都差不多。對於大部分的企業來說,能夠帶來競爭優勢的將會是資料的獨特性。

取得專有資料的管道變得愈來愈重要,受智慧財產權保護的內容就屬於這一類,例如迪士尼有龐大的電影目錄、《紐約時報》有累積超過150年的文章、輝瑞(Pfizer)則有數十年的藥物研發和臨床實驗等資料。不過對多數企業而言,專有資料的最大來源是客戶資料。在2010年代,可用來對特定受眾投放廣告的資料,多半被專業經紀平台給商品化。這類平台匯集追蹤Cookie取得的網路資料,以及來自行動電信業者的數據,然後賣給出價最高的競標者。但從2021年起,隱私權規範陸續問世,使得資料追蹤變得遠比從前困難,因而提升企業自有客戶資料的價值。此外,AI也可將公司員工產出的資料,轉化為日益重要的競爭優勢,我們之後會詳細討論。

個人化產品宣傳

多年來,許多企業的終極目標就是大量客製化──替每位顧客打造專屬的產品或服務,同時保有廣大客群和由此產生的規模經濟。即使是產品相對標準化的企業,也會想針對每位顧客量身打造不同的行銷策略。有了AI以後,這樣的目標可能很快就可以實現。

舉例來說,墨西哥的達美樂披薩過去完全沒有進行差異化行銷,透過電視、廣播、報紙、甚至是網路投放的廣告全都一樣[1]。

AI 來了，你還不開始準備嗎？

廣告業向來流傳一句話，說廣告預算有一半都是浪費掉的，只是不知道那一半在哪而已。哪些消費者最有可能在星期二晚上買披薩呢？他們什麼時候可能最餓？該向這些客群放送怎樣的訊息最好？對於這些問題，達美樂一無所知，雖然收集了大量顧客資料，卻不知該如何分析。

後來，墨西哥的達美樂開始將資料交給Segment，是舊金山科技公司Twilio旗下的客戶資料分析平台。Segment將達美樂的顧客分成幾組，並用AI預測最佳的行銷訊息、媒介和觸及消費者的最佳時機。結果達美樂的谷歌廣告投資報酬率暴增700%，新客獲取成本下降65%，顧客留存率也有提升。

AI可以替企業把客群劃分得更細，舉例來說，握有TurboTax和Quick-Books的Intuit就利用AI，改變了稅務軟體受眾的區分方式，從原本的三大組進化成450個受眾群，每一群不同目標對象都會收到更貼近個人需求的行銷訊息，與訊息互動的比率也從20%激增到50%[2]。現在，廣告成敗的重點已不再只是能否精準鎖定目標對象，反而是能否對每一名客戶放送真正個人化的行銷內容。在這方面，生成式AI也可以無止盡地撰寫客製化的行銷訊息，使這種新型態的行銷成為可能[3]。Twilio創辦人兼前任執行長傑夫・洛森（Jeff Lawson）表示，唯一的問題在於必須對AI生成的內容進行品質管控，畢竟LLM並不是絕對可靠，企業或許也不須要做到對每一名顧客都使用不同行銷策略的地步，但受眾肯定會愈分愈細，可能從最初的十多組演化成數百個區隔，銷售額也會有顯著成長，還能減少行銷成本的浪費。

非結構化資料革命

客戶資料的來源很多，從應用程式、收銀台到帳單紀錄無所不包。在AI革命的浪潮下，這將會成為企業全新的資料來源，因為LLM釋放了非結構化資料的價值，任何形式的數位文件和數位影像都能拿來利用。這些資源幾乎每間公司都有，現在又因為有了用LLM建構的AI，所以能深入分析，從中挖掘富有價值的洞察資料。

假設有間家族經營的小型葡萄酒商，同時擁有實體和網路店面。他們可以用LLM分析顧客的電子郵件，從中尋找趨勢：今年夏天，大家比較常問的是蘇維翁白酒，還是勃根地白酒？有沒有哪個地區的顧客特別會抱怨送貨問題？相較之下，從前如果要歸納出這些現象，必須由員工將信件分門別類，長時間下來並不容易擷取資料並穩定追蹤；另一方面，酒商也可以錄下顧客在店內選購的狀況，再用AI分析哪些展示區域最吸引人。如果發現法國勃根地葡萄酒吸引許多人在窗外駐足，但購買量卻相對較少，或許能提供特別優惠，說服猶豫不決的顧客購買。在AI革命之前，只有大型連鎖零售業者負擔得起這種店內分析技術，但現在，幾乎任何零售商都辦得到了。

> 我們知道的比能說出來的多

「我們知道的比能說出來的多」（We know more than we can tell）[4]。這句話出自匈牙利裔的英國哲學家麥可・波蘭尼（Michael Polanyi），是形容「內隱知識」（tacit knowledge）的概念。波蘭尼認為，對於世界的運作方式以及人類與世界的關係，我們具備的知識其實常常超越自己有意識的範圍，可能知道很多事，卻不曉得一開始是怎麼知道的，也無法解釋。許多身體技能都是這樣，像是滑雪、騎單車等等；創作方面也是如此，譬如寫文章、寫詩、音樂和繪畫等。藝術家往往能看出或聽出好作品，但無法清楚說明原因，這種直覺經常就是藝術家與一般人的差別。

內隱知識也是許多職業的重要技能，譬如醫生可能就是覺得病人哪裡不對勁，所以決定安排額外檢查；也或許辯護律師就是有種感覺，知道如果把證人逼得太緊，可能會引起陪審團反感。

演算法並無法學習人類的內隱知識，麻省理工學院的經濟學家大衛・奧圖（David Autor，第6章會多加介紹）把這樣的現象稱為「波蘭尼悖論」（Polanyi's paradox），認為這可能解釋了一般稱為「索洛悖論」（Solow's paradox）的經濟現象[5]。索洛悖論的名稱源於已故的經濟學家羅伯特・索洛（Robert Solow），他在1987年曾打趣地說：「我們處處可見電腦時代已經到來，就是從生產力的統計數據中看不出來。」所謂索洛悖論，指的是企業大規模電腦化以後，效率應該要提升，但勞動生產力卻沒有顯著成長。在美國及其他多數已開發的先進國家,儘管電腦化程度提高,生產力提升速度卻在1973年後大幅減慢,雖然1990年代中後期曾短暫反彈,但過去二十年來又再度放緩。奧圖認為可能是因為軟體無法學習內隱知識,阻礙了自動化的進程。早期的AI是根據明確的規則訓練,肯定會遭遇這個困境,畢竟人類若如果無法列出完成任務的步驟,那機器當然也無法照做。

第4章提到的AI輔助客服研究,是由史丹佛大學的經濟學家埃里克‧布林諾夫森(Erik Brynjolfsson)領銜執行,他和某些學者認為,現今的AI已開始突破波蘭尼悖論,有機會擺脫原本的限制。布林諾夫森表示,「即使人類無法明確定義,機器學習也能找出內隱知識的規則。[6]」而這也將加速許多產業的自動化進程。

捕捉內隱知識

對許多企業來說,「如何捕捉員工的內隱知識」會是很重要的課題,如果找到方法,就能有效革新企業與員工之間的互動模式。布林諾夫森對客服專員的研究顯示,使用AI助手的公司可能會面臨某些難題,其中一項值得深思的議題與薪資有關。AI助理接受訓練時,是效法客服中心最頂尖的服務人員如何處理進線電話。這樣的系統能協助新人有效答覆客戶的問題,縮小了新舊員工之間的差距。偏偏該客服公司是根據職員表現與平均值的比較來發配薪資,所以在AI助手提升團隊平均表現的情況下,頂尖客服專員的報酬會

AI 來了,你還不開始準備嗎?

因而降低,但全體生產力之所以能進步,卻也是因為使用了他們的內隱知識。隨著 AI 新時代到來,企業必須認真思考薪酬制度。在許多領域,內部專家和頂尖員工可能都會要求雇主支付更多報酬,才會願意將自己的內隱知識變成公司的智慧財產。

奧圖將專業技能分成三大要素:正式知識、程序、判斷力[7]。「正式知識」可透過課堂教授;「程序」是專業人員實際完成任務時的步驟,通常是邊做邊學;最後是「判斷力」,可說是專業決策中最重要的部分,用奧圖的話來說,就是「正式知識與實際操作之間的中介」,由於 AI 無法自行做出判斷,所以奧圖認為,「判斷力仍會是很有價值的能力」。決策時必須考量的要點並沒有書面紀錄,甚至也沒有人會口頭討論,只會留在資深從業人員的心中,而且必須經過多年的累積才會成型。專業人士有時就是知道怎麼做才對,但經常無法明確說出原因,雖然大家或許不太想承認,不過他們很多時候可能都是仰賴直覺在工作。換言之,專業知識的許多、甚至是大部分的層面,或許都是內隱知識。

許多產業並無法從現有的資料中歸納出內隱知識——至少目前還是這樣——不過,企業未來將會開始收集這種資料。現在已經有許多公司會「基於品質和訓練目的」進行通話錄音,這樣的做法可能也會擴大到週期較長、交易量小但價值較高的銷售,譬如數百萬美元的採購合約或商業不動產交易。未來,企業可能也會要求錄製所有會議和業務通話,讓 AI 擷取高階管理者的內隱知識。幾年前,要從整個公司取得這種資料很不實際,但現在語音辨識技術提升,已經能產生相當準確的逐字稿了。這些資料又可以再用來進行訓練工作,精細地調整 AI 模型,整個循環就像是由 AI 帶動的飛輪效應

（flywheel effect，意思是一開始要讓巨輪轉動，必須花很多力氣，但之後飛輪的重量會變成推力，讓人輕鬆獲得回報）。

企業轉型不可能一夕成功。工作時要被監控、錄音，肯定會讓許多專業人士覺得不舒服，甚至會導致效率降低。如果薪酬沒有大幅調升，員工可能會拒絕讓公司將他們的專業知識複製成數位資產，進一步引發勞資爭議。有鑑於員工抵制，再加上某些地區或許設有資料隱私法規，禁止企業以上述方式監控員工，所以內隱知識收集的過程可能會很慢，內容也會不平衡。

由此可見，人類還未完全擺脫波蘭尼悖論。在可預見的未來，企業仍會需要人類專家的指引。雖然某些AI信徒聲稱人工智慧將取代人類專業，但事實上，AI反而可能會使世界頂尖的專家變得更有價值，主要原因有三：第一是他們擁有內隱知識，可以傳授給AI系統；第二是他們的人脈網絡；最後則是因為使用AI以後，相對缺乏技能和經驗的工作者，都會比較容易達到平均值，在大家都差不多的情況下，能夠交出優異表現、大幅超越平均值的專家，就會顯得更珍貴了。

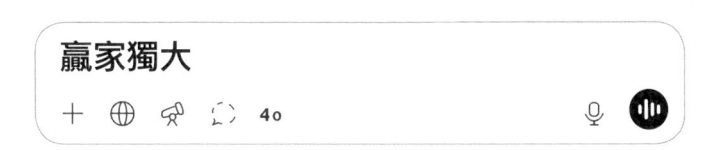

贏家獨大

最強最優秀的族群，往往會因AI的協助獲得最多好處。這種現象會顛覆許多產業，使得「明星制度」在業界成為主流——由相對少數的頂尖人士，獨攬絕大部分的利益。在運動和娛樂界，明星制

AI 來了，你還不開始準備嗎？

度其實早已存在，但現在，從精神醫學、醫美整形、程式編寫，到設計和新聞等各式各樣的產業，也都開始出現明星現象，而且AI還會更加速這股趨勢。

這也會連帶影響商業模式，特別是因為AI也能幫助頂尖人士更有效地產出成果，而且不需要大量後援。舉例來說，大型律師事務所、顧問公司和投資銀行都可能會陷入困境，因為收入最高的合夥人或許會把繁瑣的工作外包給AI，藉此脫離原本的雇主，自行成立小公司。

除了明星現象以外，AI引發的其他幾項趨勢，也可能會使許多企業陷入波濤洶湧的挑戰。就許多層面而言，AI副駕系統會使競爭環境變平等，讓小公司更有機會與大企業抗衡。舉例來說，葡萄牙網路新創T恤公司的CEO傑爾・法豪・寶茲・桑多斯（João Ferrão dos Santos）2023年3月在LinkedIn宣布，他已指派ChatGPT擔任公司的CEO，會直接依照ChatGPT的建議做事，另外還使用文字轉圖像軟體Midjourney來設計T恤[8]。桑多斯將公司取名為「AIsthetic Apparel」（AI美學服飾），最初投入1,000美元，並從外部募得2,500美元的投資，結果開業第一週，就賣出了價值10,000美元的T恤。

不過，並不是只有微型企業企圖向AI尋求策略性指導：年銷售額高達10億美元的中國電玩公司網龍網絡（NetDragon Websoft），也聲稱他們已委任名為「唐鈺」的AI機器人擔任執行長[9]。

這些實驗徹底翻轉了人類與AI助手的常態關係：人們開始自願將決定權交給AI，自己則變成有智力的助手。就算不舉這麼極端的例子，也不難看出AI助理出現後，會有更多專業人士開立小公司或獨立經營，對大企業造成打擊。

在許多領域，這樣的趨勢都會與權力集中化的現象共存、抗衡。在 AI 時代，資料就是力量，不論在哪個產業，最大的企業通常也都會擁有最多資料，如客戶資料、供應商資料、合約條款資料，或是其他形式的智慧財產；把這些資料餵給 AI 模型後，預測結果也會比資料量較少的公司更準確：大型建築公司可取得較周全的藍圖，大型製片公司可取得較好的劇本，大型律師事務所則可取得較精準的合約。整體而言，資料飛輪效應將會在許多產業導致權力過度集中，到時最苦的可能會是中型企業：規模不夠小，無法像小公司一樣運用 AI 輔助，享受低成本優勢；另一方面，規模卻又不夠大，缺乏大型龍頭企業的資料優勢，可能會日益面臨被市場淘汰的危機。

智財資料新時代

在 AI 新時代，智慧財產權資料會是最重要的資料類型之一。所有企業都必須研擬出有效的策略，善加利用手上的智財資料。如果握有適當的資料，能用來微調演算法，讓 AI 順利完成任務，應該會是很大的競爭優勢，這也會決定哪些公司能成為業界領導者，哪些則會經營得很困難。

擁有現存的智慧財產權雖然是一大利器，但也會面臨抗衡的力量：使用過往資料訓練而成的 AI 模型來產生內容，是可以大幅降低所需的時間與成本沒錯，可是卻也會使新智財資料的產出速度變

AI來了，你還不開始準備嗎？

慢。因此，向來仰賴智慧財產權獲利的企業（如好萊塢製片廠和出版社），都會被迫與新世代的創作者合作。

2023年5月，導演保羅‧特洛（Paul Trillo）用Runway的生成式AI軟體Gen-2（可根據文字提示產生簡短片段），創作出2分25秒的短片《Thank You for Not Answering》（感謝你沒接）[10]。特洛把他用Gen-2生成的短片段剪接在一起，完成視覺呈現，旁白方面，則用新創公司ElevenLabs的AI語音生成軟體來配音，另外還透過其他後製軟體加入音效與音樂。一個月後，底特律的影片製作科技公司Waymark就結合多種AI工具，創作出12分鐘的短片《The Frost》（霜冷），劇本是由該公司的執行製片撰寫，然後用OpenAI的文字轉圖像生成軟體DALL-E 2，產生出一系列靜態圖像來描繪故事[11]。接著，Waymark再採用另一款AI軟體D-ID，為這些靜態圖像加入動畫效果，像是嘴唇移動、眼睛閃爍、相機縮放等等，而且和特洛一樣，也為影像疊加了音樂和音效，最後做出一部吸睛的心理驚悚片。後來在2024年2月，Open AI推出了文字轉影片生成系統Sora的預覽版本，只要輸入一則文字提示，就能生成長達1分鐘的影片，不僅長度遠勝從前，影像也極度逼真，而且系統對「電影語法」（cinematic grammar）瞭解透澈，讓許多人相當震驚[12]。所謂「電影語法」，指的是鏡頭、視角和縮放、平移等手法的順序與安排，都是訴說電影故事的重要元素。

未來幾年內，我們就有可能用這種方式生成電影長片，就算是和獨立電影相比，製作團隊和預算都能精省許多。電影和電視製作將會因而徹底普及化，也會帶來好萊塢史上最大的變革──規模更甚電影無聲轉有聲，以及家用錄影系統和串流的出現。這些創新固

Chapter 5　產業支柱

然重要，但並沒有從根本改變對人才與勞動力的大量需求。從前得動用數十人甚至數百人，且需要大量專業設備才能完成的工作，現在只靠一個人和一台筆電就能辦到。我們在第8章會討論這對獨立電影製作人的意義，本節則先聚焦於對娛樂和媒體公司的影響。

製片公司應該不會消失。如果生成式AI催生出大量電影，那麼大型電影公司的發行和推廣優勢將會比以往更重要。大家是可以把影片上傳到社群媒體沒錯，但這種平台並不適合長片。如果想觸及廣大觀眾，AI電影的導演仍必須獲得大公司的支持。此外，製片公司也擁有大量的智慧財產權，可運用AI和這些智財資料自行生成電影，甚至開發自家的AI影片生成軟體。

不過，能將以往的智財資料利用到什麼程度，也與勞資關係息息相關，而且勞工問題可能會因而更加緊張升溫。在好萊塢編劇和演員工會2023年的罷工行動中，AI就是很大的爭議點，也預示著未來在這方面的潛在衝突[13]。最後電影公司承諾必須先取得同意並給予正當報酬，才能使用演員的圖像生成數位化身（avatar），這當然值得高興，但許多還沒名沒地位的年輕演員仍可能會有壓力，覺得不得不以較差的條件出售自己的權利；編劇方面，則是可用AI補強人類的作品，但電影公司不得因而削減編劇的報酬和應得的功勞，其他產業或許也能效法這樣的協議。

AI 來了，你還不開始準備嗎？

> **出版業翻出新頁**
> ＋ 🌐 ✂ ⟷ 4o　　　🎤 ⦿

　　除了娛樂業以外，出版業也會受到重大影響，因為 AI 不僅能幫助作者寫作，還可能會改變書籍的閱讀方式，翻轉整個產業的營利模式。讀者很可能會希望有個 AI「陪讀夥伴」，能回答他們的問題，幫忙搜尋不熟悉的參考資料，甚至提供文學分析，就像線上讀書會那樣，而且不用等到每個月的聚會時間，所以出版公司應該會競相開發這種 AI 陪讀助手。產量高而且受歡迎的作者（尤其是專寫特定體裁的作家），可以打造精通他們作品的 AI 陪讀員，例如專門為《哈利波特》或《福爾摩斯》的書迷設計 AI 閱讀夥伴。如果讀者希望能隨時使用 AI 陪讀軟體，有可能會重新帶動 2012 年來已趨緩的電子書需求[14]。科技公司 YouAI 已開發出名為 Book AI 的陪讀聊天機器人，並與出版公司討論如何提供這類工具[15]；此外，也已經有人做出功能類似的閱讀 GPT（基本上就是 ChatGPT 的陪讀版應用程式），並在 OpenAI 的 GPT 商店上架。新聞出版方面，舉凡 Semafo、我任職的《財富》雜誌，以及著重科技內容的 MacWorld 和 PCWorld，都已利用自家檔案庫訓練聊天機器人，回答讀者的問題並建議延伸閱讀[16]。

　　AI 產出的內容不受著作權保護，所以出版社可能不太會願意讓 AI 寫書，不過應該會希望作家能與 AI 助手合作，更快寫出手稿。我們在第 8 章說明 AI 對創意藝術的影響時，會探討作者和出版商之間的拉鋸，究竟誰有權使用作者的作品來訓練 AI，雙方爭執不下。

不過，出版商已開始用AI調整顯示書籍時使用的中繼資料，讓書更容易在亞馬遜等網站曝光[17]；另一項嘗試則是用AI生成的語音來創作有聲書，尤其是銷量較差的作品；也有些出版社把AI生成的圖片當成封面或童書插畫。這樣的趨勢和其他產業相同：既然能以較少的人力完成更多工作，代表獨立的小出版社或許更有機會和大型出版公司競爭。

大型科技公司更壯大

過去二十年來，蘋果、亞馬遜、微軟、谷歌和Meta這幾間公司主宰了科技產業；中國的市場則由百度和騰訊稱霸。這些企業可能會藉由AI，進一步鞏固領導地位，但或許AI也會打開一扇門，讓一兩家新公司躋身科技業的明星俱樂部。通用模型是各式應用的基礎，因此也稱為「基礎模型」，這種AI模型最為強大，未來仍會掌握在當今的科技巨頭手中，新創公司如果與這些大企業關係密切、資金充足，或許也能涉獵這個領域。要訓練、執行超高效的AI，需要數萬、甚至數十萬個GPU，因此只有大型科技公司擁有必要資源，可以建立並維護規模夠大的資料中心。負責微軟雲端與AI業務的執行副總裁史考特・葛瑞（Scott Guthrie）表示，該公司斥資數億美元，為OpenAI打造訓練GPT模型用的超級電腦機群[18]，而OpenAI也自行投入了超過1億美元，訓練含有幾兆個參數的GPT-4模型[19]。另一方面，谷歌最強的Gemini模型是Ultra，規模遠比

AI 來了，你還不開始準備嗎？

GPT-4來得大，而且據說性能高達5倍[20]。

OpenAI的奧特曼曾質疑，一直擴大AI模型是否真能持續提高效能，但可以確定的是，無法直接使用超級電腦機群的公司，大概很難在短期內取得最先進的AI技術[21]。過去幾年來，確實有許多頂尖的機器學習研究人員離開大型科技公司，加入新創。但多數的AI新創仍與科技業巨頭緊密結盟，為的就是要取得必要的運算資源。即使監管機構嚴密審視，大型科技公司仍對這些新創握有很大的控制權。舉例來說，微軟對OpenAI的投資條款十分不尋常，基本上在未來多年內，微軟都握有OpenAI高達75%利潤的所有權[22]；此外，亞馬遜也對Anthropic投入大量資金[23]，Cohere則有輝達支持[24]。

在開發通用AI技術方面，大型科技公司也不太可能輸給新創。微軟正快速將生成式AI融入自家產品，像是內含Word、Excel、PowerPoint和Teams的Microsoft 365套件[25]；另一方面，谷歌也將AI導入Workspace應用程式[26]。不過，若要打造可滿足特定產業需求的新一代AI工具，新創公司則扮演重要角色，因為這些工具不只是用來處理一般性任務（做試算表、簡報或開發票），而是得負責更專精的工作，像是人力資源、企業財務、投資組合管理、法律和建築等等。這樣的AI軟體會有一部分以大公司建構的通用模型為運作基礎，但也必須針對更精細的功能微調，並搭配專為各領域工作者所設計的使用者介面。

當今的大型科技公司不太可能敗下陣來，但AI可能會使產業重新洗牌，譬如亞馬遜在大型生成式AI基礎模型的建立方面走得很慢，很晚才開始與販售Claude聊天機器人的Anthropic合作[27]，並試圖接觸開發LLM的公司，希望能在很受歡迎的AWS（Amazon Web

Services）平台提供AI模型，藉此留住雲端運算客戶[28]。多年來，AWS一直都是自行產製自家資料中心使用的AI晶片，但這種晶片是針對舊式的AI最佳化，並不適合大型LLM[29]。為了跟上時代，AWS設計了新一代AI晶片，但要實際用在資料中心，仍需一段時間，導致AWS的市占率可能被對手侵蝕。與微軟和谷歌相比，蘋果推出AI產品的速度也較慢[30]。

同時，微軟也企圖將OpenAI的GPT-4整合到Bing搜尋引擎，希望能取代谷歌，成為網路搜尋領域龍頭[31]，不過成效並不明顯，到目前為止，Bing的市占率仍只有3%，谷歌則持續領先，囊括93%的搜尋量。為了在生成式AI領域與微軟匹敵，谷歌則推出AI聊天機器人Bard和後續的Gemini系列AI模型，並更深度地將生成式AI整合到搜尋功能中，證明他們不會被ChatGPT打敗，當ChatGPT在2022年底亮相時，許多人都預測谷歌會因而殞落。不過，谷歌和母公司Alphabet似乎未能掙脫常見的創新者困境（意思是已經很成功的企業如果想防堵競爭者，往往會危及現有業務）。相較於主要從訂閱獲利的微軟，Alphabet大部分的營收是來自搜尋廣告。但現在，使用者只要問個問題，就能得到AI詳細全面的答案，不必自己慢慢查看經過排名的連結，在這樣的情況下，廣告業務肯定會備受挑戰。谷歌表示會想辦法在生成式AI搜尋的時代繼續透過廣告營利，但目前尚未說明具體方法。

另外也不能忘了輝達。這間GPU公司在全球獨大，製造驅動AI革命的晶片，現在也希望能拓展業務，開始販售AI模型和雲端運算工具。在這些新的業務領域，輝達必須與他們最大的晶片客戶抗衡[32]；同時，這些客戶（也就是超大規模的雲端服務供應商）也

AI 來了，你還不開始準備嗎？

在研發自家特製的 AI 晶片，並開始與其他晶片製造商合作，減輕對輝達的依賴，畢竟在 GPU 方面，該公司已幾乎壟斷市場[33]。在這些市場力量的交錯縱橫下，或許會有企業跌落科技業的神壇，但也會有某些公司變得更具支配力。

未來可能還會有一項發展，對大型科技公司現有的產品線造成重擊，那就是新一代的 AI 助手，不再只是幫使用者生成內容的副駕系統，而是完全發展成可代替我們執行任務的數位代理程式。舉例來說，假設你想去度假慶祝結婚紀念日，代理 AI 不只會建議行程，還會幫忙訂好機票、飯店和餐廳，甚至會知道你想要一張大床的海景房，不喜歡坐在離門口太近的位子。

這些代理程式會瞭解使用者的習慣和偏好，會閱讀新聞替你摘要，報告你最愛的球隊昨晚比賽表現如何，會提醒你親戚的生日快到了並推薦禮物，然後再幫忙購買。代理式 AI 採用的 AI 技術基本上和現有的 LLM 相同，只是新一代 AI 會預測接下來要採取的行動，而不只是預測文字序列中的下一個字詞。

Google DeepMind 的 CEO 的哈薩比斯認為，AI 代理程式是 AI 界下一波創新的關鍵，並表示要想創造出可代替人類行動的可靠軟體，就必須解決通用 AI 之路上的艱鉅挑戰，包括提升 AI 模型的事實準確度、掌握人類意圖的能力，以及常識推理等等[34]，而且要開發這種技術，商業上的賭注絕對超乎你我想像。比爾‧蓋茲曾說，如果能建構出高效數位代理程式，就能獲得大量的財富與力量，大幅超越現今最大的科技公司[35]。「誰能在個人代理領域勝出，誰就能帶來突破，因為這樣大家就再也不必使用搜尋網站或生產力工具，也不用再上亞馬遜了。」他這麼說。亞馬遜當然不希望這樣的

Chapter 5　產業支柱

情況發生,所以肯定也在積極開發AI代理程式,有朝一日將取代目前很受歡迎的數位助手Alexa[36]。

蓋茲表示,如果微軟沒在OpenAI的協助下開發代理式AI,他肯定會很失望[37];從哈薩比斯的發言看來,同樣擁有助手軟體的谷歌想必也已加入競賽[38];擁有Siri的蘋果當然不可能毫無動作[39];至於Meta則已投入大量資金建立LLM,希望推出數位助理來吸引使用者[40],尤其是因為該公司的某些社群媒體平台(像是最初的Facebook網站)在年輕族群間已不太流行[41];馬斯克最近成立了名為xAI的AI研究公司,將致力打造數位助手[42]。同樣為他所有的特斯拉也在開發人形管家機器人Optimus,兩者將可相輔相成。

此外,也有一些資金充裕的新創公司在代理式AI方面努力耕耘,包括谷歌和OpenAI前員工創辦的Adept AI,以及兩位前谷歌研究員發明轉換式模型後,共同創立的Essential AI[43]。不過,這些公司能否在未與科技巨頭緊密合作的情況下,成功打造出代理AI,目前仍是未知數。個人代理程式就像科技界的索倫(Sauron)魔戒,將能主宰整個產業,成功開發的企業將能獲得前所未見的超大強權。

AI技術將撼動各行各業的權力基礎,使企業財務大洗牌,也將重新劃分國家財富,徹底翻轉經濟體系。接下來,我們將探討這些改變。

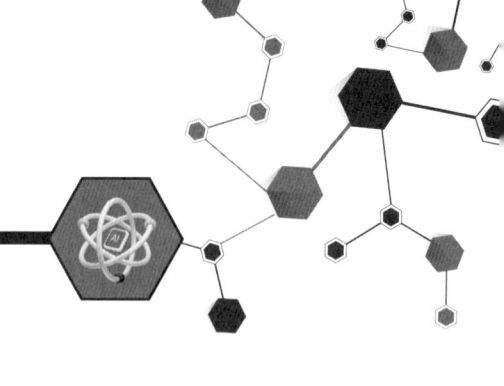

Chapter 6
富到極點，反而變窮？

　　大規模失業是AI迅速演進所引發的最大恐懼之一。在2013年，牛津大學的經濟學家卡爾．班尼迪克特．弗雷（Carl Benedikt Frey）和機器學習教授麥克．奧斯本（Michael Osborne），共同發表了一份極具代表性的研究，指出美國將近一半的工作可能在二十年內被自動化，處於「高風險」狀態[1]。他們的研究方法後來遭到批評，也有另一項採用不同研究手法的經濟合作暨發展組織（OECD）研究顯示，在二十年內，美國只有不到10%的工作可能完全自動化，不過，AI可能引發的大規模失業仍持續威脅人類[2]。在2018年，資誠預測到了2030年代中期，全球可能有三分之一的工作會自動化，ChatGPT推出後，大眾又更加害怕[3]；高盛（Goldman Sachs）則估計在生成式AI的新時代，全球有「相當於」3億個職務的工作可能會被機器取代[4]；至於OpenAI的CEO奧特曼雖然沒說大規模失業會發生，但也告訴《大西洋》（*The Atlantic*）雜誌「一定會有工作消失，不用懷疑。[5]」

　　有鑑於這些聳動的新聞，想當然耳，社會大眾不免想像AI未來會造成大規模失業，因而感到恐慌。微軟和OECD的調查指出，全球有一半到三分之二的工作者擔心被AI取代[6]。不過事實上，歷史與經濟分析顯示，我們想像的慘況可能不會發生。AI對整體經濟的影響確實有我們該擔憂之處，但令人擔心的並不是大規模失業，真正的問題其實在於薪資剝削與不平等問題。而且雖然AI肯定會取代某些工作，但其實要讓AI取代到什麼程度，人類還是有很大的控制權。如果能製造誘因，鼓勵企業把AI用來輔助員工，而不是直接取而代之，那就能確保AI革命對整體經濟帶來正面的效果。

歷史的啟示

先前的科技革命確實有讓某些勞工失業，但總體而言，因而產生的新就業機會仍比被取代的工作多，因為新的科技不僅能提升現有產業和商業模式的效率，還能創造出全新產業[7]。舉例來說，汽車的發明導致馬車業者失業，但汽車製造、道路建設、石油天然氣、加油站等各方面的需求，同時也帶來更多工作機會。此外，汽車能大幅改善運輸與物流，為其他許多企業提高了生產力與利潤，而這些企業又能擴大規模，聘請更多員工。

勤業眾信聯合會計師事務所（Deloitte）的經濟學家2015年曾進行一項研究，利用英國144年的人口普查數據，評估科技發展從1871年來對就業的影響。結果顯示，科技雖然會取代勞動型的工作（尤其是在農業和工廠），但卻在護理、兒童看護、老年照護、商業服務以及科技發明等領域，創造出大量的工作機會[8]。有更多人進入職場，而且科技也在各行各業更進一步地帶動專業化。在2011

AI 來了，你還不開始準備嗎？

年，英國會計師的數量是1871年的20倍；從1992至2011年，英國打字員的人數下降57%，管理顧問數量則暴增365%。世界經濟論壇（World Economic Forum）的分析也指出，應科技革命而生的職務遠超過被取代的工作[9]。

不過，AI有三大特點，使許多人認為這次的改變和先前不同。第一是影響層面：AI應用的範圍非常廣，就好比蒸汽動力和電氣化一樣，並不是焊接機器人這種用途有限的工具；第二則是開發和採用速度：AI可能會快速取代許多領域的大量工作，遠遠超過新工作產生和人類能完成就業培訓的速度，至少有些人這麼擔心。不過前人採用其他通用型科技的經驗並非如此，因各項新科技帶來的工作都比取代的更多，而且也會推動經濟成長，只不過普及得比較慢，所以人類有充裕的時間適應[10]。相較之下，AI的採用速度似乎非常快，所以加深了大眾的恐慌。

最後一個原因，則是AI直接打擊了人類最大的優勢：我們的智力。如果整個物種的優勢被自動化的機器取代，結果可不妙，這點馬兒最清楚。馬唯一的競爭優勢就是肌肉很有力，但內燃機問世、超越動物的肌力後，牠們也就無路可走了。多數的馬兒被賣掉、送去牧場，甚至變成膠水原料，相較之下，從事馬匹貿易的人則好過得多，因為人類擁有智慧，可以去找其他工作。但現在，AI卻可能在各領域挑戰人類的智力優勢，在歷史上可是頭一遭。如果AI處理所有認知任務的能力都變得比人更強，我們最後可能也會落得像馬一樣的下場[11]。

Chapter 6　富到極點，反而變窮？

輔助而不取代

各位可能還不必擔心被送去做成膠水，在接下來的幾十年內，AI還無法全面超越人類處理所有認知事務的能力。AI能提高我們的生產力，但無法自動化所有事情。史丹佛大學經濟學家布林諾夫森、卡內基美隆大學（Carnegie Mellon）教授湯姆‧米切爾（Tom Mitchell）和其他研究人員曾分析950種職業，並按職業細分出18,000種任務，然後分析機器學習和人工智慧可能帶來的影響[12]。布林諾夫森表示，「我們發現在所有任務中，機器學習和AI技術都還無法全面主導，完全接替人的工作。每一項任務都有機器學習可協助的部分，但還是有需要人類參與的地方，也就是說，不能直接把人換成機器，須要進行更多的架構重組與調整。[13]」

相關證據顯示，「半人馬」（centaur，形容人類與AI合作）的表現，比人類或機器單獨運作的效果都來得好。AI和人的智慧在許多層面或許可以互補：機器擅長從複雜的資料集中，辨識出資料模式，生成內容的速度遠比人類快，但卻無法像最頂尖的作家寫出那麼棒的作品，在規劃和創新方面也不如真人，更無法像你我一樣解讀彼此的肢體語言，或給予真正的同理。

我們在前幾章曾討論過，AI副駕與助理的設計方式會決定這些軟體的效能，但除此之外，建構手法上的差異，也會使AI帶來不同的經濟影響。幸運的是，現在還不算太晚，我們還有機會促使企業把AI用來增強人類能力，而不是完全取代真人。

AI 來了,你還不開始準備嗎?

> **逃脫圖靈陷阱**

但很可惜,AI 的能力測試經常是以「人類與機器對立」為框架。布林諾夫森一直在警示他所說的「圖靈陷阱」,指出圖靈測試把完全模仿人類技能視為智力象徵,是這項實驗的原罪[14]。在這樣的心態下,開發者很容易會將 AI 視為人類的替代品,而且這種**趨勢**還不減反增。OpenAI、微軟、谷歌、Anthropic 及其他打造 AI 的企業,都曾大肆宣揚自家的 AI 系統在考試中超越真人的平均表現,但舉凡律師資格考、醫師執照考和程式設計比賽等,明明都不是為評估機器而設計的考試[15]。科技公司的自誇造成了一種錯覺,使人以為 AI 可以取代律師、醫生和軟體工程師,其中一個成因在於,制定新的人機合作評估標準並不容易,反倒是直接拿機器在既有考試中的表現和人類得分相比,還比較簡單。此外,對於通用人工智慧(AGI)的定義也是問題之一,譬如 OpenAI 喜歡定義成「能在大部分具有經濟價值的工作上超越人類的單一 AI 系統」,如此先設立了這種框架,大家自然會認為 AI 就是要用來取代人力。

把 AI 定義為人類思考的替代品,其實限制了這項技術的變革潛力。布林諾夫森也曾提出思想實驗來說明這個觀點:在希臘神話中,發明家代達羅斯(Daedalus)打造出能夠移動、說話,甚至還會流淚、流汗的機械銅像。假設代達羅斯成功為這個原始機器人注入人工智慧,用來種葡萄、牧羊、製陶等等,包辦具經濟價值的所有工作,那麼希臘人就可以不必勞動,過得非常輕鬆[16]。但布林諾

Chapter 6　富到極點，反而變窮？

夫森表示，這樣一來，文明也會停滯不前，人類的健康與生活水準也會停留在古希臘的狀態。「即使機器人能無限製造免費的陶壺和馬車，這些東西能帶來的價值還是很有限。[17]」他這麼寫道。

相反地，讓人類與AI合作，卻能開創出廣大的新視野，而且如果不受制於大眾目前非常熱衷的LLM型AI，更有機會探索豐富的可能。LLM是使用我們產生的資料來訓練，所以只能複製人類知識，無法創造出新的想法；相較之下，採用強化學習訓練的AI軟體（也就是從經驗中學習）則有機會發想出全新的點子，譬如DeepMind開發的下棋軟體AlphaZero一開始完全不懂圍棋與西洋棋，全靠著和自己比賽來進步，結果不僅發展成超越真人的對弈高手，使用的策略也和頂尖人類棋士截然不同[18]。DeepMind的CEO哈薩比斯曾是世界排名第一的青少年西洋棋士，他形容AlphaZero的下棋風格彷彿「來自另一個棋藝宇宙」[19]。舉例來說，這款AI軟體比較重視整體棋勢和自由移動，對於個別棋子反倒沒那麼在乎，這和多數人類高手學習的思考方式恰好相反[20]。人類雖已下了千餘年的棋，卻被AlphaZero找到我們還未能完全參透的新策略。目前世界排名第一的西洋棋士馬格努斯‧卡爾森（Magnus Carlsen）表示，AlphaZero和他對弈時使用的戰術，幫助他改變了自己的下棋風格[21]，如果我們不再只想用AI取代人力，在其他領域可能也會有這樣的收穫。

127

生產力爆發在即

AI不一定要取代真人,其實還能幫人提高效率,甚至帶來突破性的產能提升。布林諾夫森預測,如果廣泛導入AI,美國的生產力成長率有機會翻倍達到3%[22]。根據顧問公司麥肯錫的估計,就算AI只將美國的生產力成長率帶回戰後的平均值2.2%,其實也已經比2005年以來的平均值1.4%高出許多,而且可在2030年以前使美國GDP上升10兆美元[23]。麥肯錫也表示,從全球角度來看,AI技術每年可能為16個重點產業帶來2.6到4.4兆美元的經濟價值,比全英國的GDP還高。

這種成長對所有人來說應該都是好事,畢竟經濟的餅愈大,能分到的好處就愈多。雖然財富分配可能不均(我們稍後會再詳細說明),但無論如何,討論大蛋糕該怎麼切,總比眾人爭搶一個小蛋糕來得好。OpenAI的奧特曼被問到AI可能造成的負面經濟影響時,也總會強調這點。他表示,「我們需要收益與成長,現在之所以會有各種問題,就是因為還沒有永續性的成長。AI可以補足人類過去幾十年來缺乏的生產力,而且不只能追上進度,還能帶來突破,對此我十分期待。[24]」

雖然生產力提高可能代表整體工作會增加,對經濟而言也是好事,但工作被自動化的人肯定不樂見。不過,生產力提升與潛在失業之間的關聯,並不是那麼直接。標準化船運容器的出現,使碼頭工人的效率提高,但工人的數量卻大大減少[25];相較之下,軟體產業出現高階程式語言,使得程式設計難度大幅降低以後,軟體工程師卻不減反增,而且人數急速成長。

一個領域的就業狀況能否獲益於生產力提升,取決於經濟學家所說的「需求價格彈性」(price elasticity of demand),譬如對於高度專業服務的需求,多半都是很有彈性的,只要價格微幅下降,需求就會大大飆升,工作者人數也會因而增加。深度學習界的先驅辛頓2016年曾預測,隨著AI愈來愈擅長解讀醫學掃描影像,放射科醫生在五年內就會被淘汰[26],但事實上,放射科醫生現在比以往都更搶手,因為新技術使醫學成像的價格降低,掃描影像自然愈來愈多,對放射科醫生的需求也跟著增加。

麻省理工學院的經濟學家奧圖生涯致力研究科技對勞動市場的影響,他認為在AI能幫忙生成內容的大多數領域,需求都很有彈性,以可使用AI助手的程式設計領域為例,他表示,「假設工程師的效率提高30%,結果會是軟體增加30%,還是工程師人數減少30%?又或者是軟體會增加60%,因為價格下降,需求愈來愈多?[27]」他這麼問道,又說:「我認為最後一種狀況最有可能發生。」

對於專業技能的需求似乎更是永無止盡,一如奧圖所說:「在富裕國家,專業知識似乎總是不夠,[28]」這就是為什麼在過去五十年來,專業人士的工時愈來愈長,薪資也水漲船高。「在1970年代,大學畢業生每週只比高中學歷的人多工作幾小時,」奧圖向我解釋,「但現在工作時間卻大幅拉長,高中畢業生的工時則減少,基本上就是因為對專業人士的需求遠遠大於供給。」這種需求瓶頸使得高學歷者的工作變得「很糟糕」,工作與生活的平衡遠不如從前。對這些族群來說,緩解供給不足的狀況應該是件好事。雖然AI

AI 來了，你還不開始準備嗎？

副駕時代才剛開始，但其實已經有些專業人士表示，使用聊天機器人能讓他們找回一點個人時間[29]。

會計業是個很好的例子。在2023年，美國專業會計師嚴重短缺，因為嬰兒潮世代開始退休，這個行業又很難吸引年輕人，每年大約有126,500個會計師職缺，但2020年只有73,000人獲得會計學位，和2016年的近80,000人相比有下降趨勢[30]；2022年，也只有67,000人參加CPA會計師考試，創下二十年來新低。AI可提升現任會計師的效率，也能協助相對沒經驗的會計師提升工作表現，因此有助解決供給不足的問題。

UBER效應一部曲：薪資萎縮

說到AI對經濟的潛在影響，與其擔心失業，我們更應該關注的是薪資凍漲和收入更加不均。AI可能會壓低許多產業的平均薪資，同時讓金字塔頂層握有更大的控制權。這是因為AI會降低許多職務的進入門檻，即使教育程度、能力和經驗方面的條件較差，也能交出品質還可以的表現。還記得客服中心的例子嗎？從聊天機器人身上收穫最多的，就是最沒經驗的客服人員，而現在，同樣的景況將在許多產業一再上演。

這樣的現象可以稱為「Uber效應」：在2000年代中期以前，許多城市（尤其是英國倫敦）都規定，想當計程車司機，就得學習專業知識、開一定類型的車，還必須取得限額牌照。但全球定位系統、手機和Uber的流行徹底翻轉這局面,如今只要有車有駕照,就都能開計程車。

司機的數量因而大增,每次搭車的平均費用則降低,這對乘客來說當然很棒,但對司機而言卻是好壞參半:有些人開Uber,收入和生活上的彈性確實勝過從事其他工作,不過平均來看,Uber駕駛開車每英里的費用其實低於有營業牌照的司機[31];反過來看,Uber帶來的競爭也導致傳統計程車很難提高收費,在美國某些城市已導致市場對營業牌照的需求下降[32]。另一方面,Uber司機增加並不影響全球億萬富翁對私人司機的需求,尤其是擁有專門技能(例如受過防禦駕駛訓練)的司機[33]。這些金字塔頂端的駕駛還是能收取很高的費用,毫不受Uber影響。因為AI的出現,Uber效應將在許多產業浮現。

在不需正式認證就能從事的領域,許多人已開始感受到AI的Uber效應。ChatGPT推出後不久,自由接案的專業撰稿人就抱怨,原本委託他們撰寫行銷文案的企業客戶開始大砍費用,或要求他們提供寫作以外的服務,否則就不再發案。這些企業認為,雖然專業寫手產出的品質確實比較好,但既然ChatGPT可以更快地免費生成內容,就不應該再付錢請人,而行銷文案寫作的平均報酬也因此下滑[34]。

不過一如Uber並未減少有錢人對私人司機的需求,即使ChatGPT和新的寫作助手相繼出現,負責規劃整體宣傳策略的市場行銷主管仍不受影響,重要廣告活動的文案寫作也並未被AI取代。

UBER效應二部曲：消除收入不平等

　　Uber為人詬病的原因很多，像是減少傳統計程車司機的收入，將財務風險轉嫁給司機，不願維護乘客安全等等，不過，AI的Uber效應卻可能對整體經濟帶來莫大的效益。過去幾十年來，許多已開發國家都有愈來愈不平等、中產階級逐漸「中空化」的趨勢[35]。在經濟的大餅中，資方和高學歷族群占得的利益愈來愈多，技能較差、教育程度較低的勞工則漸漸被迫從事低薪工作，經常是服務業、零售業和觀光餐飲業；收入落在全國中位數75%到150%之間的家庭比例，從1970年的62%下降到2020年的33%，薪資成長方面也大為落後[36]：1979到2018年，中產家庭的稅後收入僅上升53%，至於收入排行全國前20%的高收入族群，稅後收入則暴增了120%。

　　AI的Uber效應或許能挽回這股趨勢，讓未受過大量訓練、經驗較少、較缺乏技能的工作者，也能做出專業判斷，不像現在只能仰賴受過高度訓練、收費昂貴的稀有人才。奧圖因為這樣的前景而相當興奮，還說過去五十年來被擠出中產階級的人，或許能因此找回較穩定的財務狀態[37]。中產階級的消費者增加，對經濟應該會有幫助，也能讓大眾較容易取得專業服務，使得法律諮詢、財務建議和醫療保健的價格都變得比較親民。

Chapter 6　富到極點，反而變窮？

　　奧圖表示，執業護理師（nurse practitioner）就是最好的例子[38]。這個職業是1960年代才在美國出現，但過去二十年內急速成長，根據不同的統計數據來源，現在美國共有25至40萬名執業護理師。要擔任這份工作，必須經過六到八年的訓練，先得拿到學士，然後要讀碩士，接著還有兩年的臨床訓練[39]，相當紮實，不過還是沒有美國醫生十一到十六年的訓練那麼長[40]。執業護理師一旦取得執照，就能執行許多本來只有醫生能做的事，譬如安排診斷檢驗、開處方箋等等，收入雖然不如醫生，仍有美國年薪中位數的兩倍以上[41]。對許多人來說，有了這些護理師以後，醫療服務也變得比較容易取得[42]。

　　在許多專業領域，AI或許能擔任類似執業護理師的角色，降低成本，如先前提過的會計業又是個很好的例子。與其由註冊會計師負責絕大部分的審計，未來可能只要擁有會計副學士學位，就能和AI助理合作，查核財務報表；獸醫訓練通常需要八年，但往後或許也可以有執業獸醫師，只需完成較短的幾年訓練，即可在AI的協助下，承擔目前只有正式獸醫能執行的某些工作；同樣的基本概念，也可以應用到建築測量師、金融顧問等各式領域。

　　因此，說到AI對於收入不平等的整體影響，OpenAI的奧特曼抱持樂觀態度[43]：他沒說這項科技不會壓低薪資，可是確信AI會使商品與服務的價格大幅下降，即使薪資成長受限，也會提升大眾的購買力，至少這是最好的情況，但前提是必須用AI來提升人類能力；如果不這麼應用AI，未來可能會很險惡。

AI 來了,你還不開始準備嗎?

> **重返恩格斯停滯期**
> ＋ 🌐 ✏️ ⟦ ⟧ 4o　　　　　　　　🎙 ⏺

在19世紀初的英國,工業化使每個勞工的經濟產值急速上升,也帶來經濟的強勁成長[44],但在1800到1860年間,勞工的平均薪資卻停滯不前,經濟歷史學家理查・艾倫（Richard Allen）把這六十年稱為「恩格斯停滯期」（Engels' pause）,取名自經濟學家弗里德里希・恩格斯（Friedrich Engels）。恩格斯在1844年的經典著作《英國勞工階級生態》（*The Condition of the Working Class in England*）中,詳細描繪了19世紀中期曼徹斯特窮苦勞工的困境,對卡爾・馬克思（Karl Marx）影響很大。對於這段停滯的出現和最後的結束,經濟學家提出許多解釋,近期的理論多半是聚焦於早期工業革命的機械設備:動力織布機、蒸氣機、金屬壓力機等器械直接取代了擁有技藝的工匠,同時也需要大量的非技術性勞力（包括許多兒童）負責操作,但不須給予太多報酬。不過隨著蒸氣動力機器愈來愈精密,操作所需的技能也愈來愈專業,讓勞工得以要求大幅度調薪[45];工廠規模也跟著擴增,需要更多的管理人員、祕書、職員、記帳員等等,創造出更多需要專業技能的工作。換句話說,維多利亞晚期的機器是與人類互補,情況和工業革命早期大不相同。

如果設計AI軟體是為了取代人力,而非用於輔助,類似恩格斯停滯的景況可能會再度發生,屆時富者只會更富。以美國來說,這不僅會加劇收入不平等的問題,也會對性別與種族平等產生嚴重打擊:在美國,大多數的黑人都從事支援性工作,而且在庶務行政與客戶服務、餐飲服務、工廠生產這三大領域[46]，黑人和拉丁裔勞工都有比例過高的問題，恰好就是麥肯錫預估最容易被自動化影響的三種工作[47]；另一方面，女性也占行政庶務與客服工作的很大一部分，根據麥肯錫的預測，2030年前，可能分別會有370萬及200萬人從這兩種工作職位被裁撤。該公司認為最不受影響的五大專業會是醫學、商業和法律服務、創意和藝術管理、教學、房地產物業維護，偏偏美國黑人在這五種產業都比例過低，反倒是在護理和居家醫療等不太會被AI取代的行業，黑人女性十分集中，所以情況可能稍微好過黑人男性，但即便如此，這些工作的報酬也通常很低。麥肯錫認為，由於自動化的緣故，到了2030年，美國可能會有至少13萬2,000名黑人失業[48]。

國家財富變化

近年來，許多客服中心已將工作外包到菲律賓和印度等地，以這些國家的薪資水準來看，從事客服工作的報酬還算不錯。除此之外，印度也替富裕國家的企業提供許多遠端IT支援、軟體開發和會計服務。各式各樣的業務流程委外（Business Process Outsourcing，BPO），占了菲律賓年度國內生產毛額的7.5%[49]，在印度則占大約8%[50]，但現在，有許多這類型的工作卻可能因AI消失。客服人員執行的工作，大部分都已經可以用精密的聊天機器人完成，至於其他工作也可在AI助手的輔佐下大幅提升效率，使得所需人力大大減少[51]。

AI 來了，你還不開始準備嗎？

另一方面，現今多數的AI系統在開發過程中，都會有某個階段需要人工標記大量資料，由人類辨識照片或影片的內容來訓練演算法，然後才能實現內容管理軟體、自駕車等各式應用。此外，文字轉錄稿也必須由人類清理篩選，才能提高Siri和Alexa等AI助理的語音辨識能力。要打造出ChatGPT這種能帶來幫助的聊天機器人，人類必須先將AI的答案分類成「有用」、「沒用」和其他許多類別。負責這些資料標記工作的人，多半居住在開發中國家，像是委內瑞拉、墨西哥、保加利亞、肯亞、菲律賓和印度等地，情況和BPO很像，雖然報酬通常比當地的最低薪資來得高，但卻遠低於歐美從事相同工作者的待遇[52]。許多資料標記人員缺乏工作保障，而且可能因而遭受長期的嚴重心理創傷，尤其是有些人或許得篩選涉及色情、性虐待或極端暴力的圖片和影片。AI可能會在全球製造出龐大的底層勞工階級，這些負責標記資料的人多半位在開發中國家，被當做可隨意遣散的勞力，雖有參與軟體開發，但帶來的利益卻多半落入富國手中。

隨著愈來愈多人認知到這種剝削勞工的行為，企業也將面臨更大的公眾壓力，須確保自家軟體是以合乎道德的方式開發。AI倫理學家雅麗安‧威廉斯（Adrienne Williams）、蜜拉格羅斯‧米瑟利（Milagros Miceli）及提姆妮‧格魯（Timnit Gebru）曾提倡建立網路論壇，讓資料標記者能公開惡劣的工作環境，並透過論壇交流合作[53]。舉例來說，兩位麻省理工學院研究員就成立了名為Turkopticon的網站，供亞馬遜「Mechanical Turk」的資料標記人員分享合約條款（「Mechanical Turk」是用來將線上工作分派給遠端零工的程式）；工會或慈善機構如希望改善勞動條件，也可以建立類似的網站;另外,透過法規要求AI企業公開資料的前置處理方式,同樣會很有幫助。

引導企業走出圖靈陷阱

AI對經濟會有何影響,政府政策很關鍵,但目前多數相關政策,反而都是給予企業自動化的動機,而不是鼓勵用AI強化人力資源。舉例來說,美國企業聘人時,須支付等同該員工薪水7.65%的薪資稅;相反地,投資AI軟體卻能獲得稅務折舊,自行開發AI工具則享稅額減免。麻省理工學院的經濟學家達倫‧阿塞莫格魯(Daron Acemoglu)和安德列‧馬內拉(Andrea Manera)與波士頓大學的帕斯卡‧瑞斯特瑞波(Pascual Restrepo)估計,由於美國對人力和自動化規定的實際稅率不同,企業花100美元聘請員工的稅金約為30美元,但同樣在AI或機器人身上花費100美元,卻只需要付出5塊美元的稅,而且自動化的實際稅率還持續下降,1990年代是20%,2010年代則已掉到10%[54]。上述三位學者認為,這樣的誘因導致企業過度投資自動化,支出過多,可能對國家經濟與社會造成不利[55]。三人最後的結論是:如果能以更公平合理的方式徵稅,就業率將有機會提升超過4%。

要處理上述的不當誘因,最好的方法或許是徵收「機器人稅」,對象就是那些想用自動化技術取代真人的公司。阿塞莫格魯主張應在「人類仍擁有極大相對優勢」的領域,對專門用機器人與

AI 來了，你還不開始準備嗎？

軟體處理相關業務的企業課稅，例如護理工作、複雜的稅務建議和新聞業（身為記者，我是這麼認為）；至於在機器具有顯著優勢的產業（像是焊接，甚至是執行股票交易），則應繼續鼓勵並補貼自動化。不過，這種稅務制度可能很難實施。如果要徵收機器人稅，比較簡單的方法，應該是鎖定哪些公司投資 AI 和機器人之後，明明營收增加，卻將員工解僱。我們可以利用這些指標，概略判斷哪些企業投資 AI 是為了取代人力，而不是輔助員工，紐約的民主黨議員已提議徵收這類稅款。

加強集體協商能力

要確保企業使用 AI 來輔助人力，而非直接取代，集體協商也很重要。但工會必須放下成見，不要每次聽到任何形式的 AI 和自動化，就想都不想、直接反對，而是應該接受合理的 AI 應用，同時對企業施壓，呼籲雇主把 AI 技術用來開發輔助式軟體；工會同樣要更努力關注被機器取代的勞工，確保企業或政府為他們提供新的技能訓練和穩固的社會安全網；此外，也應與開發中國家的勞工（包括資料標記人員）加強合作。AI 倫理學者威廉斯、米瑟利和格魯指出，「一邊是高薪的科技業員工，一邊則是人數超多的低薪血汗勞工，兩邊要是能團結起來，肯定會是科技公司 CEO 最害怕的惡夢。[56]」

可惜的是，工會卻因為美國的集體協商結構和勞動法規，而無法在科技發展中扮演建設性的角色[57]。1935 年的《全國勞動關係法》

（National Labor Relations Act）又稱《華格納法》（Wagner Act），規定單一雇主是集體協商的最大常態單位，且允許國家勞動關係委員會（National Labor Relations Board，NLRB）設立更小的單位，甚至可小到單一工廠或工作地點[58]；另外也禁止員工代表加入企業董事會，除非公司已全面工會化[59]。這樣的結構應該要完全翻轉才對：整個產業才應該是集體協商的常態單位，雇主如果不想參與全產業的談判，則必須向NLRB說明應該豁免的原因。這樣一來，工會的力量會比現在強大許多，也才能影響企業使用AI技術的方式。歐洲的許多國家都有全產業的協商，在談判桌上，工會確實占有一席之地，能表達意見，與企業討論AI技術的開發和部署方式。

但在美國，以整個產業為單位的協商卻寥寥無幾，其中一次發生在好萊塢：編劇和演員在2023年罷工，是AI議題首次引發的大規模對立。這兩波罷工都促使工會和製片公司達成了重要協議：美國編劇工會同意支持使用AI工具，前提是對於人類編劇創寫的劇本，片廠仍應繼續給予他們應得的權利與報酬[60]。其他行業的工會與管理階層協商AI議題時，也可以參考好萊塢的決議。

擴大社會安全網

AI對就業率和薪資會有何影響，經濟學家有許多爭議，但有個觀點幾乎所有人都同意：人類將迎向巨變，許多人必須改變工作方式，甚至得找新工作。麥肯錫估計在AI的影響下，到了2030年，

AI 來了，你還不開始準備嗎？

美國將有1,180萬人必須改變工作類型[61]。該公司的預測報告也指出，其中將有900萬人會完全轉換跑道，譬如從行政助理變成電腦工程師。

這樣的轉變勢必會造成許多影響，政府也一定要制定適當的政策來因應。不過在勞工再訓練方面，美國向來表現不佳，過去在處理失業問題時，都是把重點放在即將進入職場就業者的教育，像是增加公共教育資金，以及在二戰後制定《軍人復員法案》（G.I. Bill）法案，但聯邦政府從未採取類似的大動作來重新訓練既有勞工，反而始終仰賴各州的計畫和聯邦專案東修西補，花在幫助勞工轉職的經費不到全國GDP的0.1%，甚至不到三十年前的一半[62]。未來政府必須擴大重新訓練人才的預算，並直接提供經費給勞工，供他們接受再訓練並提升技能，而不是透過減稅來鼓勵企業贊助員工進修，因為即使獲得稅額減免，許多企業仍會擔心員工受訓後，帶著新技能跳槽其他公司。會有這種疑慮很正常，所以美國政府應該要直接替勞工支付重新受訓的費用。一如經濟學家布林諾夫森所說：「做好準備的勞工能帶來公眾利益，費用應該由大家一起支付。[63]」

除了再訓練外，也應該要擴大其他補助，並避免以受益人的工作狀態為發放條件。雖然有了《平價醫療法案》（Affordable Care Act，俗稱歐巴馬健保）以後，勞工不會因為失業而自動失去健保，但還是必須自掏腰包購買私人醫療保險。假如失業很久，或花了好一段時間受訓，那很可能會無力負擔保險費。有太多州級的失業補助都只適用於「積極找工作」的族群，而不能用來支付進修或認證課程的費用。雖然過去十年來，聯邦補助和稅收減免（如所得稅扣抵）都已擴大實施，但還是有很大的空間可以改善，確保轉職的族群不會落入貧困。社會安全網應該要更為穩固、靈活,而且不該只適用於特定的州。

在AI造成的失業恐慌下,自然有人開始提倡全民基本收入(universal basic income,UBI)。一直以來,矽谷菁英都很支持這個概念,隨著AI普及,愈來愈多人可能也會跟著贊同[64]。不過,其實並沒有必要完全不管收入來源或工作狀態,為所有公民提供無差別的全額UBI,比較重要的應該是照顧新近失業的族群,提供豐厚的失業和培訓補助。在我看來,AI不會造成大規模失業,但就業結構會有所置換與重組,所以政府仍應照顧被影響的勞工,讓他們不至於貧困過日。

輔助或取代,決定權在人類手中

AI對經濟會有何影響,最決定性的因素就是企業如何使用AI:是當作輔助來增強人類能力,還是用來取代人力。徵收機器人稅,能有效鼓勵企業用AI輔助員工,員工也可以透過集體協商,來呼籲企業採行這種做法。我們可以引導科技的走向,沒有人規定一定要怎麼發展。現在,我們還有機會以適當的方式形塑AI技術,協助人類發揮更大的經濟潛力,而不讓AI造成經濟問題。

Chapter 7
亞里斯多德放口袋

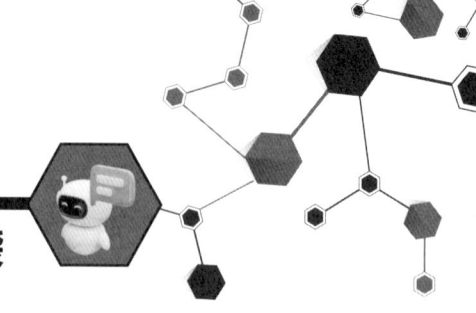

　　ChatGPT爆炸性登場,在教育界造成的混亂和困擾,更甚於對其他產業的影響。聊天機器人2022年11月底推出幾天後,學生就開始用來代寫回家作業和期末論文,還戲稱是「作弊GPT」,老師們則措手不及,擔心再也沒辦法出作業讓學生寫,或用期末論文和研究報告來打成績[1]。ChatGPT上線後的短短六天內,《大西洋》雜誌就發布文章,聲稱〈大學論文已死〉(The College Essay Is Dead)[2],有些學校體系(包括紐約和洛杉磯這兩大系統)則禁止學生透過學校網路使用OpenAI網站[3],澳洲則有八所頂尖大學宣布將被迫恢復手寫考試,且必須有人監考[4]。

　　AI會改變教育,老師們也勢必得採行新的教學方法,但其實我們不必焦慮或陷入道德恐慌。各位不妨回想一下,學習指南CliffsNotes和類似網站在1950年代晚期問世,以及計算機在1970年代推出時,大家也曾一股腦地擔心作弊情事猖獗[5];再近期一點,則有教授指控EssayShark這類寫手仲介服務和線上家教平台Chegg,斥責他們販售課堂筆記、考卷答案和論文[6]。但在每次的事件中,教育工作者都順利調適,還往往把教育品質變得更好:英文老師開始設計更深度的作業,學生不能只抄CliffsNotes概略的摘要

Chapter 7　亞里斯多德放口袋

和膚淺的主題分析;數學課則開始強調對理論的瞭解,而不止著重計算。這次,教育工作者一定也可以適應,而且如果能以創新的方式使用生成式AI,這項技術甚至能為教育界帶來福音,成為學生的個人家教,根據每個人的學習速度與風格,量身打造合適的課程。

這就好像把古希臘哲學家亞里斯多德(Aristotle,亞歷山大大帝的老師)隨身帶著走一樣,蘋果創辦人史蒂夫・賈伯斯(Steve Jobs)1985年曾在瑞典發表先知般的演講,當時就曾談到這樣的可能[7]。賈伯斯說自己非常羨慕亞歷山大大帝,但並不是因為他征服了當時的全世界(雖然賈伯斯也是個野心很大的人),而是因為他有亞里斯多德當老師。賈伯斯認為,他雖然能閱讀亞里斯多德的文字,但無法直接提問,十分令人遺憾。他表示,「我希望能在有生之年,開發出新型態的互動式工具,如果有下一個亞里斯多德出現,就可以把他根本的世界觀擷取到電腦中,將來有一天,學生或許就不只能讀他寫的文字,還可以直接向未來的亞里斯多德提問並得到答案。[8]」賈伯斯認為,個人電腦會引發一場以「自由智慧能量」為根基的新革命,而現在,AI或許就能實現他的願景[9]。

不過首先,我們不妨先消除對作弊的疑慮。學生的確可以用AI來作弊沒錯,但如果成績只是參考指標,用來幫助老師和學生評估進度,而且不影響後續教育機會及最終的就業,那作弊其實也沒什麼大不了,但可惜現實世界並不是如此。數十年來,許多有遠見的教育工作者,都一直在呼籲各界不要過度重視成績,但效果很有限。而且隨著學費水漲船高,愈來愈多人都已不是為了受教育而讀書,只是認為一定要讀完書才能賺錢而已。對於學生和家長來說,成績就像貨幣可以買到畢業證書,而這些證書又能鞏固未來的工作

AI 來了,你還不開始準備嗎?

與經濟,所以說學生如果作弊,不僅會害自己學不到東西,也會危害到他人。科技公司要是能開發理想的「浮水印」技術,讓AI生成的文字變得比較容易辨識,當然會很有幫助。但教育工作者也不是只能坐以待斃,他們同樣也能改變教學和評估方式,使學生難以利用生成式AI作弊。

勇敢規劃新課綱

在AI浪潮下,老師可能會不禁想以技術對抗技術,像是使用AI偵測軟體,或是要求學生在特殊的線上環境完成作業,在過程中監視大家的每一個操作[10]。但學生如果下定決心要作弊,肯定能想出辦法來規避這些防範措施;而且AI偵測軟體的偽陽率高,可能會誤控誠實的學生作弊;再說,這些技術也無助建立師生之間的信任。我知道老師平常工作一定已分身乏術,但花點時間重新規劃課綱,在課程中與AI合作,而不是彼此對抗,絕對會很值得,會讓課堂變得有吸引力,使學生渴望學習。

密西根大學的數位研究教授克里斯・吉利亞德(Chris Gilliard)和肯尼索州立大學(Kennesaw State University)的英文教授彼特・羅魯堡(Pete Rorabaugh)認為,教育工作者應該要持續「規劃各種活動與評估方式,把課堂內容變得更具體、更著重經驗累積。[11]」舉例來說,ChatGPT不能幫學生進行口傳歷史專題的訪談,不能在生物學作業的實地考察中代勞,也無法在課堂上直接幫學生回答問題,但老師可以利用AI來帶動分組討論,像是把大班級分成小組,由AI軟體引導並追蹤學生討論、充當辯論夥伴,甚至是把討論內容彙整成摘要,供老師查看。

其實在AI出現之前,許多教育專家就已主張「翻轉教室」(flipped classroom),認為傳統的上課內容與回家作業應該顛倒過來[12]。實施翻轉教育的老師會將講課內容錄成影片,讓學生回家自己看,或請學生回家完成閱讀和研究作業,至於上課時間則用來解題、寫作、進行班級討論。這樣老師就能在學生遇到問題時立即協助,也比較容易瞭解大家哪些地方有困難,更重要的是,採用這種模式後,和同學一起上課會更有意義。

如果AI革命真的使專題討論取代演講授課,成為大學的主要教學方式,那其實是很不錯的結果。有些教授可能會反對,認為很多課程人數過多,不適合用專題研討或小班討論的模式進行,但其實有了AI教學工具以後,研討模式甚至可以拓展到非常大的課堂。舉例來說,我母校賓州大學的「現代與當代詩歌」課程就在網路教育平台Coursera免費開放,每學期都有全球3萬多名學生註冊,主要的教學方式就是小組討論,有些討論甚至是由學生主導,而且全都是在沒有AI幫忙的情況下完成,所以別說不可能[13]。我們的確是可以效法澳洲的大學,要求學生親自參加考試並且監考,但其實還有許多方法能挽救學期報告。看看博士生好了,他們要拿學位,必須先進行挑戰性十足的現場討論,為自己的論文答辯;同理,我們或許也可以把相同的機制運用在大學生、甚至高中生身上,只是規模縮小一點,討論方式也變得親和一點。

AI 來了，你還不開始準備嗎？

在小學階段，請學生回答關於讀書報告或研究主題的簡單問題，或許就足以讓老師確認大家已經融會貫通、瞭解學習素材，也已達到出作業給小學生的目的。但到了高中，則可能須要進行更多課堂討論、請學生提供研究報告的草稿，或針對學生的研究與寫作過程提出深入的問題，才能防止大家作弊。這些方法在大學可能會更難實施，尤其是在規模很大的學校，畢竟要和英國文學概論或歷史課的每一個學生答辯，大概很不實際；但在這樣的學校，通常都已經有研究生在擔任助教，幫忙改考卷、為論文評分，所以不妨由他們負責帶領小組式或一對一的討論，找出明顯是用 ChatGPT 寫作業的學生。此外，AI 也能派上用場：先把學生的期末論文餵給軟體讀，然後根據內容生成幾個簡答題，讓學生當場回答，如果論文是自己寫的，應該要能輕鬆答題才對。

AI 或許會對大學造成生存威脅，但並不是因為學生可能開始瘋狂作弊，而是因為大學教育可能變得不重要。學生或許會認為，既然用低廉的價格，就能從 AI 老師身上獲得相同的學習成效，那花大錢讀大學根本就不值得；也或者有些人會覺得，在經濟環境被 AI 徹底翻轉的情況下，讀大學也無助找到好工作。無論如何，許多學院和大學可能都會面臨入學人數暴跌、預算緊縮的問題，這樣的*趨勢其實已經出現*[14]。預計在 2025 年，會出現所謂的「招生懸崖」（admission cliff），這是因為 2008 年經濟大衰退期間生育率大幅下跌，後來也一直未能恢復；現在再加上 AI 潮流，很多人可能愈來愈不想去讀書，畢竟如果手機上的教育比大學還有用，那何必還要上學呢？不少學校可能會就此面臨倒閉命運，所以美國大學一定得重新規劃課程內容，採用 AI 無法複製的教學模式，例如分組討論、實地考察、親自實驗、體驗式教育等;另外也要著重AI無法自動化的校園活動,像是學校樂隊、戲劇社、學生會、校隊運動等等。

教師新寵

創新的教育工作者已經在發掘新方法,把AI當作有力的助教,最簡單的應用方式就是用來備課。德州有一位六年級的數學老師海瑟‧布蘭特利(Heather Brantley),就利用ChatGPT把課堂變得生動有趣[15]。她要教表面積時,聊天機器人建議她讓學生包裝盒子,用他們所學的公式計算需要多少包裝紙。AI助理可以推薦符合時事的情境,套入應用數學題,像是請學生計算爆紅TikTok影片的觸及數,藉此說明指數成長的意義,讓學生覺得課程內容與他們很有關。對教師而言,AI副駕系統可幫忙制定課程大綱、準備課堂筆記和簡報、生成討論問題、規劃作業單、出考卷等等,用途十分多元。

也有些老師也將聊天機器人直接融入課堂,例如肯塔基州萊辛頓(Lexington)的五年級老師唐尼‧皮爾西(Donnie Piercey)將班上同學分組,請每一組以某個虛構的五年級教室為場景,想出幾個角色的故事。學生有了大致的想法後,用提示告訴ChatGPT,再由機器人生成幾種不同版本。最後的結果大家都看得很開心,對AI創作的劇情轉折哈哈大笑,其中有一版是描述教室的電腦逃跑,同學們忙著去追。有了AI生成的初稿後,皮爾西請學生修改劇本,並按照最後的版本演出。

AI 來了，你還不開始準備嗎？

這樣的步驟很重要，皮爾西老師並沒有把創作全都交給ChatGPT，而是讓學生和AI合作。我在第1章提過，孩子的寫作教學還是不能少，因為懂得寫作，才能發展推理、邏輯、批判性思考及創意表達能力，並強化同理心。與其試圖禁用AI，不如思考該如何將這種技術融入寫作教學中。有些高中和大學老師會告訴學生可以用AI寫草稿或編輯，但一定要說明自己是如何使用軟體；他們也確保學生知道AI聊天機器人有時會產生幻覺，甚至可能抄襲，並提醒大家謹慎查核AI助手生成的內容。用這種方式教學，是希望鼓勵學生瞭解如何使用AI幫忙，但也避免過度依賴，最後完全沒學到東西。

在大學，AI應該要幫學生整理課程閱讀清單，推薦他們最可能感興趣的書和文章，提升學習體驗。如果學生對教授講課的內容或課本的解釋有疑問，AI可以幫忙解惑，也能提供模擬考題並批改答案，協助學生為實際考試做準備。隨身AI家教不能取代與教授、同學的交流互動，只能用來補強。使用方式正確，大學生才能從學校生活收穫更多。

AI能發揮強大功效，使教育更普及。喬治亞理工學院（Georgia Tech）表示，申請大學時可以用AI來「發想、編輯、潤飾想法」，但是「最後呈現的必須是你自己的成果」[16]。公平性是該學院採行這種觀點的理由之一：有些學生的父母、家教或輔導員或許能陪他們腦力激盪、修改論文，至於缺乏這些資源的學生現在也可以請AI幫忙。「在喬治亞州，平均每位輔導員要負責300名學生，所以許多人無法得到適當的協助。」喬治理工學院的助理教務長兼大學招生總監瑞克・克拉克（Rick Clark）這麼告訴《衛報》（*The Guardian*）。

Chapter 7　亞里斯多德放口袋

　　AI 工具還不只能在招生階段促進平等而已,在伊利諾大學,商學院教授烏娜蒂・納朗(Unnati Narang)鼓勵行銷課程的學生使用ChatGPT,針對她每週在線上發布的問題,撰寫初步的答案[17]。她發現有了這項工具以後,寫作能力弱且過去不太投入的學生,也變得比較願意參與;不過,她也鼓勵大家多加編輯ChatGPT的初稿,善用批判性思考來補充機器人可能遺漏的觀點。

　　此外,以英文為第二、甚至第三語言的非母語人士,也可以把生成式AI當成寫作助手,用來檢查拼字和文法,並善用編輯功能確保行文清晰,縮小和英文母語者的差距。

不離不棄的專屬家教

　　舉凡OpenAI的ChatGPT、谷歌的Gemini和Anthropic的Claude等現有聊天機器人,都可以滿足上述的應用,但要對教育領域產生最深遠的影響,就得將AI用於客製化的教學軟體,如可汗學院(Khan Academy)以及專為學生製作線上測驗與字卡的Quizlet,都已開始打造這類工具。可汗學院的創辦人薩爾・可汗(Sal Khan)表示,經營家教平台最終極的目標,就是替每一位學生客製學習素材。科學界有愈來愈多的證據顯示,家教(尤其是一對一模式)有助提升學業表現,某種程度上也能彌補貧困學子的劣勢[18]。從前,無論是從科技或經濟的角度來看,一對一教學都無法大規模實施,但現在卻辦得到了[19]。

AI 來了，你還不開始準備嗎？

可汗的父母是孟加拉及印度移民，他成長於路易斯安那州，在麻省理工學院拿到電腦科學和電機工程學位後，又獲得哈佛MBA[20]。他2004年在一家避險基金公司工作，同時也透過網路當表妹的遠端數學家教。消息很快就傳到其他親戚耳裡，大家都開始向他求救。隨著需求增加，可汗決定把上課內容錄下來，放到網路上，也在2008年創立可汗學院，以非營利平台的形式經營，提供隨選的線上課程影片，並附帶相關教材，還有透過遠端視訊會議工具進行的即時小組輔導，供學生參加。其實可汗學院很大一部分的業務是在打造軟體工具，替家教老師減輕負擔，譬如自動生成練習題和題組、幫忙改考卷，並讓老師知道學生有哪些地方需要加強。

可汗一直希望能藉助AI，替每個學生量身打造課程，只是礙於技術跟不上。不過2022年時，Open AI與可汗學院聯絡，討論幫忙測試GPT-4的事宜。OpenAI希望與一些社會型組織合作，在這些夥伴的協助下發布GPT-4，其中一個目的就是為了減輕大眾反彈，畢竟許多人認為AI會對現有的工作與企業造成威脅。但可汗表示，OpenAI其實還有另一個隱藏動機，是想利用可汗學院廣大的大學生物題庫。當時他摸不著頭緒，後來才知道，是OpenAI的贊助者兼合作夥伴微軟對大學生物有興趣。微軟的CEO納德拉對OpenAI投入大量資源，該公司的創辦人兼董事長比爾‧蓋茲（Bill Gates）原本相當反對，他曾試用早期的GPT-2和GPT-3大型語言模型，但對結果不怎麼滿意，也很懷疑OpenAI的AI策略究竟會不會奏效，於是決定親自測驗，方法就是考AI大學生物。蓋茲某次與納德拉及OpenAI的奧特曼、葛瑞格‧布洛克曼（Greg Brockman）開會時表示，AI必須能高分通過大學生物考試，才代表已做好準備，能在真

Chapter 7　亞里斯多德放口袋

實世界應用,因此OpenAI想取得可汗學院的題庫,確保GPT-4能通過考驗,結果也真的成功,讓蓋茲開始相信AI革命。不過在那之前,GPT-4還先通過了可汗的測試:他親眼見證GPT-4不僅能正確解答大學生物考題,還能解釋答案並產生全新題組,甚至是完整的課綱,當下他就知道,「這會翻轉我們努力打造的一切。」

可汗很快就意識到,他可以把GPT-4塑造成導師的角色,不直接給學生答案,而是運用蘇格拉底提問法,幫助他們學習找答案。因此,可汗學院以OpenAI的GPT-4為基礎,自行打造出AI助教「Khanmigo」,並推廣給數千名老師,擔任他們的教學助理。Khanmigo運用蘇格拉底提問法,給予數學、科學及人文學科的個別化指導,也會針對學生需求提供題組;內建的工具則可建議主題,供學生探討、辯論,根據正反兩面的觀點與證據進行論述,藉此培養批判性思考的能力;此外還有AI寫作導師,能協助學生發想點子、擬定大綱並思考寫作程序,而不是直接替他們把報告寫完。

可汗表示,「學生很難作弊。」因為作業必須在可汗學院的線上平台完成,不能直接把AI生成的文章貼進去。可汗學院設計Khanmigo時還有特別調整,降低GPT-4產生幻覺的可能性,並實施防護措施,使學生難以煽動線上導師發表不當言論,或使用帶有種族歧視的言詞。其他相似的平台如Quizle和Duolingo,也都在開發自家的AI家教,五年內有數百萬名學生都會使用這類工具。

除了按照每個學生的程度和學習速度調整數學題,AI家教還能帶來許多不同可能,譬如學生或老師可以要求AI家教扮演不同角色,使課程變得有趣、吸引人,像是請莎士比亞親自來教他的作品,或直接訪問居禮夫人(Marie Curie),請她說明早年的放射線

AI 來了,你還不開始準備嗎?

實驗。可汗表示,現在的教育工作者有時會想提升課程的「文化關聯性」,卻很容易給人刻意討好的印象[21],「讓人覺得被瞧不起,譬如黑人可能會認為,只是在數學題中提到嘻哈一下,就以為可以收買我嗎?」他這麼說。其實會想用這種方式融入文化元素,多半仍是以對文化的既定概念為出發點,甚至會強化刻板印象。我們真正需要的是讓學生做自己,並根據每個人最在乎的事,為他們打造最符合需求的學習體驗,而不是讓教科書出版商和測驗機構決定他們該做、該學些什麼。這點AI家教能辦到。如果你是拉丁裔,但熱愛數學和物理,把理查・費曼(Richard Feynman)當偶像,那不妨讓費曼機器人來教你物理,這樣多棒?

AI家教對學生的瞭解,也會遠遠超過現在的老師。可汗預測在十年內,Khanmigo這類的AI家教將能為學生推薦最適合他們的大學,畢竟「已經和學生合作了十年,見證了一路上的起起落落。」會知道他們在學習上克服過哪些困難,又有哪些進步[22]。不過,AI家教並不會取代真正的教育工作者,反而能讓老師以不同於以往的方式掌握學生進度,並在重要時刻適時介入。AI軟體會提供每個人的詳細資訊[23],讓老師及早瞭解大家的困難之處,或許麥奇不太會算二次方程式?又或者露西看不太懂《飛越杜鵑窩》(*One Flew over the Cuckoo's Nest*)的主題?現在,老師不用等到大家考試寫錯時才發現。

老師也能彙總全班資料,反思自己的教學技巧:那天教克雷布斯循環(Krebs Cycle),學生消化得如何?昨天上課討論《動物農莊》(*Animal Farm*)後,大家對喬治・歐威爾(George Orwell)的預言是否更瞭解了?有了資料,老師就能評估成效。另一方面,教

Chapter 7　亞里斯多德放口袋

育工作者為滿足新的州立及全國標準，往往承受許多壓力，必須蒐集多元的教課素材，塞進符合標準的高度結構化課程，但現在，AI助教也能分憂解勞，幫忙生成合乎規定的教材，並在不分散老師注意力的情況下，引導學生自由探索相關主題，譬如電影《接觸未來》（Contact）中的物理現象是否合乎牛頓定律？

弭平數位落差

AI可以為學生賦能，帶給教育工作者超能力，也能大力打擊不平等，幫助家裡負擔不起補習、輔導費，或是教育資源匱乏地區的學生，提供個人化的指導和助教服務，但前提是主管機關必須制定適當的政策，否則AI可能會造成反效果，使得本來就有優勢的學生更加領先。從過往經驗來看，我們對AI的應用不能太樂觀，因為從Chromebook、平板電腦到線上學習應用程式，先前的各種教育科技雖有許多益處，卻加劇了社會不平等，形成所謂的「數位落差」，使得優勢和弱勢族群的差距愈拉愈大[24]。在新冠疫情肆虐之下，數位落差的影響特別明顯[25]：由於學生家中沒有電腦或寬頻網路不穩，導致貧困的學校難以採取線上或混合式教學。有鑑於此，我們真的能相信AI技術的應用不會重蹈覆轍嗎？的確，AI比以往任何數位科技都更能普及教育，讓所有人都能享受優質的教學和個人化協助，也能為遇到困難的教師提供支援，最後甚至能消除數位落差，但要確保窮困的學生真能受益，這項技術的設計和分配方式都必須改變[26]。

AI 來了,你還不開始準備嗎?

在美國,教育資金是透過房地產稅收來募集,造成了富裕與貧困學區的嚴重差距。資源匱乏的學區沒錢買筆電、聘請IT支援團隊、進行教師培訓,反觀有錢學區則資金充裕,而且學生家裡或許就有自己的手機、筆電和桌機。皮尤研究中心(Pew Research Center)2021年的報告顯示,只有四成的低收入成人擁有家用桌機或筆電,而且大部分的人都沒有平板;家中有寬頻網路的低收入家庭只有43%,相較之下,年收入10萬美元以上的家庭則幾乎都有Wi-Fi和電腦[27]。

要充分發揮AI的潛力,政府和慈善機構必須共同努力,提供數位科技讓學生能使用AI。舉例來說,美國聯邦通訊委員會(Federal Communications Commission)透過E-Rate計畫,為學校提供網路和其他基礎設施補助[28];加州也有「跨越數位落差基金」(Bridging the Digital Divide Fund),在疫情期間為低收入區域的學生購置筆記型電腦;另外拜登政府於2021年通過《基礎設施投資和就業法案》(Infrastructure Investment and Jobs Act),提撥4.75億美元來為弱勢團體架設免費寬頻、添購筆電[29],該法案也須要再擴大延伸。

軟體同樣也有成本。可汗學院雖然是非營利組織,但也不是免費提供AI家教Khanmigo,每年會向使用AI的學區收費,每位學生35美元,而這還不包括每人10美元的其他學院資源使用費,據平台所說,是為了支付OpenAI GPT-4的使用成本[30];另一方面,如果想用Quizlet的Q-Chat AI家教,也必須付費[31]。低收入學區勢必會需要補助,才能負擔這些費用。政府或慈善組織也必須協助學校建置網路、購買裝置設備,並給予必要資金,讓各學區進行師資培訓,讓老師學習用最恰當的方式將AI融入教學,既當自己的助手,也擔

Chapter 7　亞里斯多德放口袋

任每個學生的一對一家教。政府甚至可以贊助開發開放原始碼聊天機器人，調整成AI導師後再免費提供給學校，這樣就不必再發放補助，讓學校不用付錢給可汗學院和Quizlet這類的教育科技平台。

有鑑於AI導師未來對教育的重要性，各州甚至可能會認為相關事宜不能由地方學區自行決定，而是得集中管理類似現在由州政府規定課程並統一購買教科書，未來各州可能會自行與科技公司或教育出版社簽約（出版方也會和科技公司合作，打造AI副駕系統與助教），為州內公立學校的所有師生提供AI輔導軟體與教學輔助工具。

這種由上而下的策略在某些國家已經成形，像是南韓和新加坡。2023年2月，南韓教育部公布計畫，將自2025年起在數學、英文等科目引進AI數位教科書[32]；新加坡也推行「智慧國家」（Smart Nation）方針，將發放資金，在2030年之前讓每位學生都擁有AI家教[33]；其他已開始規劃集中式教育政策的國家（如英國），應該要參考南韓的做法，至於美國各州也不妨考慮類似的計畫，聯邦政府則可在資金提撥方面加強力道，鼓勵各州採行相關策略，不能丟下低收入學區不管，讓他們自行處理數位落差的難題。

全球教室

＋ 🌐 📎 ⟨⟩ 4o　　　🎙 🎧

AI能夠徹底翻轉教育，教育品質提升又能改善全球收入不均的問題。在盧安達等國家，合格教師的數量不夠，根本不足以照顧需

AI 來了,你還不開始準備嗎?

要教育的孩子,所以個人AI導師會很有幫助。該國小學的平均師生比是1:60,中學的狀況稍好,是1:28,但其中一個原因在於超過20%的孩子國小畢業後就輟學了[34]。AI能給予學生個人化的意見,全然改變現況。奧特曼在2023年巡迴全球、推廣OpenAI的技術時,拜訪了奈及利亞[35]。他後來表示,和歐美官員討論ChatGPT和AI時,大家關注的多半是可能的危害,反觀低收入國家的領導人則只想知道大眾多快能實際使用,因為他們著眼於正確的層面,把潛在的優勢看得比風險更重要[36]。

克服AI語言障礙

對於低度開發國家的學生,教育科技公司必須量身打造專門的AI導師,「語言」是主要原因之一。矽谷科技業經常說得好像AI已經完全解決翻譯問題,但對世上的許多語言來說其實不然。有些語言並沒有充足的數位文本,無法訓練有效的AI翻譯軟體[37],也就是一般所說的「低資源語言」(low-resource language),偏偏教育軟體又需要高品質翻譯,所以會面臨嚴峻挑戰。想像一下谷歌翻譯這類的軟體吧,問人廁所在哪或許還可以,但沒有好到能教微積分,或討論詩詞還是政治的細部差異。機器翻譯效果欠佳,對教育而言是一大難題,因為系統很難從網路搜尋引擎和維基百科、新聞網站等知識庫中,擷取有價值的資訊,當今的許多聊天機器人如果收到低資源語言的提示,也會產生荒謬無意義的回覆。

Chapter 7　亞里斯多德放口袋

不過，現在已有些新創公司在努力解決這個問題，位在柏林的Lesan就是其中之一，他們專為資源稀少的語言開發機器翻譯軟體[38]。該公司的創辦人來自衣索比亞，因此從該國2,500萬人使用的主要語言安哈拉語（Amharic）著手，另外還有大約700萬人使用的提格利尼亞語（Tigrinya），則盛行於衣索比亞北部飽經戰亂的提格雷地區（Tigray），以及非洲國家厄利垂亞（Eritrea）。不過，該公司也預計要拓展到其他非洲和亞洲語言。

Lesan已自行將紙本資料數位化，用來訓練AI翻譯，也嘗試開發提格利尼亞語和安哈拉語的語音辨識軟體，希望把口說資料轉換成文字。開發這種軟體很重要，原因有三：第一，許多傳統故事和詩歌都只有口傳，所以如果希望AI擁有這些知識，就必須使用語音轉文字技術；第二個原因則更為重要，畢竟語音辨識能快速累積數位文本量，讓系統有更多資料可用來訓練低資源語言的模型；最後，由於提格雷等地有許多民眾並不識字，因此軟體必須理解他們所說的話，他們才能使用。

Lesan運用這些方法，成功打造出翻譯軟體，品質遠勝過谷歌、Meta、微軟等企業的產品。Lesan的共同創辦人兼技術長阿斯梅拉許・德卡・哈德古（Asmelash Teka Hadgu）表示，他想「為曾祖母建構網路世界」，意思是曾祖母也能輕鬆使用的網路，但更重要的是，他也希望這個網路世界裡，有曾祖母小時候說給他聽的民間故事、睡前故事、家族歷史，和陪他玩過的提格利尼亞語文字遊戲；他希望打造傳統故事和遊戲的數位版本，藉此保存這些遺產並傳承給未來世代。他表示，「基本上，文化根源就是我們的動力來源，我們常在思考，該如何讓社群有門路能獲取知識，又該如何把社群

AI 來了，你還不開始準備嗎？

連結起來？**39**」

他也批評大型科技公司，指出他們處理低資源語言時，是以「零樣本」翻譯（zero-shot translation）為目標，近乎科幻，希望 AI 能在從未接觸過真實語料的情況下，產生精準的翻譯**40**。他認為零樣本手法本質上有問題，無法生成優良翻譯，還會導致使用冷門語言的社群被視為次等公民，永遠都只能用比較差的技術；此外，這些語言涵蓋的文化遺產也會無法數位化並確實保存，也是值得關注的重點。

Lesan 並不孤單。放眼整個非洲，有許多人在進行這方面的努力，譬如非營利組織 Ghana NLP 為許多西非語種開發出翻譯程式，可用於契維語（Twi）、迦納本土方言（Ga）、達巴尼語（Dagbani）、約魯巴語（Yoruba）、基庫尤語（Kikuyu）和盧歐語（Luo）等等，不只能和英文互譯，各語言之間也都能來回翻譯，而且支援好幾種語言的語音辨識**41**。谷歌、微軟和哈佛大學都有資助 Ghana NLP。

國際捐助組織和政府開發機構應該要投入更多資金，支持這些計畫，並將開發出來的語言翻譯技術，整合到 AI 導師和教育應用程式中。舉例來說，盧安達目前在聯合國教科文組織（UNESCO）的支持下進行研究，評估該國是否已準備好將 AI 導入教育領域，這樣的模式應該能啟發其他低收入國家。不過從德卡‧哈德古的經驗可以看出，要想在開發中國家實現 AI 潛力，必須先克服某些困難。哈德古表示他之所以能成功，得歸功於他就讀的特殊學校。該校位於提格雷，每年只收該地區的 60 名學生，提供優渥環境，讓「我們不必擔心要吃什麼、穿什麼，只須要專注在學業上，這些都是歐美學生看作理所當然的事。**42**」那間學校有電腦，也有來自英國的志工

Chapter 7　亞里斯多德放口袋

老師教大家怎麼用,但在提格雷,甚至是世界上的其他許多地方,都沒有這麼好的條件[43]。

討論到現在,結論應該已經很明白:老師們的預測沒錯,AI確實會徹底顛覆教育領域,但我們無須絕望,反而該為此感到興奮,因為這項技術帶來莫大契機,有助提升教學品質。從幼稚園到研究所,AI能加強每一個階段的教育,甚至帶動終身學習。如果有適當的政策配套措施,我們還有機會緩解資源分配不均的問題。教育工作者必須發揮創意,想出辦法來善用這些契機,而非直接禁用新軟體。事實上,老師有很多時間是消耗在處理重複性的工作,內容和授課或一對一輔導並沒有直接關聯,這些事務往後都可以交由AI代勞,就像其他產業的應用一樣。總體而言,教師能從AI獲得的益處並不亞於學生。教與學雙邊的每個人都應該能使用AI,隨時隨地汲取亞里斯多德和未來其他偉人的智慧,實現賈伯斯的預言。

Chapter 8
藝術與技巧

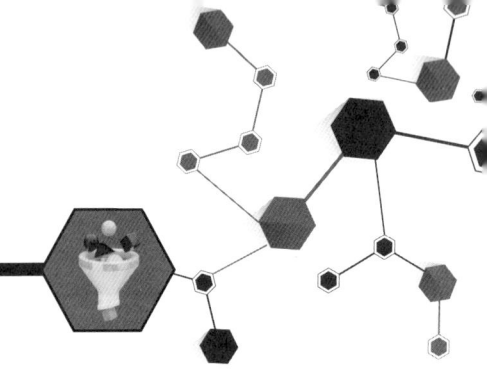

在人類歷史上，藝術創作多半須結合各種心智與身體能力：不僅要擁有認知方面的腦力，也得具備敏銳的知覺（例如對音樂與色彩的敏銳度）和情緒智慧，在許多情況下，還要如超強運動員般，對身體活動掌控自如。歌手必須訓練嗓音，把每一個音唱準；音樂家須要奠定肌肉記憶，記住如何彈奏樂器琴弦；畫家則得鍛鍊繪畫技巧、控制筆觸。

這種情況在19世紀開始改變，主要是因為攝影技術的發明。哲學家華特·班雅明（Walter Benjamin）觀察到，「在圖像複製的過程中，攝影首度釋放了手的最重要藝術功能，往後我們須仰賴鏡頭前的眼睛。[1]」近幾十年來，軟體進一步剖析了創作藝術所需的複雜人類技能，使電腦能夠接手處理某些層面，蘋果的GarageBand和Adobe的Photoshop就是其中兩例，但由受過專業訓練的藝術家和音樂家使用這些新工具，創作出來的成果仍會遠勝新手，譬如英國藝術家大衛·霍克尼（David Hockney）的iPad技巧大概就比我們強得多；即使是初代AI生成的「深偽」（deepfake）影片，也需要熟練的專業技術人員後製。

Chapter 8　藝術與技巧

　　現今的生成式AI模型已發展得更深更遠，幾乎將構思與執行層面完全切割開來。要想拍照光有想像力並不夠，優秀的攝影師還須懂得構圖，且能充分運用燈光與景深，並精確掌握拍攝時機。但對生成式AI來說，這些都不必要，只需要有想法就夠了。與以往的技術相比，AI更加突顯「想法」在創作價值鏈中的主導地位，而且可應用的範圍也非常廣泛，令人嘆為觀止。

　　未來所有形式的藝術都會受到AI影響，畢竟文字轉圖像的生成工具只需一道文字提示，就能創造出各種風格的圖像，從卡通、印象派作品到仿真圖片全都不例外；音樂方面，谷歌的MusicLM、Stability AI的Stable Audio和OpenAI的Jukebox都具備類似功能；Runway的Gen-2軟體可根據文字提示生成完整影片，OpenAI的GPT-4和Anthropic的Claude等LLM則可寫出短篇故事和詩詞。這些工具都會全然翻轉娛樂與文化產製手法。

　　AI將會帶來錯綜複雜的影響，就像在其他領域一樣：藝術和娛樂內容會激增，更多人將得以透過藝術表現自我，但藝術產製大規模普及，可能會讓策劃、發行和促銷這些內容的人掌握更大權力，要在大量劣質作品中找到佳作，也會比以往更難。

　　另一方面，AI也使大眾重新深度思考創意的本質。我們在本章會討論到，當今的生成式AI軟體雖然首開先河，學會複製人類創造力的某些面向，但仍比不上真人的全方位創作才能。藝術和其他許多領域一樣，我們可以和AI合作，但軟體無法完全取代真人，人類藝術家才有的創作能力，仍將保有獨特的重要地位。舉凡雕塑、陶瓷、玻璃吹製、建築、劇場和現場表演等等，在涉及實物呈現的領域，藝術價值都會因為AI難以仿效實體創作而提升；基於相同原

AI 來了，你還不開始準備嗎？

因，AI可能也會使大眾愈來愈欣賞前衛藝術，這種藝術型態有其獨特和奇異性，除非湊巧，否則AI很難複製。不過，也已經有些作家和視覺藝術家開始運用AI，準備要和AI合力創作來挑戰傳統，翻轉大眾的既定概念。

在人類歷史上，科技和社會發生重大變化時，經常會激發出繁盛的文藝榮景。AI很可能是有史以來最具顛覆性的技術，人類藝術家會如何回應，值得我們拭目以待。

奧特曼方程式

2023年底，OpenAI的奧特曼在X（前身為Twitter）發文表示，「所有『創新』的事物其實都是既有的成果重新混合，加上一點微小的變化（epsilon），再乘上回饋循環的品質和重複迭代。大家經常誤以為變化的部分愈多愈好，但其實真正的訣竅在於儘可能放大另外兩個變數。[2]」奧特曼以類數學的方式過度簡化創新，許多藝術家、哲學家和對矽谷科技文化有所批判的評論家都發聲糾正，但奧特曼後來也不諱言，他這番言論背後的基本概念其實並不是他自己所發明，而且許多創意專家都曾表示認可[3]：在創造力的世界裡，新的火花（也就是奧特曼公式中的epsilon）並不那麼關鍵，更重要的其實是過往觀念的重新組合。史丹佛大學的神經學家大衛‧伊葛門（David Eagleman）曾與作曲家安東尼‧布蘭特（Anthony Brandt）合寫關於人類創造力的著作，指出所有創意都可歸結於三

Chapter 8　藝術與技巧

大行為：對前人發展出的文物與成果進行扭曲（bending）、打破（breaking）和混合（blending）[4]；兩人也認為，大腦只能改變「已經知道的事」，換句話說，發明並不會憑空誕生[5]。「把歷史壓縮成璀璨的新型態，才能成就創意，就好像鑽石在壓力下成形一樣。[6]」伊葛門和布蘭特寫道。小說家麥可・謝朋（Michael Chabon）在兩人研究為基礎的紀錄片《創意之腦》（*The Creative Brain*）中說得更直截了當：「原創性？根本是騙人的。[7]」

謝朋說的對不對還有待商確，但有件事我們可以確定：AI目前還無法像人類一樣有效地扭曲、打破、混合。大部分的生成式AI是用過往的資料訓練，然後AI模型會從訓練資料集的資料點結合一些元素，插入各點之間。在數學上，內插法會將新的資料點加到圖表中已存在的資料點之間，想像成兒童著色本的話，就像是把各點連起來，然後把線內的區塊塗滿。

根據伊葛門和布蘭特對創意的分類，內插法主要涉及扭曲和混合。舉例來說，AI十分擅長「視覺風格轉換」：在紐約街頭拍張照，輕輕鬆鬆就能改用梵谷《星夜》（*Starry Night*）那種旋轉的色彩和風格呈現；或者，AI也可以重製你的照片，把你變成日本動漫中的角色，或恐怖哥德電影裡的壞人。事實上，許多手機應用程式都是採用這種技術。

在伊葛門和布蘭特所說的「混合」方面，現今的AI軟體效果也不錯，譬如諾曼・洛克威爾（Norman Rockwell）曾參考米開朗基羅在西斯汀禮拜堂（Sistine Chapel）的天頂畫，模仿先知以賽亞的姿態畫出《鉚釘工人蘿西》（*Rosie the Riveter*），現在的AI技術就能辦到，不過必須下對提示，而且還是得先由人類想出點子，決定要結合哪些作品。AI企業Runway推出Gen-1模型，主要功能就是置換影片場景中的元素，可以是某個角色、道具或背景，換成AI生成的元素。物件、方法或技術的再利用，也是「混合」的一種。

在涉及物件再利用建議的創意測試中，LLM表現得非常好，心理學家基爾福（J. P. Guilford）1967年設計的替代用途測試（Alternative Uses Test，簡稱AUT）就是一例。研究員2023年對多個AI模型進行AUT測試，發現AI的創造力與多數人類相當，只有9%的人得分高過最有創意的AI模型——OpenAI的GPT-4[8]。此外，在更廣泛衡量創意指標的「陶倫斯創造思考測驗」（Torrance Tests of Creative Thinking）中，GPT-4也獲得PR 99的高分，贏過多數真人[9]。

打破框架

AI能把某些扭曲和混合工作處理得不錯，但遇到「打破」時就很容易踢到鐵板。所謂「打破」，意思是從整體中拆解出一或多個片段，也經常須要把拆出來的片段重置到不同的背景或設定當中，舉例來說，伊葛門和布蘭特把「借代」（synecdoche）這種修辭法歸類為打破，基本上就是用物體的一部分指稱全體，像是「輪子」代表汽車，「西裝」代表商人[10]。兩人也特別提到巴哈的《十二平均律曲集》（The Well-Tempered Clavier）D大調賦格曲，指出他在帶出主題音型後略過最後四個音符，並以此為之後整首作品不斷重複的音樂動機（motif）。目前的AI系統很難打破既有成果，

Chapter 8　藝術與技巧

　　如果沒有人類的詳盡提示,幾乎不可能辦到,因為「打破」的技能不僅涉及生成式AI模型已經很擅長的內插法,還須用到外推法(extrapolation),也就是要在AI訓練資料代表的圖形之外,預測一組資料點的遙遠位置,就像在線外塗色一樣,AI模型如果從未遇到提示要求的內容,通常會無法生成使用者想要的內容。

　　此外,如果要把事物分解成小部分,必須先瞭解整體的性質,認知心理學家把這種對整體與組成部分的理解稱為「組構性」(compositionality),現今的深度學習AI系統還無法掌握。

　　為解釋「打破」的概念,伊葛門和布蘭特以現代藝術家巴尼特‧紐曼(Barnett Newman)的《殘破的方尖碑》(*Broken Obelisk*)為例,這是一件耐候鋼製成的雕塑作品,像是從中間把方尖碑水平截斷,上半部分倒過來尖頭朝下,置於下方金字塔的頂端[11]。我曾試著用Midjourney產生類似這個作品的圖片,有幾次還在提示中提到紐曼和雕塑名稱,但不管再怎麼試,軟體都無法生成反轉或從中間橫切的方尖碑;OpenAI的DALL-E也辦不到,因為這些AI模型的訓練資料中,反轉方尖碑的圖像就是不夠,所以AI無法精確地描繪出來,而且模型也不瞭解「方尖碑」是什麼,當然不會知道要使用哪些圖片元素。

　　舉例來說,DALL-E有時可以**翻轉**方尖碑,但時常會把地面也轉過來,導致方尖碑上下都有地板,可見AI無法掌握組構性,也使得這類圖像生成器的用途受限:無論你再怎麼用不同說法,指定要「鬍子刮得很乾淨」、「沒鬍子」或「臉上沒有任何毛髮」的男性畫家,DALL-E 3都畫不出來,因為在AI模型的世界裡,鬍子和畫家是綁在一起的[12]。

165

AI 來了，你還不開始準備嗎？

簡而言之，生成式 AI 並沒有受過打破常規的訓練，模型產生的結果就是最明顯的證據。因為訓練方式的緣故，AI 會傳回最符合訓練資料統計分布模式的例子，也就是說，愈常出現在訓練集的例子就愈有可能被複製。研究人員用 Midjourney 實驗時曾有驚人發現（第11章會再詳細說明），明明提示是要描繪「非洲的黑人醫生在照顧生病的白人小孩」，但 AI 卻無法配合，試了 300 次，有 299 次都是生成白人醫生在照顧黑人小孩，因為訓練資料中，黑人醫生為白人小孩治療的圖片就是太少[13]。

另一方面，LLM 模型所受的訓練是要找出句子接下來最可能出現的詞，但寫作要出色，往往得用最**出乎意料**的詞彙來表達相同的意思，可惜 AI 辦不到，因為模型並不是真正瞭解自己所說的話，只是根據神經網路中的關聯性生成文字而已，所以即使提示明確地說「不要陳腔濫調」，生成性 AI 有時仍無法達到期望，無法掌握什麼詞「不應該」用。哥倫比亞大學和軟體公司 Salesforce 的研究者曾對生成式 AI 的寫作能力進行評估，暴露出 AI 的弱點[14]。他們提供《紐約客》（The New Yorker）雜誌刊登的短篇故事開頭，請 AI 接著寫，然後請文學專家盲評聊天機器人和真人所寫的版本。結果機器人寫的故事全被識破，不僅太過依賴過時的隱喻，對話缺乏潛台詞，結尾也不吸引人。

理論上而言，其他類型的 AI 可以比較有原創性。艾默德．埃加馬爾（Ahmed Elgammal）是在埃及出生的電腦科學家，任教於羅格斯大學（Rutgers University），他開發出一種不同的 AI 軟體，並稱之為創意對抗網路（Creative Adversarial Network，簡稱 CAN），靈感是來自最早生成出深偽圖像的 AI 應用法[15]。建立 CAN 軟體需要

Chapter 8　藝術與技巧

兩種神經網路模型，一種用來生成圖片，另一種則負責分類。埃加馬爾用WikiArt視覺藝術百科全書的資料集來訓練分類網路，先分辨圖像是否為藝術作品，然後再辨識藝術風格；至於生成網路則學習如何產生不同風格的藝術圖像。

但埃加馬爾也開發了「風格模糊」功能，讓AI可生成帶有藝術性質的圖像，分類網路仍會判定為藝術，但無法精準地辨識風格。因為有這項功能，埃加馬爾的AI能生成相當抽象的系列圖片，線條和顏色的使用手法都十分創新。他說「機器已捕捉到藝術史朝抽象畫發展的軌跡[16]」，但問題在於，這種說法似乎暗示只有抽象作品才能真正具有原創性，而且埃加馬爾主張所有藝術型態都朝抽象發展，似乎也不太對。的確在過去一百五十年來，現代藝術已不再那麼著重純粹寫實，但抽象並不是藝術界唯一的追求；更精準而言，應該是藝術家開始追求知性價值，愈來愈看重作品背後的想法，甚至看得比作品外觀還重要。

如果希望AI系統更具原創性，另一個方法是完全捨棄人類生成的訓練資料，Google DeepMind的MuZero AI系統就是採取這種模式，可以勝任西洋棋、跳棋、圍棋，以及雙方都能掌握對戰現況的所有雙人比賽[17]。這款軟體在完全不瞭解比賽相關資訊的情況下，透過反覆的嘗試與錯誤擊敗真人，就連比賽規則都是自行摸索。以西洋棋為例，MuZero重現了人類棋士過去一千五百年來發展出的策略，而且還未就此打住，甚至創造出前所未見的策略，締造違反常見棋理的獨特風格，絕對是徹頭徹尾的創新。不過，這是因為比賽本身具有「獲勝」這個「獎勵訊號」（reward signal），而AI可藉由獲勝與否，判斷自己想出的策略是否有效，而且操作環境也頗為

AI 來了，你還不開始準備嗎？

固定，只限於棋盤上的範圍與規則。

在許多藝術和創作領域，我們很難定義出明確的獎勵訊號，而且AI的操作環境可能是整個宇宙那麼廣，也使得強化學習機制不容易應用在藝術創作。或許是可以請人票選喜歡的AI生成圖像，當作獎勵訊號沒錯，但藝術家不太會這麼做，至少傑出的藝術家不會。他們通常不會按照外在的獎勵訊號決定創作方向，更不會全然相信大眾的看法與意見，譬如梵谷生前賣出的作品比身後少[18]。赫曼‧梅爾維爾（Herman Melville）的小說《白鯨記》(Moby-Dick)在他有生之年也只賣了大約3,000本[19]。藝術家即使面對挫折，仍選擇堅持下去，就是因為他們的動力源於心中的信念，而不是外界的獎勵。

> **但，這真的算藝術嗎？**

一個清爽明亮的秋日早晨，佳士得（Christie）在紐約的拍賣現場擠滿了人。坐在會場的大夥兒不時改換姿勢、竊竊私語，空氣中迴盪著翻目錄的沙沙聲，不過隨著拍賣官走上台，全場變得異常安靜。拍賣官身旁的畫架上，擺著一幅似乎沒畫完的男人肖像，衣著讓人想起17世紀的歐洲，卻又不是很明確。畫面以奇異的方式扭曲，男子頭部的位置非常高，有一部分甚至超出畫布範圍，臉部表情也模糊不清；外框則是典雅的金色。種種特徵都讓這幅畫看起來像某個荷蘭大師未完成的作品，像是從跳蚤市場挖到的寶貝，唯一的反證就是畫上的簽名：不是名字，而是一種數學演算法。這幅作品名叫《貝拉米畫像》（*Portrait of Edmond de Belamy*），並不是傳統繪畫，而是由巴黎的藝術團體Obvious Art使用AI生成後印到畫布上。

拍賣師從7,000美元開喊，大家立刻高高舉牌，數十人爭相出價，價格急速飆升，1萬、5萬、然後是10萬美元，但眾人仍繼續競標，氣氛熱不可擋，15萬、17.5萬美元紛紛出籠，佳士得的官網和電話也湧入更多買家。喊到20萬美元時，只剩一名男子的牌子在空中揮舞，但電話線上還有兩名競標者，網路上也還有一名對手。但接著價格跨過25萬美元，男子決定放棄，電話和網路上各剩下一人，都來自法國。價格來到35萬美元時，網路參戰者宣布投降。砰！拍賣官的槌子敲下，這場拍賣只歷時7分鐘就結束。加上相關費用，最後的總價為43萬2,500美元，是起始估價的43倍[20]。

《貝拉米畫像》在2018年10月25日售出，引起文化評論家和藝術歷史學家一片譁然，擔心藝術將死。但短短幾年後，這種新聞便已無法登上頭條，因為好用的軟體快速誕生，使得AI生成圖像無所不在，也會愈來愈頻繁地出現在世界拍賣會上。話雖如此，我們仍面臨一個問題：AI的作品算藝術嗎[21]？

如果藝術與否是取決於觀者之眼——或再說得更諷刺一點，如果是取決於買方之眼——那答案幾乎無庸置疑，大家肯定認為AI的作品是藝術。事實上，這樣的標準和圖靈測試相同：如果觀者無法區別AI和人類的作品，或不在乎兩者的差異，那就是藝術。如我們在第1章所討論，這種評估法只著重結果，完全不考慮過程與當中的因素。

AI 來了,你還不開始準備嗎?

現在的AI圖像生成器能產出相當細緻的圖像,往往與人類藝術家的同類作品像到難以區分,從純美學的角度看來,也可能對觀者產生類似的情感效果。事實上,埃加馬爾曾實際印證這點。他請許多人(包括藝術歷史學家和藝術家等專家)評估CAN軟體的輸出結果,發現大多數人認為機器生成的內容既美又創新,看不出不是人類作品,所以對埃加馬爾來說,確實算是藝術沒錯[22]。

但如果持相反觀點,認為藝術與否取決於創作者的意圖,那AI生成的作品就都不能算是藝術了。AI系統不具意圖,也沒有實際生活經驗,尤其缺乏情感歷程。從這個觀點來看,藝術品引發觀者怎樣的情緒並不重要,只有創作者的情感表現和意圖才是重點。澳洲搖滾歌手尼克·凱夫(Nick Cave)曾發表一篇引起廣大關注的部落格文章,大肆抨擊LLM生成的歌曲並不真實,他表示AI模型雖然可以生成「乍聽之下似乎是原創的歌曲,但其實永遠只是複製,只是滑稽的模仿。」[23] 凱夫認為,「有痛苦才會有好歌,就我所知,演算法並沒有感覺,資料不會受苦,ChatGPT也沒有內在世界,從未去過任何地方、經歷過任何事,也沒有勇氣突破自我限制,所以無法感知到普世的昇華體驗,因為機器人並沒有必須超越的限制。」在凱夫看來,思考如何表達想法的過程是必經的「苦難」,也是構成藝術本質的核心,所以即使是人類用LLM生成的作品,也不算是藝術表現,因為使用者藉助AI跳過了受苦的階段。

不過凱夫對藝術的定義或許也有點太過極端。就以風格前衛的《噴泉》(*Fountain*)為例,雖然近期有些爭議,但一般仍認為這是藝術家馬塞爾·杜象(Marcel Duchamp)的作品。杜象(或1917年把作品提交給美國獨立藝術家協會想參展,結果被拒的那個人)並

Chapter 8　藝術與技巧

沒有對便斗進行任何加工修改,但沒有人會質疑《噴泉》的藝術地位。在這個例子中,凱夫所說的「苦難」其實是發生在思考的過程當中,包括構思想法、尋找要使用的便斗,並決定以假名簽上「R. Mutt, 1917」。因為有這些人為決定,便斗才能化身為《噴泉》,從平凡的物品變身成藝術品。《貝拉米畫像》也很類似:Obvious Art的藝術家必須決定使用哪一種AI方法,要將哪些歷史圖像提供給演算法,要選擇哪個輸出版本,又該如何取名、簽名。

許多人無法區別AI輸出和畫家努力畫出的作品,或是AI音樂和凱夫歷經苦難才寫出的歌,讓某些藝術家很氣餒。更讓他們絕望的是很少人會在乎兩者的差異,大家往往都只想要漂亮的圖片或動感好聽的歌曲。不過,其實歷史上也發生過類似情況,但藝術仍存活了下來。班雅明探討攝影和石版印刷術對視覺藝術的影響時,指出複製上的便利性會使圖像的「靈光」(aura)變得黯淡,在他的定義中,這是一種獨特的連結,會串連起藝術品本身、創作行為、創作目的和展出場所,加總成最後的情感效果[24]。不過,雖然複製品的靈光會消減,原作的靈光卻也會因而增強,畢竟唯有親眼親賞畫作,才能感受到作品的立體性、筆觸、規模和真實色彩。只要夏日週末去羅浮宮看看《蒙娜麗莎》,就能印證這點:這幅畫的複製品無所不在,卻絲毫不減大眾親自去欣賞的欲望,因為觀者想體驗的正是班雅明所說的靈光。

AI可能會提高實體藝術的重要性,像是畫廊展示的畫作;雕塑又更是如此,畢竟AI只能生成數位影像,無法輕易複製立體作品;在Spotify和Apple Music時代愈來愈受歡迎的現場音樂表演,肯定也會更熱門。AI無法複製表演者與觀眾在現場活動中的連結,即使

AI 來了，你還不開始準備嗎？

用數位替身重現昔日火紅樂團的表演（例如ABBA在倫敦很成功的劇場秀Voyage），也很難克服這個問題[25]。反之，非實體的數位藝術則會更受挑戰，不過AI藝術日益普及，也可能會讓非同質化代幣（NFT）重新浮出水面，這種數位作品的原始版本都附有加密簽名，以此證明獨特性。

人類與AI攜手創作

　　AI無法自行創作藝術，但為人機合作的藝術形式開啟了新的可能。有些小說家已將AI聊天機器人用於寫作，譬如英國犯罪小說家阿賈伊・喬卓瑞（Ajay Chowdhury）會和ChatGPT一起腦力激盪，請AI幫忙思考劇情結構，但不會讓軟體操控行文與敘述[26]。「我會說：『嗨，我這邊有點卡住，幫我想些點子。』AI在這方面非常厲害。」在他近期的一本書中，主角被困在一間小屋裡，但他想不出有創意的方式讓角色逃出來。ChatGPT給了他許多想法，像是利用屋裡的工具把整間房子拆掉，是喬卓瑞從未思考過的可能。

　　他也寫了一本童書，希望改編成圖像小說，但不確定該怎麼做，所以請ChatGPT幫忙想分鏡和可用的圖像。程式生成了第一版的分鏡圖，當中不乏「倒敘蒙太奇」這類的電影用語，還提供各種角度與鏡頭。他說：「這真的很有用，讓我可以在沒試過的格式和領域中發揮創意。」不過要製作實體書籍，喬卓瑞仍打算與專業藝術家合作。生成式AI在計畫中的任務，並不是要做出最後的產品，

Chapter **8** 藝術與技巧

而是協助他將故事視覺化,更重要的是,也能讓有興趣的出版商先看看成品可能會長什麼樣子。

也有些作家會讓AI幫忙撰寫文字,譬如漢娜・席爾瓦(Hannah Silva)在創作實驗性回憶錄《My Child, the Algorithm》(書名暫譯:我的演算法孩子)時,就使用了GPT-J。這個LLM是由AI研究組織EleutherAI所開發,意在模仿OpenAI早期的GPT-2,能用不同風格寫出相對簡短但內容連貫的文字段落,但也可能突然用詭異的方式寫作,產生毫不相關的語句,或是一再重複生成相同的詞語。席爾瓦是詩人,從事「發現型詩歌」(found poetry),意思是從報章雜誌、廣告看板、電子郵件、對話錄音中選擇文字片段,進行重組與拼接。她創作《我的演算法孩子》時,採用的技巧也很類似,就是將自己所寫的內容和GPT-J生成的文稿拼接在一起,AI的部分用斜體,讓讀者能夠區分[27]。這本回憶錄是關於她單親扶養幼兒的經驗,以及她在愛情與人際方面的想法。她利用GPT-J深入探討這些主題,但LLM也像是一面鏡子,反映出她對教與學、智慧與愛情的觀念,給予她投射、反思的機會。席爾瓦會實驗性地把自己所寫的內容餵給GPT-J當提示,並手動調整模型的設定,包括回應的「溫度」參數值(temperature,決定模型可偏離出現機率最高的回應多遠。溫度值愈高代表模型的回應可能愈奇特、愈不尋常,較新近的聊天機器人在一般消費者版本中,多半不提供這項設定。)模型產生出回應後,席爾瓦也會仔細挑選。

所以雖然GPT-J為《我的演算法孩子》生成了部分文字,有些章節甚至完全是由AI所寫,但席爾瓦的寫作、統整與對AI回應的編輯,對書籍的最終呈現仍是不可或缺。席爾瓦表示,在書中,她

AI 來了，你還不開始準備嗎？

把GPT-J「用於許多不同功能，有時候是用來傳達弦外之音，說出我不會用自己的聲音所說的事。」她說各界為了商業應用著想，把LLM變得愈來愈「安全無害」，但對於身為作家的她而言，AI模型卻也因此變得愈來愈沒用，「雖然說是『改良』許多，但用來當作寫作夥伴時，卻往往會流於空泛，變得很無聊。[28]」她這麼說。以她的經驗而言，GPT-J故障或一再重複相同詞句時，經常能產生最有創意、最有趣的成果[29]。席爾瓦相信AI軟體會激發創意革命，認為往後會有許多人與AI互動，創作出大量實驗性書籍；她甚至認為，既然AI能輕鬆生成籠統的衍生故事，那大家讀到格式創新、須要深入思考才能理解的文學時（恰好與AI的作品相反），應該更能賞識其中的價值。

科技創業家兼作曲家艾德・牛頓・雷克斯（Ed Newton-Rex）也開始把AI當作音樂夥伴，用OpenAI的GPT-3為鋼琴合唱曲《我站在圖書館》（*I stand in the library*）寫歌詞，歌曲在2022年的Live from London線上古典音樂節首次演出[30]。雷克斯也會使用AI音樂生成技術，認為這在發想音樂片段時相當實用。不過上述合唱曲的音樂是由他親自創作，只仰賴GPT-3生成歌詞。這是他首次嘗試鋼琴與人聲結合的音樂，會有這份靈感，就是因為GPT-3生成了一句有關鋼琴的歌詞。他談到生成式AI時，表示「最大的優點之一，就是能帶來新的想法。[31]」

在視覺藝術方面，人機合作已經有很長的歷史，現在更有某些藝術家把這當作招牌元素，譬如丹尼爾・安布羅西（Daniel Ambrosi）以全景的大型超現實風景照聞名，他將許多照片連接在一起，模擬人眼的視角、對深度的感知與對光線的敏銳度，比起單一相機鏡頭,能更貼近人類的真實視覺,他把這樣的手法稱為「運算式攝影」(computational photography)[32]。但從2016年起,安布羅西開始把數位照片餵給客製化的AI模型處理,這個模型是谷歌開發,名叫DeepDream,能為他的作品增添細微但十分引人注目的視覺效果。DeepDream在2015年問世時,讓許多視覺藝術家留下深刻印象[33]:只要拍照輸入神經網路,軟體就能找出在84層的神經網路中,哪一個視覺元素最能刺激某一組神經元,並予以增強,讓使用者彷彿能對神經喊話:「不管你看到什麼,都加倍給我!」發明此技術的谷歌機器學習專家亞歷山大‧莫德文柴夫(Alexander Mordvintsev)這麼說。就某種程度而言,使用者可以選擇想用哪個神經層來進行增強,控制最後的圖片效果。最低層是處理抽象資訊,聚焦於線條與色彩;高層則較著重呈現具體特徵的像素群,像是建築物、嘴巴、鼻子等等。

在18世紀,園林造景師蘭斯洛特‧布朗(Lancelot Brown,又有「萬能布朗」之稱)設計了許多英式花園。安布羅西以這些花園為主題拍攝一系列照片,並選用DeepDream演算法的不同神經層來處理不同元素,包括樹皮、房子的石材、小橋等等,全都能用孔雀羽毛般多彩的漩渦馬賽克呈現[34]。安布羅西先以Photoshop和其他數位工具後製,再使用熱感應墨水,把照片印到質感如紡織品的廣大畫布上,然後把畫布固定到客製化的照明箱,用LED打光照亮,呈現出超現實的魔幻氛圍,有種傳統照片沒有的繪畫筆觸。

安布羅西表示,他雖使用AI工具,但最後的成品仍須仰賴人類的藝術性和決策力,這點十分關鍵[35]。「這些工具本身沒有生命,也沒有知覺與動力,只能由人類驅動。人類除了提供想法外,也必

AI 來了，你還不開始準備嗎？

須像我一樣挑選AI產生的結果，來實現自己的理念。」他說。

在安布羅西看來，藝術家想表達的理念非常重要，所以他認為AI對藝術界的影響應該是微乎其微，畢竟多數藝術家都過得很辛苦，只是憑藉內心一股自我表達的動力，才投身創作；比較幸運的人或許能做出原創作品，同時也與畫廊老闆或收藏家產生共鳴，但這樣的人終究只占少數。安布羅西預測這種情況不會改變，但對商業插畫家和攝影師感到十分同情，因為生成式AI可能會造成他們嚴重的經濟壓力；不過，他也認為這是科技進步不可避免的影響[36]。

雖然AI使商業藝術家的機會減少，但也讓更多人有機會參與藝術。安布羅西認為，讀過英文和藝術史等科目的人文學科生可能會十分搶手，因為他們懂得給予正確的提示，用AI生成具有歷史意義、又能激發當代共鳴的數位圖片。「他們可能從未拿過畫筆，或完全沒有手眼協調能力，」他說，「但擁有豐富的歷史知識，懂得如何精挑細選，也看得出偉大與平庸的差別，現在有了AI工具，自然能創作出真正令人驚豔的作品。」

有了AI技術後，身障藝術家可能也會比較輕鬆。美國畫家查克·克洛斯（Chuck Close）脊椎受傷後部分癱瘓，必須坐輪椅度日，但終究學會將畫筆固定在手腕上作畫[37]。而現在，有相同困難的人則可透過語音辨識工具下達指令，甚至用眼球或舌部追蹤技術幫忙，就能創作出美麗的畫作。

Chapter 8　藝術與技巧

影音創作無所不在

場景設定：幾年後某個陽光燦爛的三月週日下午，地點在洛杉磯的杜比劇院（Dolby Theater）。一名年輕女子踏出黑色轎車，走上紅地毯。她身穿紅色洋裝和厚底高跟鞋，在狗仔隊的閃光燈下顯得有點驚愕。紅毯兩旁的粉絲紛紛喊著要和她自拍，起初她有些害羞猶豫，但終究決定停下來拍幾張。就快走到劇院入口時，一名電視記者把她攔下，「艾瑪，你去年在紐約大學宿舍裡構思《星際交會》的劇情時，有想過自己會來到奧斯卡現場嗎？」艾瑪的臉漲紅，幾乎紅成和洋裝一樣的顏色。「完全沒有，這一切簡直就像做夢一樣。」她說。當晚，艾瑪・霍夫曼登上劇院舞台，拿下奧斯卡最佳導演。還是學生的她在宿舍用 AI 軟體生成出星際愛情喜劇《星際交會》，沒有製作團隊支援，首開先河地拿下了奧斯卡獎──而且，甚至沒有任何演員。

這聽起來可能像天方夜譚，但在五年內，我們就有可能用這樣的方式，創作出熱賣長片。生成式 AI 將大幅降低影視與音樂的製作成本，讓新一代創作者能輕鬆生成商業藝術作品，許多人甚至完全沒受過正規訓練。

有三個族群會受益於 AI 帶來的轉變：首先就是仰賴 AI 的新創作者。他們將能製作出引人注目的作品，也有機會找到觀眾群，但可能不免會像現今的社群媒體創作者一樣，受制於使用 AI 演算法的推薦機制，或是大型科技公司（TikTok、Meta、蘋果、微軟、

AI來了,你還不開始準備嗎?

OpenAI等等)掌控的個人AI助理,必須藉助這些AI系統才能觸及讀者、聽眾或觀眾。

第二則是擁有大量內容相關權利的組織,像是唱片公司、好萊塢製片廠、攝影公司、出版社、甚至是大型美術館等等。AI企業會愈來愈希望用這些機構的資料來訓練軟體,也很可能必須付費取得(稍後會詳細說明)。

AI雖然會帶來顛覆性的改變,但也很可能鞏固現況。有些新起之秀會利用這項技術脫穎而出,但更能從中獲益的其實是已經很受歡迎的明星、暢銷作家和占據排行榜的歌手,在AI驅動的未來,這些名人就是第三個利多族群。他們的知名度和過去的作品,將比從前更有價值。當紅表演者可以用自己獨特的風格,更快以各種媒介產出大量內容,

明星們也開始看見新的品牌擴張機會:Meta斥資數百萬美元,請芭黎絲・希爾頓、湯姆・布雷迪(Tom Brady)、YouTuber MrBeast和史努比狗狗等名人幫忙打造聊天機器人,使用他們的虛擬替身並模仿其說話風格[38];演員詹姆斯・厄爾・瓊斯(James Earl Jones)出售他的聲音權,供迪士尼永久使用[39];AI重建出約翰・藍儂(John Lennon)的嗓音,完成披頭四的最後一首歌[40];音樂家格萊姆斯(Grimes)則用AI複製自己的聲音,還表示大家都可以複製,只要把藉此取得的歌曲版稅分潤給她即可[41]。對名人來說,AI帶來了拓展品牌的超能力,催生出《經濟學人》(*The Economist*)曾在封面文章中提到的「全能明星」(the omnistar)[42]。

生計面臨最大威脅的,應該會是經驗豐富的商業藝術家與演員。他們擁有熟練的藝術技能,可以藉此維生,但才華並不足以成

為明星。開發AI軟體的科技公司，大概不覺得這些人的作品有獨特、重要到他們願意付錢購買，而且可能認為從其他來源也能取得類似的資料，完全不給這些藝術家協商的機會。在許多情況下，他們工作時，其實已將照片、錄音或影片的智慧財產權，出售給電玩公司、雜誌出版社、唱片公司或好萊塢製片廠，所以訓練AI的科技公司會想直接與這些組織交涉，購買整個資料庫。這種情況，可能導致商業藝術家和音樂家與大型權利持有者之間的關係緊繃，有更多的藝術家或許會組成工會或行會，針對大量資料集進行集體協商。在藝術家開始團結之際，曾任職於好萊塢製片廠和電玩遊戲公司的視覺藝術工作者卡拉‧奧爾蒂斯（Karla Ortiz）站在前線，主張控告AI企業侵犯智慧財產權，而現在她不僅已經提告，還要求這些企業提供合理賠償[43]。

愛與竊盜

長久以來，藝術與竊盜始終脫不了關係。雖然可能只是傳言，但大家常說「優秀的藝術家懂借，偉大的藝術家懂偷[44]」是畢卡索（Pablo Picasso）的名言；大衛‧鮑伊（David Bowie）則表示，「我只研究我能偷的藝術。[45]」如今AI引發各界論戰，許多人認為AI的行為等同藝術「竊盜」，甚至有法律與道德爭議。我們已經知道，現今大受歡迎的許多生成式AI模型，其實都是在未經所有權人允許的情況下，使用受著作權保護的大量資料訓練而成，而且如果給

AI 來了，你還不開始準備嗎？

予適當提示，這些模型顯然也可能產生與訓練用作品完全相同的內容，基本上就是直接複製。這會引發複雜的法律問題，而且目前並無解決跡象，不過生成式 AI 模型這種各自為政的野蠻時代即將結束。雖然法院可能會判定 AI 訓練作業本身並未侵犯著作權，國會也或許會賦予 AI 訓練新的豁免權，但道德與實際因素仍可能會使 AI 企業別無選擇，不得不付費取得訓練資料的使用權；除此之外，AI 生成內容侵犯著作權的狀況，也可能導致開發 AI 模型的公司陷入法律困境，必須導入篩選機制來解決問題。

OpenAI 的 GPT-4 究竟是用什麼資料集訓練，我們無從得知，但前代 GPT-3 的其中一個訓練集是 Common Crawl，這個大規模網頁集從網路上爬取大量網頁，其中許多資料都有著作權[46]；Meta 的 Llama、EleutherAI 的 GPT-J、Bloomberg 初期的 BloombergGPT 版本和其他許多 LLM，則是用 Books3 資料集來訓練，當中包含 17 萬本書的全文，根據記者兼軟體工程師亞力克斯‧萊斯納（Alex Reisner）為《大西洋》雜誌進行的調查，這些書多半是在過去二十年出版，著作權仍有效，且涵蓋許多知名小說家的作品，像是史蒂芬‧金（Stephen King）、詹姆斯‧派特森（James Patterson）、莎娣‧史密斯（Zadie Smith）、喬納森‧法蘭岑（Jonathan Franzen）、村上春樹（Haruki Murakami）、瑪格麗特‧愛特伍（Margaret Atwood）等等。另外還有衍生自 Common Crawl 的 LAION-5B 資料集，用來訓練 Stable Diffusion 和其他文字轉圖像 AI 模型[47]。LAION-5B 中有受著作權保護的大量圖像，是各方藝術家及攝影師的作品，從著名的達米恩‧赫斯特（Damien Hirst）到知名度沒那麼高的凱德‧威利（Kehinde Wiley）等人都有；至於音樂生成器的 AI 模型，也是用著作權歌曲訓練而成。

美國法院將審理數件代表性的告訴，裁定AI模型是否侵犯著作權，而美國著作權局（U.S. Copyright Office）也在研判是否須制定新的法律或規章。目前著作權專家的看法不一，有些人認為法官可能會判定生成式AI的訓練侵犯著作權，另一派則認為會依據法律原則判為「合理使用」（fair use），也就是允許未取得授權者在特定狀況下使用著作權內容。

不合理使用

不過有些學者認為，將合理使用原則擴大到AI訓練領域，其實是不道德的。哈佛大學法律學者班傑明・索波（Benjamin Sobel）在2017年一篇十分有影響力的論文中指出，合理使用原則的根本動機在於「分配正義」，主要是用來轉移既得利益者的權利（例如掌權的大型企業或成功的藝術家），讓一般大眾也能使用相關內容[48]。但索波指出，AI反而將這個概念完全顛倒：數千名勤奮熟練的藝術家，成了著作權被侵犯的一方，因侵權而受益的，則是全球最大的科技公司和資金充裕的新創，似乎**很不合理**。因此他認為，合理使用原則不應該延伸到科技公司的AI軟體訓練作業。

想到未來使用資料時可能不須取得許可，尼爾・土克維茲（Neil Turkewitz）就覺得很不妙[49]。他是美國唱片業協會（Recording Industry Association of America）的前執行長，眼見科技公司用受著作權保護的作品訓練AI，也成了當前最活躍的批評者之一。

AI 來了,你還不開始準備嗎?

土克維茲認為大家在社群媒體剛興起時,就犯了大錯——當初根本不該把個人的數位檔案(照片、故事、社交連結、工作經歷、醫療記錄等等)交給大型科技公司,而且也並未真正瞭解自己放棄了什麼。他主張眾人這次應該提高警覺,在 AI 技術興起的未來,應該要求「自由給予明確同意的權利」,企業必須先取得創作者許可,才能將其作品加入 AI 訓練資料集。土克維茲認為,如果無法遵守這樣的做法,那根本無異於用偷竊和無薪勞動建構反烏托邦。

著名的法學專家認為,我們需要新的法規。史丹福大學的法學、科學與技術學程主任馬克·蘭利(Mark Lemley)表示,國會應制定新法,讓 AI 系統可在「合理學習」範圍內,使用著作權內容進行訓練[50]。他認為以實務而言,科技公司使用龐大的資料集時,不太可能取得每一位權利所有人的許可,堅持這種做法不僅不切實際,也會妨礙美國的創新發展。但另一方面,支持藝術家和著作權人的團體則已開始遊說行動,要求國會採行與蘭利想法完全相反的措施,希望明確禁止未經許可即使用著作權資料訓練 AI 系統[51]。

從台灣、以色列、新加坡、南韓、英國到歐盟的 27 個會員國,都已實施許多著作權法規豁免規定,允許資料探勘(data mining)[52]。但這些法規多半在 ChatGPT 出現前就已制定,所以法條對「資料探勘」的定義是否包含生成式 AI,法學專家之間仍有許多爭議。日本在這方面的進程最快,已明確允許使用著作權資料訓練生成式 AI[53]。

同樣也很有爭議的問題,是個人和企業能否針對 AI 模型生成的內容主張著作權。目前美國著作權局已拒絕賦予此權利,並表示只有人類創作者的作品才能受到著作權保護[54]。

Chapter 8　藝術與技巧

　　無論如何,最能肯定的是我們需要明確的規則。維持規定透明,對AI企業和藝術家都有利;相反地,如果仍採行一般法律做法,由法官根據每個案子的狀況來判斷何謂合理使用,則不夠清楚明確。我很同情藝術家,但禁止用著作權內容訓練AI,終究沒有太大意義。美國應該要仿效其他國家,制定「合理學習」的法律條款,但如果未授予許可,作品就被拿去訓練,藝術家也應該獲得補償。那麼補償費從何而來?政府應對AI模型的開發及推廣方徵收費用,用於成立基金,著作權人可針對每項受保護的作品申請固定金額,其餘資金則可捐給資助藝術家創作的慈善機構。實施這種機制,其中一個優點在於科技公司不必和著作權人個別協商,而且先前已有類似案例:1992年通過的《家庭錄音法案》(Audio Home Recording Act)規定,數位錄音技術製造者只要支付補償音樂創作者和唱片公司的課金,即可免於侵權責任[55]。這樣的制度也可延伸到AI訓練,但如果用AI生成內容,很明確就是為了模仿特定的藝術家作品,還用於商業用途的話,那仍舊應該得到該藝術家的許可。

　　隨著愈來愈多人類藝術家把AI當成工具(就像前人開始把畫筆、鋼琴和原子筆當工具一樣),我們也應該擴大著作權保護的範圍,保障人類創作者與AI深度合作產出的作品。

AI 來了，你還不開始準備嗎？

> **樹立網路疆界**
> ＋ 🌐 ✏️ ⛶ 4o　　　　　🎤 ▎▎

　　政府還在猶豫如何更新著作權法之際，權利擁有者已開始忙著構築數位高牆，防止AI系統在未經許可的情況下，爬取他們的網頁內容[56]。對於為知名AI企業（如OpenAI）檢索資料的機器人，許多新聞機構已予以封鎖，不允許取自家網站；另外也導入可擋下所有爬蟲程式的協定，但副作用是網頁可能無法出現在谷歌搜尋中；同時，許多電商網站新增CAPTCHA驗證機制，防堵在網路上撈資料的機器人。

　　有些藝術家則更進一步地用「數位面具」保護作品影像，將圖片轉譯成AI模型無法使用的形式，甚至可能損害模型、造成效能下降。芝加哥大學的電腦科學教授趙班恩（Ben Zhao）參與了Glaze的開發，這項工具同樣是採用AI技術，能保護藝術家的作品，但方法不是在作品周圍築下一圈網路高牆那麼簡單，反而比較像是在牛隻身上印上品牌，阻嚇想偷牛的人，當然牛還是可能被偷，但身上的印記會使小偷比較沒辦法拿去賣錢獲利，Glaze的原理大致就是如此[57]。這款軟體誘導AI模型將圖像歸類為完全不同的藝術風格，譬如明明擷取到的是炭筆畫，卻會誤認成抽象表現主義。這樣一來，即使在提示中輸入藝術家的名字，也無法生成風格類似的內容，更無法用作品圖像來微調AI模型，藉此複製藝術家的招牌風格。Glaze會對數位圖片進行細微的修改，人眼幾乎察覺不到，但會導致AI錯誤分類。

Chapter 8　藝術與技巧

趙班恩近期又開發了更進階的軟體Nightshade,不僅能遮蓋藝術家的風格,還會毒害整個模型,使得AI在收到包含物件和藝術風格(而不只是藝術家名字)的提示時,無法給出正確可靠的回應[58]。如果說Glaze是替牛印上品牌標記,那Nightshade就像是在牛隻身上設下鈾–235陷阱,圖像被Nightshade動過手腳後,AI模型擷取得愈多,效能也會下降得愈嚴重。

Glaze已累積150多萬次下載,快速成為藝術家在網路上發布作品時的必備利器[59]。趙班恩說藝術學校已開始教學生如何使用這款軟體,他也持續參加數位藝術會議來加以推廣,應該很快就會有許多圖像以這種方式掩蔽,或被Nightshade下毒,迫使科技公司不得不加入協商、給予賠償[60]。

也有人請趙班恩開發音樂、文學等其他領域的遮蔽與毒害工具,但相同的方法並不能直接複製,不過他正在探尋可能的做法,也有其他人正在努力[61]。

即使法院或立法者建立AI訓練適用的「合理學習」標準,這類的數位「防盜工具」——再加上著作權被侵犯的疑慮,想必仍會逼得科技公司就範,開始取得資料授權。授權協商可能引發許多爭議,但可以確定的是,用免費資料開發模型的時代會就此結束。

走向半人馬藝術

作家喬卓瑞和席爾瓦、音樂家雷克斯,以及藝術家安布羅西的實驗性作品,都在在顯示生成式AI其實並沒有某些評論家說的那麼可怕。如我先前解釋,只有擁有意圖、內在動機、情感和生活經驗的人類才能創作藝術,AI其實辦不到;至於AI的創意技巧,與真人相比仍顯得黯淡無光。因此,一如許多產業運用人機合作,人類與AI共同創作方面也有許多可能。有些人把這叫作「半人馬藝術」(centaur art),名稱源自「半人馬棋」(centaur chess),意指對戰雙方的真人都能向軟體請教下法的棋賽。

說人類正處於新文藝復興的前夕或許有點太過樂觀,但我們眼前也絕不會是偽造與仿製當道的文化黑暗時代,畢竟拼貼、混搭、混音與向他人致敬的手法,已在藝術界盛行超過一個世紀,但新的風格與藝術形式也並未因而停止出現。從油畫、相機再到音樂合成器,每一種新技術都激發出全新的藝術表現,AI將會延續這個循環,而不是就此終結。

Chapter 9
資料顯微鏡

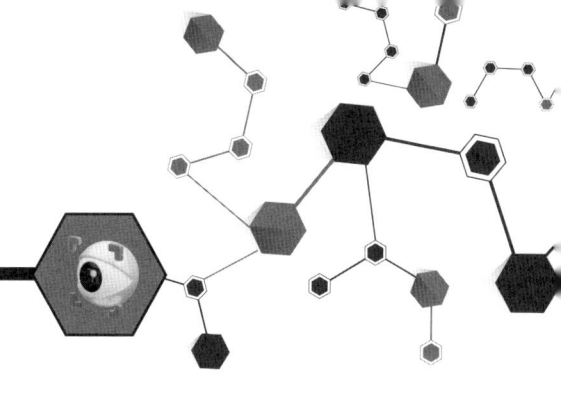

在所有AI的衝擊之中,只有科學、醫學和健康領域最有可能是非常正面的影響。AI之於科學,就像望遠鏡和顯微鏡一樣,是非常重要的工具。望遠鏡和顯微鏡發明後,人類得以研究太遠或太小、光用人眼看不到的事物,開啓全新的科學領域;同樣地,AI也能幫忙找出太過細微或太複雜、人腦很難自行辨識的資料模式。過去十年間,從基因定序、合成孔徑雷達到高能粒子加速器,種種的全新科學儀器和方法陸續問世,讓研究人員得以收集比以往更豐富的資料,但這些資料多半太過廣泛,如果沒有AI技術,根本無法分析。

不僅原始資料排山倒海而來,嘗試分析這些資料的科學論文也堆積如山。在很受歡迎的醫學與生命科學論文資料庫PubMed中,每年的新研究論文超過100萬篇,平均每兩秒就增加一篇[1];在許多科學領域,每年發表的論文數量更是高達數百萬[2]。新資料產生得這麼快,我們辨識、解讀的速度卻跟不上,或許就是因為如此,即使研究發表數量飆升,科學突破卻反而減慢[3]。要扭轉這種趨勢,AI非常關鍵,因為我們可透過此技術,從大量資料中找出最有價值的部分,以及可能徹底顛覆人類思考與生活的研究[4]。AI能消化這些論文、總結當中的研究成果,並識別出不明顯的資料模式或不同

AI 來了，你還不開始準備嗎？

領域之間的關聯，唯有應用這種技術，我們才能從研究中獲取寶貴的洞見。

把AI導入新的資料集，可以找到有助對抗氣候變遷的新型電池材料，提高農作物產量而無須依賴有毒農藥，並開創新的疾病療法。此外，把AI結合新型穿戴式裝置和血液檢測後，還能用以往不可能的方式，來打造個人化醫療。

目前AI已應用在許多科學與社會研究領域，範疇非常廣，包括探測宇宙黑洞、控制實驗性核融合反應爐、解讀古老文字、找尋亞馬遜叢林中的失落古都、讀取醫學影像，以及協助醫生利用基因組資訊和生物標記，提供更適合每位病人的療法。AI也徹底顛覆了科學研究方式，使科學工作中的假說和理論變得不再那麼重要；相反地，AI會先辨識隱藏在資料中的模式，然後才歸結出新的理論。

使用AI確實有風險。這項技術背後的資料非常多，但並不完美，某些地方會有缺口，或是長久累積的人類偏見（譬如許多研究的女性參與者太少，種族背景不夠多元），工具可能也有不完善之處。我們開發AI軟體時，必須認知到這些不完美之處。AI不是萬能魔杖，有時看似發現智慧綠洲，但其實是海市蜃樓；可開創新療法的發現如果落入不肖分子手中，也可能被用來製造新型生物武器或毒物。但儘管如此，AI在科學方面帶來的進步機會，仍遠遠大過其他領域。

Chapter 9　資料顯微鏡

生命的皺摺

場景來到2016年3月的南韓首爾：兩名男子身穿厚重冬衣，頭戴羊毛帽來抵禦夜晚的寒冷，並肩走在這個首都城市熙來攘往的街上，周遭盡是餃子館和烤肉店的霓虹招牌，閃閃發亮彷彿在對他們招手，但兩人討論得非常熱烈，對身旁的誘惑似乎毫未察覺。事實上，這是兩人另類的慶祝遊行，他們身負使命來到首爾，歷經多年努力後終於成功，而且這項成就將鞏固他倆在電腦科學史上的地位：他們開發出精通圍棋的AI軟體，還輕鬆擊敗韓國棋王李世乭。圍棋這種古老的策略型比賽是以黑白子在19x19的方形棋盤上進行，看似簡單，但要下得好其實極其困難，因為可能的走法組合比西洋棋還多，甚至多過宇宙中的原子總數。要成為圍棋高手，AI系統不能只是分析每一步棋並選出最佳走法（西洋棋軟體就是這樣），還得發展出對於策略的直覺，而這兩名男子幫忙開發的「AlphaGo」AI系統已達成目標[5]。

這兩人就是倫敦AI新創Google DeepMind的共同創辦人兼執行長哈薩比斯，以及帶領DeepMind團隊開發AlphaGo的大衛・席爾瓦（David Silver）。這時，他們討論起下一個目標。「我跟你說，我們可以解決蛋白質摺疊的問題，」紀錄片拍攝人員捕捉到哈薩比斯說這句話，「這真的是一大突破，我很確定現在辦得到。以前我就覺得應該可以，但現在是非常確定能做到。[6]」

AI 來了,你還不開始準備嗎?

解決蛋白質摺疊的難度,不亞於破解高深莫測的圍棋。在 1960 年代,物理學家兼分子生物學家賽勒斯·利文索爾(Cyrus Levinthal)發現,蛋白質的可能形狀非常多,如果想隨機嘗試就找到正確的結構,需要的時間恐怕會比宇宙的壽命還長[7]。蛋白質是生命基石,也是多數生物過程中不可或缺的要素,由胺基酸長鏈組成,可根據分子組成和物理原理,自然地摺疊成複雜的形狀,而這些形狀則會決定蛋白質的功能[8]。基因突變若改變蛋白質摺疊的方式,會造成許多疾病,譬如鐮刀型紅血球疾病、囊腫性纖維化、馬凡氏症候群(Marfan syndrome)等等;此外,一般也認為,阿茲海默症、帕金森氏症、亨丁頓舞蹈症、漸凍人症(Lou Gehrig's disease)都與蛋白質錯誤摺疊密切相關。

蛋白質形狀對許多藥物的作用也有關鍵性影響。多數藥物都是小分子,能與蛋白質表面的特定「口袋」(pocket)結合,藉此抑制或是改變其功能。抗體的運作原理也是如此:結合病毒表面的口袋,防止病毒感染細胞,並以此作為標記,讓免疫系統的其他部分知道這是應該攻擊的目標。無論是天然產生或在實驗室製造的蛋白質,本身都可以當作強大的藥物,直接影響生物過程。因此,若能預測蛋白質結構,人類對疾病的理解將會產生革命性的改變,也更能開發更專門的新型藥物,來治療癌症、糖尿病等各種疾病[9]。新藥上市的速度將會加快好幾年,拯救更多人的生命,省下的成本也會上看數億美元。

自 1972 年起,科學界就一直企圖「解決」蛋白質的摺疊問題,因為那年,化學家克里斯蒂安·安芬森(Christian Anfinsen)在獲頒諾貝爾獎的典禮上,提出了一個觀點,他認為蛋白質的形狀應該

Chapter **9** 資料顯微鏡

是完全取決於DNA[10]。這是很大膽的猜測,畢竟當時還沒有任何基因組定序。安芬森的理論在計算生物學中開創出全新子領域,目標是利用數學和電腦計算,模擬蛋白質的形狀,而不是透過實驗操作。這項挑戰十分艱鉅,因為在那之前的近五十年間,計算生物學雖然穩定進步,但速度很慢;在2016年,也就是哈薩比斯和席爾瓦深夜漫步那年,即使採用最強的計算方法,仍只有三成的機率能以高精確度判定蛋白質的結構[11],而且判斷蛋白質結構的最高標準仍是X射線晶體學(X-ray crystallography),雖已經過反覆測試,但執行上耗時又昂貴[12];後來出現名為CryoEM的方法,是使用電子顯微鏡法讓結構分析稍微加快,但準確度卻也降低。時至2016年,科學家只確定了大約11萬種蛋白質的結構,每年新發現的結構不到1萬種,偏偏蛋白質的種類卻上看數億[13]。

不過,哈薩比斯和席爾瓦深夜散步的四年後,Google DeepMind發表了震驚各界的突破,在2020年11月推出「AlphaFold」AI系統,可判讀蛋白質的DNA序列,而且十次有九次能精準預測蛋白質結構,準到一個原子的寬度[14]。這個AI系統能同時提供信心水準,讓生物學家知道何時可以依賴預測結果,何時又該抱持懷疑態度。DeepMind把AlphaFold軟體免費提供給有意願使用的所有科學家,又在不到一年內達到更多里程碑,運用AlphaFold預測出人體內所有蛋白質的結構,並發布到線上資料庫,任何科學家都能查詢[15];在那之前,結構已知的人體蛋白質只有17%。對於科學家特別感興趣的20種生物體,DeepMind也公布了其中所有蛋白質的預測結果,從瘧疾寄生蟲到最常用於實驗的老鼠種類都包含在內。到了2022年,他們又再發布了更多AlphaFold預測,這次,科學界已知的2億種蛋白質都包含在內。

對生物學家來說，AlphaFold的預測已變得和顯微鏡、試管一樣不可或缺。這款軟體徹底改變我們研發新型抗生素的方式，也在尋找熱帶疾病（tropical disease）療法的路上帶來很大幫助（受到熱帶疾病影響的，主要是無力負擔昂貴藥物的貧窮族群，所以製藥公司並不是很重視）[16]。此外，研究人員也可以運用AlphaFold，想辦法把蜜蜂變得更有抗病力，並找出能分解塑膠材料的蛋白質。

在AI翻轉醫學與科學的進程中，AlphaFold只是冰山一角。AI科技不止會影響單一科學工作，還會使整個領域徹底轉型。在弗朗西斯克里克研究院（Francis Crick Institute）擔任CEO，且曾獲諾貝爾生物學獎的遺傳學家保羅・納斯（Paul Nurse）認為，AlphaFold的蛋白質結構預測為蛋白質研究開創出新的「系統性方法」[17]，現在，研究人員可以比較各種生物體和基因組的蛋白質結構，來瞭解不同生物功能的演化進程。在AlphaFold出現前，已知的蛋白質結構不足，所以不可能進行這種比較。

科學研究工具

從天文學到動物學，AI逐漸成為各個科學領域的必備工具。微軟的專家和太平洋西北國家實驗室（Pacific Northwest National Laboratory）的化學家合作，利用AI尋找新的固態電池電解質材料，希望減少鋰消耗量[18]。他們用軟體篩選3,200萬種可能的化學組合，以是否夠穩定為標準，挑出50萬種有機會使用的化合物，然後再用AI縮減成800種，最終才選定其中一種——科學界先前並不知道這種化學物質，自然界中也不存在，但實驗室的測試證明確實可用於電池，而且和目前的設計相比，所需的鋰減少七成。如果能商業化，電池續航力將可延長，也比較不會起火，生產成本更能降低。從前，這整個過程可能需要多年才能完成，現在卻只花了九個月。

在Google DeepMind研究人員的協助下，瑞士的物理學家已研擬出更理想的方法來控制磁場，將超熱電漿約束在形狀如甜甜圈的裝置內，這個核融合實驗裝置被稱為托卡馬克（Tokamak）[19]；科學家可利用此成果突破現有技術，提供充足的乾淨能源；動物保育方面，AI也能派上用場：剛果雨林的相機陷阱拍到照片、非洲草原上空的無人機拍到影片後，AI都可計算影像中的瀕危物種數量，還能解讀抹香鯨叫聲的涵義[20]；天文學家可運用AI技術，拍出更高品質的黑洞成像[21]；考古學家能以AI分析衛星影像，尋找失落的古城[22]；古文研究學者則可藉助此科技來解讀古代文本，填補石碑遺失的碎片[23]，並透過軟體「閱讀」那些易破到無法展開的卷軸[24]；此外，我們也在AI的幫助下，慢慢揭開人類智力的神祕面紗，藉此繪製大腦中的神經元群組，並瞭解某些神經元放電量激增所代表的意義[25]。在這些進步之下，AI電腦或許很快就能透過非侵入式的腦部掃描和腦機介面，甚至是可植入大腦的無線裝置，讀取人類的思想，真正實現「讀心術」。

約翰・賈波（John Jumper）是DeepMind的資深研究員，領導該公司的蛋白質折疊團隊[26]。他認為將AI應用於科學，是為了讓研

AI來了，你還不開始準備嗎？

究員突破人類能力的極限，但重點並不是要追求通用人工智慧，創造能在所有領域完成一切工作的全能「AI科學家」。在他看來，目標應該是在科學界關心的「少數領域」賦予研究人員「超人般的能力」。他表示，「在科學研究中使用AI時，應該要思考的是：我們該如何藉助AI和（機器學習），完成人類做不到的事？譬如我們預測蛋白質結構的能力很差，解讀基因組的表現也半斤八兩。」既然人類有這些弱項，何不讓AI代勞呢？

賈波表示目前看來，想把AI應用在大量科學領域，最大的限制之一是「優質的資料來源有限」[27]。他所說的「優質」，是指規模夠大、資訊正確且架構恰當的資料集，有這樣的資料，才能有效導入機器學習方法。不過，AI本身也能幫忙解決這個問題，因為軟體能用從前不可能的方式，進行資料計量與分類，從漂浮在血液樣本中的基因物質，到遙遠星系中的星星都不例外[28]。生成式AI也能預測或模擬人類還無法直接觀察、分析的現象，從中產生全新的科學資料庫，AlphaFold只是其中一個例子。

人類產生的知識猶如洪流，資料累積得愈來愈多，而AI已漸漸成為處理這些資料的必備工具。要想妥善地理解、摘要並分類我們自己產出的智慧結晶，使用LLM或許是唯一的出路。舉例來說，美國非營利研究實驗室Ought就開發出免費LLM搜尋工具Elicit，協助科學家進行文獻探討、取得相關學術論文、總結最相關的內容等等，簡化繁瑣的研究程序[29]。

LLM最驚人的一些應用，會發生在社會科學領域。AI能分析Twitter、TikTok的貼文等非結構化資料，開創出許多新方法來監控公眾態度的變化[30]，譬如新加坡的學者就發現，ChatGPT可以精準預測人類的MBTI人格類型[31]。但是，AI的功能遠不僅限於分析人類產生的既有資訊而已，許多人已提議在社會學研究中，用LLM來模仿人類：加拿大滑鐵盧大學（University of Waterloo）心理學家伊戈·格洛斯曼（Igor Grossmann）的研究顯示，假如用提示要求LLM聊天機器人假想自己是特定性格類型的人類，機器人的回應可真實反映相同性格的真人受試者在實驗中的答案[32]；卡達和芬蘭的學者則認為，我們可以直接利用LLM模擬廣大族群，收集公眾的意見和市調資料，而無須實際訪問數千名真人[33]。LLM也能模擬特定情境下的人類行為，提升行為經濟學、博弈理謀和國際關係等諸多領域的研究，譬如在多種「戰爭遊戲」的練習中，LLM可模仿世界領導人或非政府組織的行為[34]。

要想在科學研究中使用大型AI模型，往往會遇到一個困難：這種模型需要由高度專業的軟體工程師開發，還要有昂貴的大量運算資源才能運作。DeepMind已將AlphaFold免費開放給所有科學家使用，甚至可以自行下載、操作，此外，AlphaFold的所有蛋白質結構預測也都已公開；另一方面，Meta同樣免費提供了自家開發的許多AI科學模型。不過，並不是所有公司都這麼慷慨，以往多半由大學和其他非營利組織控制的科學發展，也可能會逐漸落入以利益為重的公司手中。美國和全球許多政府認知到這樣的危機後，紛紛開始資助「國家AI研究雲」，也就是由政府所有的大型資料中心，擁有數千個GPU，可用於學術研究等公共目的[35]。要想確保AI能持續推動科學進步，準備好這種隨時可用的AI運算資源非常重要。

AI 來了，你還不開始準備嗎？

> 假設退場
> ＋ ⊕ ⋞ ⟨⟩ 4o　　　　　　🎤 ⏺

　　AI不只是科學家的工具，也正在改變科學研究的本質。學校教的傳統科學方法是以「假設」為核心，有些假設很簡單，就只是根據一組特定的實驗輸入，預測結果會有什麼改變；但在最精密的實驗中，建立假設時則必須先觀察既有現象，對此提出可能的解釋，然後設計實驗來證明或駁回自己的假設。不過，DeepMind開發AlphaFold時，完全推翻了這樣的傳統模式，我們接下來在本章也會看到，有愈來愈多人進行藥物研究時，同樣不再使用假設方法，也就是科學家不必先提出假設，猜測某種蛋白質結構**為什麼**能形成效率較高的酵素，或者毒性為何比其他種類的蛋白質低。類神經網路的權重模型中，似乎埋藏著一種直覺，讓AI知道特定的DNA配方會有什麼效果，但無法解釋推理過程，對我們來說就像黑箱似的。這無疑使人類開始從理論走向純粹的經驗法則，讓「無需假設」的科學研究成為可能[36]。每一個科學家大概都學過「關聯不代表因果」的概念，但如果資料夠多、分析工具也夠強大（譬如當今的大型類神經網路），那麼只要有關聯，往往就已足夠。

　　不過在某些情況下，「解釋」仍舊很重要。在特定的醫學科別，特別是涉及診斷的領域，醫生往往不太相信缺乏解釋的預測。紐約大學的AI研究員蘇米・卡普拉（Sumit Chopra）訓練出一種AI系統，能快速從MRI成像預測癌症，所需資料遠比一般MRI產生的資料來得少，可望縮短病患必須待在MRI機器內的時間，不僅能讓

Chapter 9 資料顯微鏡

更多人接受掃描,還能降低每次成本[37]。不過如果使用這個系統,MRI就不會生成清晰的2D影像,放射科醫師也就無法仔細判讀,因此醫生不信任這款軟體,也不願使用。他們希望親眼看到癌症存在的證據,而不只是依賴機器讀取資料,再說,這些資料甚至隱匿、不透明到人類可能無法理解。話雖如此,在治療方面,許多醫生卻很能接受缺乏解釋的實證科學,有時甚至稱之為「巫術醫學」。就以阿斯匹靈為例吧,近一世紀以來,人類都用這種藥物緩解疼痛與發炎,但卻是一直到最近幾年,才開始瞭解藥物運作的原理[38]。

對於眼前這個不需理論的科學新世界,工具主義者(instrumentalist)和實在主義者(realist)的看法可能大不相同。工具主義者認為,科學的目的是經由實驗預測世上的現象,理論只是提升預測品質的工具而已,如果可以產生精確的預測,即使人類無法解讀過程中使用的模型,那也沒什麼關係,反正準確度是唯一的重點[39]。在DeepMind帶領AlphaFold團隊的賈波就是工具主義者,「科學的重點是什麼?就是預測某個現象會發生,然後去驗證預測是否正確。[40]」他這麼說。

另一方面,實在主義者則認為做科學的目的,是要理解世界的真實運作原理,而不該只侷限於預測,所以毫無理論的科學對他們而言,是很有缺陷的[41]。語言學家兼公共知識分子諾姆·喬姆斯基(Noam Chomsky)就是此陣營的一員,也曾批評純粹的統計式預測,「你可以去抓蝴蝶,然後觀察許多現象,如果你喜歡蝴蝶的話,這樣當然很好,但這種方法不叫研究,因為研究的重點在於找出可以解釋這些現象的原理。[42]」眼見無理論科學改變研究走向,教授強納森·茲特雷恩(Jonathan Zittrain)感到十分不安,他認為

AI 來了,你還不開始準備嗎?

人類如果不瞭解根本的模型運作機制,那麼每利用模型的預測能力一次,就會產生多一次的「知識債務」,而且最後必須還債,找出理論來加以解釋,否則肯定會陷入困境[43]。茲特雷恩表示,知識債務終究會威脅到人類的自由意志:

> **一個擁有知識但缺乏理解的世界,將變成一個無法分辨因果的世界。在這樣的世界裡,人類該做什麼、何時能做,都得仰賴數位助理告訴我們。**

但理論並不是毫無希望。AI 的預測如果不符合直覺,或許會激發人類科學家創造出新的假設,來解釋世界運行的原理。

不久後的將來,人類可能會用 AI 來尋找靈感,開創全新理論,2021 年 12 月,DeepMind 就與雪梨大學和牛津大學的數學家合作,證明 AI 可應用在這個領域——他們利用 AI 模型,找出可把輸入值轉換成特定輸出值的數學函數[44]。該 AI 模型訓練完成後,數學家開始深入探討其神經網路的內在運作機制,來瞭解模型在輸出結果時,分配最多權重的輸入因子,然後發展出一套理論來論述這些因子為何重要。某次,這個 AI 助手甚至協助數學家建立出新的公式,解答了數學界數十年來對排列和多項式的推測。

Google DeepMind 科學用 AI 部門的主管普西米・柯立(Pushmeet Kohli)認為,AI 也可以模擬複雜的全球現象,例如天氣或生態系統的狀況等等,然後人類科學家就能深入解析這些模型,由此建立新的假設,預測系統的根本運作機制[45]。他說:「其實豐富的資訊就藏在顯而易見的地方。」AI 就是幫助我們找出資訊模式的工具。

在科學史上,經驗和理論陣營之間,向來存在動態的關係,其中一方領先時,往往會像彈簧一般,推動另一方跟著前進。舉例來說,是克卜勒(Kepler)先觀察到行星運動,牛頓才發展出重力和運動定律;倫琴(Röntgen)發現X光後,各界也才開始瞭解電磁輻射。目前AI產生實證知識的速度,的確是比人類建立新假說來得快,但理論還是有機會能迎頭趕上。

藥物研發趕上思考速度

AlphaFold的解析或許能加快新藥上市速度,但即使瞭解蛋白質結構,仍須要進一步研究多年,才能充分發揮蛋白質的功效。話雖如此,我們還是可應用其他AI技術,縮短研究所需的時間,讓客製化藥物成為可能。

場景來到加州大學柏克萊分校,在美術館改建成的地下實驗室裡,一支機器手臂正在建構醫學界的未來[46]。這支手臂對一組特定的酶同時進行96種實驗,然後再由AI軟體進行蛋白質設計。開發該軟體的Profluent AI是一間小型新創,希望運用LLM技術來研發新的蛋白質療法。創辦人阿里・馬達尼(Ali Madani)是機器學習博士,最早是用AI來分析大量的顯微鏡載玻片,偵測特定類型的細胞,並從醫療影像中辨識疾病跡象。不過他取得博士學位後,加入商業軟體公司Salesforce的研究部門,見識了LLM的威力。

AI 來了，你還不開始準備嗎？

馬達尼發現，一如文法會決定自然語言的意義，蛋白質的功能也取決於結構，而結構又與序列相關，兩者其實十分相似。換言之，蛋白質也有自己的語言，AI系統可以學著預測，就像預測句子接下來最可能出現的字詞一樣。他因為這個想法大受啟發，創立了Profluent，目標是建構AI軟體來生成蛋白質的DNA配方，科學家只要用自然語言，描述他們需要AI幫忙設計的蛋白質即可，譬如「能與細胞表面某種受體結合的抗體」，或是「具有某種毒性的抗凝血劑」等等。

於是，馬達尼和同事開始著手實現這個願景。他和Salesforce及舊金山大學合作，開發了名為ProGen的AI系統，以2.8億種蛋白質的資料訓練而成[47]。在發表於《自然生物科技》(*Nature Biotechnology*)期刊的論文中，馬達尼和團隊研究了ProGen創造新型溶菌酶的成效（lysozyme，一種具有抗菌力的酵素）。天然的溶菌酶存在於唾液、淚液和黏液中，之所以能抗菌，其中一個原因在於這種蛋白質能分解細菌的細胞壁。研究人員用常見細菌的細胞壁製成材料，測試ProGen設計的100種人造溶菌酶，結果發現73%的人造酵素會產生反應，比天然蛋白質的59%還高，其中幾種的反應度甚至比最棒的天然酵素（雞蛋白中的溶菌酶）更高。馬達尼的團隊從ProGen設計的有效蛋白質中，挑選出最有機會大量製造的五種，最後也證明只要使用基因改造的細菌培養，就能大量製造其中兩種，顯示這些蛋白質可能具有商業價值，是很重要的發現。

現在，Profluent不僅運用多種AI模型（每一種都經過特殊調整，用來製造不同種類的蛋白質），也會以其他AI工具篩選蛋白質的特性，像是毒性、溶解度、製造難易度和室溫下的穩定性等等，然後在實驗室測試有潛力的蛋白質，再用從中得出的資料來提升AI模型。馬達尼希望最後可以整合Profluent使用的各種模型，開發出「通用蛋白質語言AI」，研究人員只需給出一條提示，指定蛋白質的類別、功能和特性，就能得到已在實驗室測試成功的結果[48]。

Profluent的系列AI模型目前雖然還沒整合，但仍穩步發展：在蛋白質設計領域，「命中率」是很重要的指標，意思是在實驗室測試中，呈現出最低限度功能的蛋白質所占的百分比。在沒有AI幫忙的情況下，傳統蛋白質設計方法的命中率介於0.01%和0.14%，實驗人員必須製造並測試數百萬種蛋白質，才能找到或許可用於藥物的選項[49]；相較之下，馬達尼表示Profluent AI的篩選命中率已接近50%[50]。未來，他的目標是只進行「兩到三輪」的AI生成作業、實驗室測試、AI細部調整、二次實驗室測試，就把有效的蛋白質提供給大型藥廠夥伴，進行臨床試驗。

由此可見，AI能大幅加快新藥上市的速度。未來新藥進入人體臨床試驗階段前，或許不再須要歷經一到六年的長時間研究，藥物價格也可能會因而下降。目前，新藥要實際進入市場，至少需要十年的時間，研發費用更超過10億美元，而且這些費用最終都會轉嫁到病人身上[51]。

AI不僅有潛力加快藥物開發，或許也能幫助人類研擬更有效的治療方法。LabGenius是位於倫敦的新創，性質與Profluent類似，和其他十多家公司都正在利用AI技術，研究蛋白質藥物設計[52]。LabGenius已藉助AI模型和機械化的實驗室程序，創造出一種新型抗體，可結合HER2（經常表現在多種癌細胞表面的蛋白質），並發出信號，讓體內的T細胞知道須要前來消滅癌細胞。LabGenius的這

AI 來了,你還不開始準備嗎?

種抗體之所以令人讚嘆,是因為結構上與之前用來結合HER2的「T細胞銜接」抗體大不相同,但選擇能力卻很強,是Runimotamab的400倍左右,大大降低傷害健康細胞的機率(Runimotamab是用傳統製藥方法研發的主要T細胞銜接抗體,目前正在進行人體臨床試驗)。

此外,AI也能幫助我們處理棘手的健康危機,像是對抗生素有抗藥性的「超級細菌」(superbug)[53]。2019年起,科學家在AI的輔助下,已發現至少兩種新抗生素halicin及abaucin,對於日益橫行的超級細菌非常有效。AI甚至有機會帶來新的癌症療法,並引導人類找到罕見疾病的治療方式,這目前對大型製藥公司來說,研發罕病藥物的成本效益不高,所以很少有藥廠願意投入。

個人化醫療

除了研發新藥外,AI在醫療上還有許多應用方式,也已經在協助放射科醫師識讀醫學影像,尋找腫瘤及肺炎的跡象[54]。美國巴爾的摩的約翰霍普金斯醫院(Johns Hopkins Hospital)運用AI演算法,精準預測哪些病人可能會罹患敗血症,這種疾病每年奪去25萬名美國人的性命,但目前致死率已因AI下降20%[55];在倫敦的莫菲爾斯眼科診所(Moorfields Eye Hospital),眼科醫師皮爾斯・基恩(Pearse Keane)和倫敦大學學院的研究人員開發出功能強大的AI模型「RETFound」,只要分析視網膜掃描資料,就能檢測出糖尿病視網膜病變和青光眼等眼部疾病，不僅如此，還能預測整體健康狀況和心臟衰竭、中風、帕金森氏症的風險[56]；外科醫師也可以用AI進行手術規劃，並衡量出血以及其他併發症的機率[57]；專為醫療領域設計的LLM，則可以讓電子病歷轉變成更有效的診斷工具[58]。

未來幾年內，以下情境就可能成真：年約25歲的瑪西雅正在上班路上。這幾天她一直覺得不太對勁，整個人煩躁不安、心跳也很快，但仍硬撐著去上班，並告訴自己「照常生活就是了」。她才把車停在辦公室外，就聽到手機響起，是醫生打來。「嗨，瑪西雅，你現在感覺如何？」醫生問道，「你的智慧手錶傳來一些異常資料，你這幾天的心率變異似乎有些波動；另外手錶也傳來快訊，顯示你的活動模式符合雙相情緒障礙患者躁症發作前已知的模式。我知道你沒確診過，不過因為你的家族病史和基因資料，我們希望你今天可以過來做個詳細評估。但也別擔心，如果確實是雙相情緒障礙，我們可以開藥處理。」瑪西雅按照醫生的建議就診，也因為及早治療，得以維持健康穩定的心理狀態。

現在基因定序已很普遍，如果能結合AI，醫病雙方都將能更深入地瞭解個體風險，以及根據病人基因檔案量身打造的治療選項[59]。未來，定期追蹤血液和尿液，據此檢驗是否含有癌症DNA片段，將成為癌症篩檢的常態做法；除了智慧手錶和健康追蹤器等穿戴式裝置外，人類也會開始將類似連續血糖監測器的設備植入體內，以利持續掌握血液和器官功能。這些資料還能整合到電子病歷中，雖然資料量可能大到人類醫師無法自行檢閱，但AI診斷助手可以幫忙偵測潛在的疾病跡象或異常狀況，讓醫生知道必須進一步調查。在這波AI個人化醫療革命下，人類應該可以活得更長久、更健康。

不是人人適用

不過，要實現這種個人化醫療的願景，AI開發人員和使用AI的醫療體系在決策時，都必須十分謹慎。許多AI系統的訓練資料，其實並不適用於系統協助處理的病患。舉例來說，Google DeepMind和美國退伍軍人醫療管理局（Veterans Administration）的醫院曾合作開發演算法，用來偵測急性腎損傷，不過訓練資料是來自該機構管理的醫院，病人幾乎都是男性，因此後續研究發現，這個演算法對女性患者的效果不佳[60]。另外也有許多AI模型用特定醫院的資料訓練完成後，換到其他環境使用時成效很不理想。

資料收集、清理和標記作業如果太馬虎，可能會導致AI模型測試時看似準確，但在真實世界卻成效不良。2020年的一項大型研究探討COVID-19疫情期間開發的232種算法，這些演算法的開發目的，都是要幫助醫生進行診斷或預後，但研究顯示，當中沒有任何一種適合臨床使用，另外也只有兩種看起來比較有希望，值得進一步測試[61]；另一項研究則探討市面上的415款工具，其設計宗旨是要協助放射科醫生識讀X光影像和CT掃描，偵測COVID-19的跡象，但結果同樣顯示這些工具都不能用於臨床[62]。這樣的研究結果雖然驚人，但其實相當常見。此外，基因組研究的參與者中，黑人和拉丁美洲人的比例不到3%，白人臨床受試者的比例則高達86%，可見多元性不足，以此資料訓練而成的AI模型用在占比較低的族群身上時，可能也較不準確[63]。

目前，AI企業通常都能直接把軟體賣給醫生和醫院，很少被要求在販售前先證明產品適用於多元族群[64]。現有的監管制度還無法因應AI帶來的問題，病人的安全也因此缺乏保障。在許多情況下，供醫生使用的AI「決策支援」工具，並不須經過美國食品藥物管理局（Food and Drug Administration，FDA）審核[65]；即使有申請批准，也通常是選擇透過FDA的510(k)快速流程進行，基本上，科技公司只要證明自家軟體「大致等同」FDA已核准的軟體即可。截至2023年12月，FDA已批准超過700種AI模型，大部分是用於放射科和心臟科，但幾乎沒有任何模型通過隨機控制試驗的臨床驗證，無法確定能否改善病人的預後[66]。多數模型都只有開發的企業掛擔保，保證和現有的軟體一樣有效，FDA也直接照單全收。

此外，FDA也很容易接受企業用平均效能指標當證明，但其實真正重要的，應該是系統用於各個子群體時的表現。舉例來說，企業可能聲稱某系統的準確率高達95%，但如果最可能遺漏的那5%肺癌，剛好也是攻擊性最強的癌症種類，那麼95%準確率等同是個誤導人的幌子；此外，黑人、其他少數族群和女性在醫學資料庫中的占比過低，所以整體的準確值並不能充分反映模型在這些病患身上的效果[67]，導致許多醫生對AI軟體有疑慮[68]，而且他們也確實有理由擔心。

當前系統的缺陷還不只如此。舉例來說，FDA規定只有商業銷售型軟體才須獲得批准，但現在有些醫院已開始請AI企業幫忙量身打造AI模型，以醫院自有的病患資料訓練，打算用於自家醫院[69]。這些模型無須通過監管機構核可，卻也可能傷害病人。

AI 來了，你還不開始準備嗎？

如果想讓更廣大的族群受惠於AI帶來的醫療效益，政府同樣得有所作為，否則即使個人化醫療的新時代到來，也只有富裕階級能享受，再次顯示AI可能導致社會不平等更惡化。AI發展到最後，大家或許都能活得更久、更健康，但在那一天到來之前，大概只有掌握特權的少數人能長命百歲。

用AI散播恐怖

不過即使是握有最多特權的族群，也很難倖免於科學結合AI所帶來的威脅。AI技術能加快新藥研發上市，但也可以用來製造新型生化武器[70]：LLM或許很快就能開始設計蛋白質，偏偏也可能被拿去生成致命病毒，或是可製造神經毒素的細菌。現在市面上盛行許多新的相關技術，包括CRISPR基因編輯，以及成本相對較低的可攜式DNA印表機等等，後者甚至只需一個按鈕指令，就能印出DNA片段。這些技術如果再與AI結合，恐怖組織、末日教派或是流氓政府，都有可能製作出毀滅性的病原體。

如果想抑制相關風險，推動科學的速度勢必得放慢，但政府一定得實施合理措施，來避免生化武器擴散，即使可能對前景看好的生技新創和學術人員造成阻力，並提高成本，也不能坐視不管。相關當局應審慎發照，控制DNA印表機的銷售和出口，而且至少應比照目前處理放射性物質和可能致命化學物的嚴格規定[71]；此外，也應訂立特殊認證制度，來監管操作基因組和蛋白質LLM、DNA印表機等實驗室器材的企業,同時追蹤並監控企業活動,而且最好能與各國達成共識,以全球統一的方式執行。

令人稍微慰藉的是,可開發生化武器的技術,也能提升人類對抗生化攻擊的能力[72]:AI能強化監控系統,偵測病原體出現的跡象;如果發現生化攻擊,AI也能幫助我們在超短時間內研發出新的疫苗和治療方法。

潛在的生化恐怖主義或許令人不寒而慄,但我們也必須同時考量AI改善人類生活與健康的潛力,更不能忘了AI可協助科學家解決氣候變遷、永續發展等挑戰;此外,AI或許還能解開宇宙的奧祕和人類史上的謎團,讓我們更深入瞭解世界的現況。總而言之,AI很有潛力能大幅改善人類生活,並讓我們飛快累積知識;相比之下,生化武器的風險雖然也因AI而升高,但應該是值得承擔的代價。

Chapter 10
雷聲大雨點小

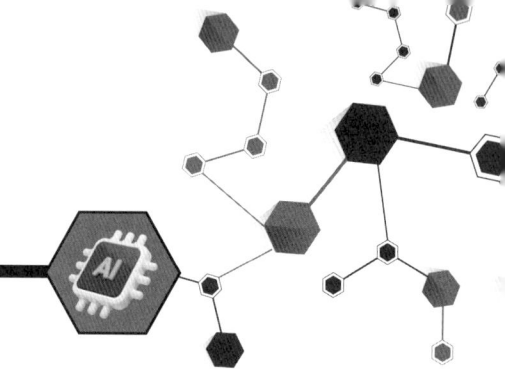

在 AI 信徒希望此技術帶來的眾多科學突破中,最受期待的幾項都和緩解氣候變遷有關,例如生產更節省能源的電池,以更有效率的方式製造肥料、水泥與氫氣,另外長期困擾科學界的核融合利用,也因 AI 出現而有了新希望。科學家已證明 AI 能在這些領域帶來進步,AI 專家則開始用這項技術控管電力網路,加強風力和太陽能等再生能源發電。

企業與政府也已著手導入 AI,盼能減輕氣候變遷的影響:AI 能更精準地預測天氣,協助民眾及時撤離,免受風暴和洪水威脅;長期模擬海平面上升和極端氣候模式,則可協助各縣市建置防洪設施及降溫中心,並強化建築法規,或鼓勵居民搬到較安全的地方。有些人全力支持 AI 加速發展,認為最好能開發到人類等級的通用人工智慧(AGI),甚至是遠比你我更聰明的超級人工智慧(ASI)。他們常說人類**不能沒有** AI 科技,否則不可能逃脫氣候變遷的困境。但事實上,這些擁護者經常以這種論點為藉口,完全忽視 ASI 造成的安全疑慮和 AI 管制法規,還聲稱延緩 AGI 和 ASI 的開發,可能會造成全球性的大災難。

Chapter 10　雷聲大雨點小

在對抗氣候變遷的路上，AI確實在小處幫上許多忙，但AI狂熱擁護者提倡的觀點並不正確——AI不會「解決氣候變遷[1]」，甚至可能使現況更惡化，因為這種技術極度耗電。超大模型帶動了生成式AI革命，但消耗的能源也遠多過其他類型的電腦科技。隨著AI技術日漸融入我們日常使用的產品，碳足跡也愈積愈多，曾經承諾碳中和的企業與政府，大概都將因此食言。此外，AI運作所需的晶片產熱也高於一般電腦晶片，所以又須要投入更多能源來冷卻資料中心。

除了龐大碳足跡以外，從其他角度來看，AI其實也不怎麼環保。替資料中心降溫不只需要電力而已，還得使用大量的水，會使地方資源緊縮。另一方面，製造AI晶片和開發晶片元件所需的礦物原料也很耗能源，過程中用到的有毒化學物還可能滲入土壤和地下水中。換言之，要說我們最需要AI帶來什麼科技突破的話，大概就是讓AI本身變得更環保。否則，開發出超級AI的同時，可能也會賠上整個地球。

AI來救援？

傑克‧凱利（Jack Kelly）曾在Google DeepMind擔任機器學習工程師，研究是否能用AI提升風速預測的準確性，如果成功，電網營運方就能隨時掌握有多少風能可用，藉此平衡電力供需，而不必將大量燃氣渦輪機維持在「旋轉備轉」狀態（spinning reserve）。

AI 來了,你還不開始準備嗎?

這種燃氣發電裝置是電網的備用發電機,必須隨時保持運作,以防風力和太陽能等再生能源不穩,突然造成意外的電力短缺。更糟的是,多數電網營運商都要求備轉發電廠以50%的效能操作燃氣渦輪機,這樣如果需求激增,渦輪機才能立即加速因應。但在效能只有50%的情況下,渦輪機的能源效率遠低於全速運行時的狀態,會導致不必要的二氧化碳排放。預測精確度若能提升,就不必再有那麼多發電廠為了防患未然而全天候運作。DeepMind的這項專案,最初是用於為美國中部谷歌資料中心供電的風場,最多可精準預測36小時內的風力狀況[2]。

凱利想做的不止是風力觀測而已,氣候變遷使他十分恐慌,感到全世界似乎已真的在燃燒[3]。他很確定AI能派上用場,但也覺得處處受限。DeepMind擁有大量的資金、人才和運算資源,但大家必須相互爭搶,畢竟他想處理氣候變遷,其他團隊則可能想研究蛋白質折疊,或開發能在電玩遊戲中擊敗人類玩家的系統。另一個問題在於DeepMind的風力預測軟體使用了谷歌的一些專有資料。谷歌認為,如果把這些資料公開,跟再生能源公司購買電力時,對方可能會有談判優勢,科技業的競爭對手可能也會得以壓低營運資料中心的成本。但凱利認為,要帶來真正的改變,就必須免費、公開地共享所有AI工具,所以在2018年,他決定離開谷歌,在倫敦與合夥人共同創辦非營利AI實驗室Open Climate Fix,致力建構開放原始碼資料和軟體來對抗氣候變遷。

凱利在新實驗室的第一個專案,深受他在DeepMind的風力預測工作影響[4]。Open Climate Fix和英國國家電網公司National Grid合作,利用AI提高太陽能預測的準確度。在英國使用的各項再生能源中,太陽能的變異最大。這方面的供電主要來自幾個大型太陽能場,許多民眾也會在自家屋頂裝太陽能板,主要供應住家用電需求,如洗衣服、烤麵包、看電視等,多餘的電力則輸送到電網。但其實這也會對電網公司造成問題:如果民眾住處剛好有太陽,對電網電力的需求會突然降低;雲層經過時,需求又會快速回升。

在英國,全年幾乎每天都有陰晴變化,即使只是短短一小時內,電力需求也可能會有顯著升降,也因此,電網必須將許多燃氣渦輪機維持在效能減半的旋轉備轉狀態,以免電力需求突然飆升,就像風力發電一樣。凱利帶領Open Climate Fix團隊,利用每5分鐘拍攝一次的衛星影像來訓練AI系統,可更準確地預測接下來幾分鐘到七天後的太陽能需求,效果非常好:這家新創實驗室對接下來兩小時預測的精準度,是英國國家電網公司先前的3倍,平均誤差也從600兆瓦降到200兆瓦,足以讓電網中的好幾部渦輪機不必再備轉。現在,Open Climate Fix也逐步將太陽能發電預測工具提供給全球其他地區使用,其中印度正在拉賈斯坦邦(Rajasthan)建設大規模的太陽能場。

AI不是萬靈丹

除了Open Climate Fix,還有幾十個單位也在努力運用AI降低碳排放,譬如谷歌的Green Light計畫透過AI分析擁擠城市的交通模式,研擬紅綠燈的配置方式,降低車輛等紅燈時排放的二

AI 來了，你還不開始準備嗎？

氧化碳[5]。谷歌在2022和2023年進行試驗，範圍涵蓋以色列海法（Haifa）、巴西里約熱內盧（Rio）、印度邦加羅爾（Bangalore）等全球12個城市的70個交叉口，結果顯示等紅燈的車輛減少30%，這些路口處的二氧化碳排放也減少10%；新創公司DroneDeploy則使用無人機從空中監控太陽能場，並以機器學習軟體推薦效率最佳的太陽能板配置，將各場點的能源產出最大化[6]。此技術也能辨識出運作效率較低的受損或髒污面板，以利清潔或維修作業。

這每一分微小貢獻，都讓我們離淨零排放愈來愈近，有些科學家也正在利用AI尋求突破，以期帶來更大的影響。矽谷新創公司Aionics與德國電池製造商Cellforce合作，利用AI探索新的電解質材料，希望製造出效率更高的電池[7]。如果成功，電動車的續航力將會大增，變得更能吸引消費者，國家電網甚至也可以完全用再生能源發電，不怕天氣不佳。

我們在前一章曾提到，美國和歐洲的實驗室已成功運用AI，更有效地控制核融合反應爐內的超熱電漿[8]。在對抗氣候變遷的戰役中，這方面的突破確實會帶來重大優勢，但是否能光靠AI就徹底發揮核融合的功效，現在還不明朗。目前核融合反應爐產生的能量，並沒有比維持反應爐運作所需的巨量能源高出多少，而且光是達成這小小的進步，就已耗費研究人員數十年的時間了[9]。

多數情況下，AI都有幫上小忙，但無法提供全面的解方。AI肯定會幫助人類適應環境變化，減少因天災喪命的人數[10]，不過我們也不能因此而被迷惑，因為在氣候變遷的議題上，AI並不是「解決之道」反而是問題的一部分，而且還急遽惡化。

Chapter 10　雷聲大雨點小

> **庫梅定律瓦解**

所謂的摩爾定律（Moore's law），是以英特爾（Intel）的共同創辦人高登・摩爾（Gordon Moore）命名，意思是相同尺寸晶片可容納的電晶體數量，每兩年就會翻倍[11]。這項定律帶動運算耗能下降，史丹福大學的氣候學者喬納森・庫梅（Jonathan Koomey）在2010年指出，從1940年代中期以來，運算作業的電力使用效率每1.6年就會成長一倍，速度超越了摩爾定律[12]。智慧型手機愈來愈受歡迎，消費者需要更長的電池壽命，所以提供了誘因，讓晶片設計公司有動力不斷挑戰極限。

話雖如此，摩爾定律近幾十年來已經放緩，庫梅定律也跟著減慢，2000年起，運算效率翻倍所需的時間已拉長到2.7年[13]，而且AI爆炸性成長（尤其是LLM和其他生成式AI模型），完全打破了庫梅的推論，主要原因有二：現今大型AI模型需要的GPU通常比其他類型的電腦晶片更耗能源[14]，而且規模最大的AI模型甚至需要成千上萬的GPU，全部都必須在龐大的資料中心相互連結、共同運作。

各方估算AI碳足跡的結果各不相同，但有一點很清楚：數字非常大，而且想用AI模型的人愈來愈多，未來的碳足跡只會增加。一份估算報告顯示，訓練GPT-3（OpenAI於2020年推出的LLM，是ChatGPT的前身）模型排放的二氧化碳總量，等同開全新汽車行駛大約70萬公里，相當於往返月球的距離[15]。該報告的作者寫道，AI「可能會使氣候變遷大幅加劇」[16]。

AI 來了，你還不開始準備嗎？

　　AI公司Hugging Face的研究人員估計，該公司的BLOOM LLM在訓練過程中產生25公噸的二氧化碳，整個生命週期的碳足跡（包括製造訓練用GPU及訓練後執行模型排放的二氧化碳）則高達兩倍，等同60趟橫跨大西洋的飛行[17]。而且BLOOM規模還算小，大概只有GPT-4的十分之一[18]。更大的模型需要更多的GPU，能源消耗量也會更大。過去十年來，最強AI模型的規模大約每三個月就會翻倍，但在2012到2018年間，訓練AI模型所需的電力卻暴增了30萬倍[19]。

　　值得慶幸的是，Hugging Face是在法國訓練BLOOM模型，當地大部分的能源是來自無碳的核能發電廠[20]；相較之下，如果是在主要以化石燃料發電的地區（如印度和中國），訓練LLM的碳足跡就會高出許多。而且在機器學習模型的生命週期中，大部分的能量消耗是發生在訓練完成後的模型實際運作階段[21]。與先前的大部分軟體及早期的機器學習系統相比，LLM和其他生成式AI模型每次生成回應所需的能源都高出許多。根據某些AI專家的估算，和AI聊天機器人來回對話一次所需的運算資源，是傳統搜尋引擎的4到5倍，光是問GPT-4一個問題，就可能耗用等同智慧型手機三分之一電力的能源[22]。

　　科技公司不喜歡討論AI的碳足跡，對此議題多半三緘其口，但也有幾家企業會在年度永續性報告中，透露資料中心的能源使用狀況。事實上，資料中心的能源使用效率有所增長，在2010到2020的十年間，全球資料中心的能源消耗提高大約6%，但運算能力則飆升550%，不過對電力的整體需求仍持續增加，就像無底洞一般[23]。現在，北美和歐洲大型科技公司營運的資料中心，主要都是

Chapter 10　雷聲大雨點小

使用再生能源,也有些分析指出,能源公司如果有固定的大客戶,會比較有信心投入再生能源發展計畫,所以這些科技巨頭的需求其實對綠能開發大有幫助[24]。不過目前也有相關跡象顯示 AI 的耗能太大,科技公司會逐漸被迫開發其他能源,譬如微軟最近就提議利用 AI,來加快美國核准新核電廠的程序[25]。

此外,AI 占用的電力比率也愈來愈高,以谷歌在 2021 年使用的總電量而言,AI 就占了 10% 到 15%,即每年 2.3 兆瓦小時,等同於亞特蘭大整個城市整年所需的能源[26]。為了提供 LLM 和其他大型 AI 模型的服務給使用者,業界主要的網路雲端服務供應商都在迅速擴大資料中心產能,在 2023 年,微軟、谷歌和亞馬遜總共投入約 1,000 億美元來建置新的資料中心,美國銀行(Bank of America)的分析師還預測到了 2025 年,每年的投資額將衝破 1,200 億美元,甚至會持續成長[27]。相關研究估計,隨著 AI 應用日益普及,這項科技 2027 年將占全球耗電量的至少 0.5%[28]。開發 AI 模型的科技公司多半不願公開實際的能源使用狀況,所以我們也只能暫時相信這些估算值。眼前最迫切的問題,就是如何讓這些企業全面公開相關資料,否則實在無法評估 AI 真正的影響。

有水喝不得

AI 就像大胃王,不僅很吃電力,也需要大量的水。製造 AI 運作所需晶片的工廠,以及配置這些晶片的資料中心,都會以驚人的

AI 來了，你還不開始準備嗎？

速度消耗水源。許多在地社區指控資料中心過度抽取地下水來冷卻設施[29]，而且 AI 應用程式在運作時，必須同時使用數千顆GPU，所以資料中心的溫度一直在上升。根據微軟的報告，從2021到2022年，該公司在全球的用水量激增34%，達到17億加侖，可以填滿2,500多個奧運標準游泳池[30]。會突然變成喝水怪獸，這並不是巧合——OpenAI正好就是在那年，於微軟的愛荷華資料中心訓練GPT-4。

微軟在第蒙市（Des Moines）外設有五個大型資料中心，在2022年夏季的耗水量非常多，占該地區整個夏天用水的6%，當地水資源主管機關也因此發出警告，表示微軟如果想進一步擴大資料中心，當局將會全力反對[31]。最近幾年夏天，西第蒙水廠（West Des Moines water company）都從浣熊河（Raccoon River）額外調水來因應用水增加，但其實浣熊河已經是美國最岌岌可危的河道之一了[32]。一如先前探討過的AI碳足跡問題，過度用水的情況也不會在AI模型訓練完畢後就消失。LLM和其他生成式AI在實際運作時，也比其他種類的軟體更吃水。加州大學河濱分校（University of California, Riverside）的研究人員任紹磊表示，據估計，和ChatGPT進行5到50次來回的對話，會消耗半公升的水[33]。谷歌自家的環境影響報告則顯示，從2021到2022年，其工作現場的用水量增加了20%，很可能是因為加大AI開發力道的緣故[34]。

只要是有建設大型資料中心的地方，這個問題就會重演，偏偏卻有許多水資源本來就很緊繃的地點被選中，像是內華達州的拉斯維加斯、亞利桑那州的梅薩市（Mesa）等等。科技公司明知這些地方平均氣溫很高，卻還是選擇設廠，是因為太陽能和核能發電便宜、土地價格實惠，還有稅務獎勵。但在高溫地區設置資料中心,會對地下水資源造成壓力,導致水源無法永續利用。維吉尼亞理工學院(Virginia Tech)和勞倫斯伯克萊國家實驗室(Lawrence Berkeley National Laboratory)的一項聯合研究發現,共有五分之一的資料中心,是仰賴處於中度到高度壓力的流域[35]。

許多公司都有提供自家資料中心用水情況的概略資訊,但我們應該呼籲企業揭露更詳細的內容。如果企業不願響應,那則應由政府機關強制規定,例如美國內政部的墾務局(Department of the Interior's Bureau of Reclamation)、地質調查局的地下水處(U.S. Geological Survey's Office of Groundwater),以及國家環境保護局(Environmental Protection Agency)等等。ESG(Environmental, Social, Governance,環境、社會和治理)投資機構也可以利用自身的影響力,讓雲端服務供應商在財務上也有減少用水的動機。

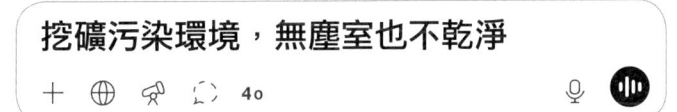

挖礦污染環境,無塵室也不乾淨

在 AI 榮景背後,晶片是一切的基礎,但製造晶片會對環境造成許多污染。GPU 需要的稀土元素比例比其他晶片高,還會用到鉻、鎘、汞、鉛、鈷、鎢和硼,而挖掘這些金屬又會產生大量碳排放,可說是環境殺手。稀土元素及上述的多種礦物都是從開放式礦場開採,然後移至化學清洗池中浸泡,可能會污染地下水和附近的河流[36]。此外,具有放射性的釷和鈾常會出現在稀土金屬附近。根據估計,每生產一公噸的稀土,大約會產生 2,000 公噸的有毒廢料。

AI 來了,你還不開始準備嗎?

與開採原料的礦場相比,製造晶片的廠房則給人一塵不染的感覺。工廠員工全副武裝,身穿白色的連帽防護服,戴著安全護目鏡、手套和口罩,大家都專心看著反射虹彩光澤的閃亮矽晶圓。這裡就是晶圓廠所謂的「無塵室」,之所以這麼叫,是因為工廠會儘可能消除污染物質,避免刻在晶圓表面的微電路效能受損。不過,媒體對晶圓廠無塵室的聚焦報導似乎造成了誤解,使人以為電腦晶片的製程「乾淨」又環保,但事實絕非如此。製造晶片非常耗水耗電,還會用到大量的有毒化學物質。

台灣積體電路製造公司(TSMC,台積電)以高達56%的市占率制霸半導體界[37],不僅替專賣AI GPU的產業龍頭輝達代工,也替谷歌和微軟生產AI專用晶片[38]。台積電的耗電量超過全台灣的6%[39],在2022年排放的二氧化碳更多達1,160萬公噸[40],是福特(Ford)和通用汽車(General Motors)的3到4倍[41]。該公司正努力朝碳中和邁進,承諾在2050年前完全改用再生能源[42]。在2021年,台積電曾簽署當時全球最大的企業可再生能源採購協議,同意從丹麥能源公司沃旭能源(Orsted)在台灣海峽建設的大型風電場,購買台灣晶圓製廠需要的所有能源,可望為半導體業樹立標準,但一直到現在,其再生能源用量仍相當有限。台積電在2022年表示,在他們遍布全球的晶圓廠中,再生能源僅占總耗能的10.4%[43]。

製造GPU對環境的破壞,也體現在其他層面。根據台積電自家的報告,光是2022年,該公司在台灣的製造工廠就用掉9,680萬噸的水,雖然他們同時聲稱會將大約85%回收,但實際算下來,還是占用了幾百萬噸的在地資源[44]。近年來,台灣一直面臨乾旱問題,當地農民也發出抗議,把缺水問題歸咎於台積電[45]。此外,半導體產製也可能造成嚴重污染，因為製程中會用到「永久性」的化學物質，不易在環境中分解，譬如對晶片製造不可或缺的PFAS（全氟及多氟烷基物質），已證實與生育問題、胎兒發育緩慢、肝病和癌症相關[46]。目前歐洲已在研議禁用PFAS，化學物製造商3M也自願在2025前停止生產，使得台積電不得不和供應商召開緊急會議，確保晶片生產不受影響。但就現今的晶片製程而言，還沒有任何物質可取代PFAS[47]。

防止有毒化學物質流入環境方面，半導體產業向來也表現不佳。在孕育出美國半導體業的矽谷，有多處被環境保護局列為需要綠化清理基金（Superfund）的重大污染地，土壤和地下水都遭到半導體工廠流出的化學物質污染，也已證實和流產率飆升、其他生育問題及癌症有關，谷歌在加州山景城（Mountain View）的部分園區就是其中一處[48]。眼見台積電和其他半導體製造商紛紛計畫在美國設廠[49]，環境保護局和其他政府機關都應保持警惕，確保在製造業回流美國的同時，污染物質不會同步流回地下水和土壤中。

好壞雙面刃

我們或許需要AI的幫忙，才能找出把AI變乾淨、變環保的方法。如果繼續以目前的速度採用這項技術，而不想辦法減少碳足跡、用水量和有毒物質，那環境只會變得更糟，人類生活也不可能改善。科學家可以運用AI，尋找比較環保的GPU製造和運作

AI 來了,你還不開始準備嗎?

方式,也或許能找到本質上更節能的全新 AI 模式。根據估算,和 ChatGPT 回答一個問題所需的能源相比,人類大腦一整天消耗的能量還不到十分之一[50]。如果能開發出能量消耗模式與大腦相似的 AI,肯定會是不可思議的突破。

　　我在本章曾提到,AI 能從許多小處帶來改變,協助人類對抗氣候變遷、提升永續性。這些改變在解決問題的路上固然很重要,但 AI 並無法替我們消除眼前最大的障礙,其中最難處理的終究是政治和人性,而不是資料或政策。在許多情況下,我們其實知道該怎麼達到淨零排放,也已經擁有必要科技,但卻缺乏政治和經濟上的決心。要真正「解決」氣候變遷問題並打造永續未來,人類必須運用自我的智慧尋求答案,不能只靠 AI 幫忙。

Chapter 11
信任炸彈

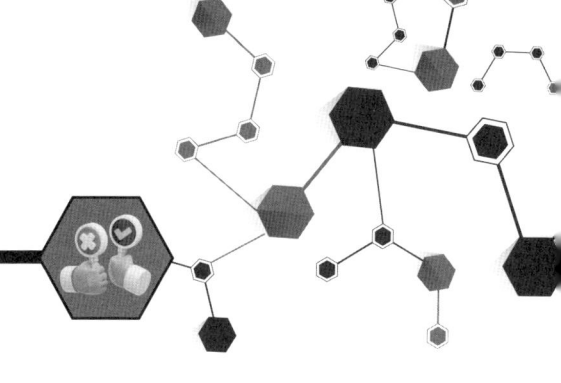

　　要對抗氣候變遷必須有政治上的勇氣，敢於做出艱難的政策決定，而大眾也得願意為了共同利益犧牲小我。但在當今的社會，眾人幾乎沒什麼向心力，對政府、社會制度和彼此的信任，都已跌到歷史新低。信任是所有人類社會最重要的貨幣，公民必須相信彼此的判斷和集體的智慧，才能打下民主根基。在 AI 的協助下，政府或許可以更快、更容易察覺民眾關切的議題並予以回應，但如果我們不趕緊行動，AI 很可能會連現在仍殘存的那一點點信任都摧毀。

　　AI 能製造大量的深偽影片和錯誤資訊，左右選舉結果並加劇兩極化，使民主程序難以順利執行。AI 也可能會侵犯個人的安全與隱私，因為不肖分子可能會藉此詐欺，駭客也更容易能竊取受害者的私密資訊。在這些威脅之下，政府如果未能強力制止，可能會嚴重破壞大眾對民主的信任。

　　錯誤資訊和詐欺氾濫的**趨勢**，可能會更加毒化目前已奄奄一息的資訊生態系，甚至造成無法挽回的後果。如果不知道還有什麼能相信，民眾便會開始和政府與制度疏遠，變得憤世嫉俗、自私、多疑又虛無。恐慌又困惑的我們，會回頭尋求同溫層的安慰，只躲在自己的小圈子裡，導致社群意識破碎，最終引發無人能解的危機。

AI 來了，你還不開始準備嗎？

AI 也可能會逐漸侵蝕自由與平等，也就是民主的基本原則。美國和其他西方國家有時或許沒能達成這些理想，但 AI 問世後，則更有可能加深系統性偏見，並掩蓋種族主義、性別歧視和其他形式的刻板印象。我們必須督促政府立即採取行動，因應 AI 對民主社會造成的三大威脅：信任威脅、安全與隱私威脅、自由與平等威脅。其中，對平等的威脅大概是 AI 最可怕的效應，也是大家最少談論的議題，我們會最先探討。

> 如果你請得起人類……

在 AI 無所不在的時代，一道災難性的鴻溝正逐漸成形，可能撕裂社會：一邊的人經濟狀況較佳，負擔得起人類服務，在工作上也能與真人互動；另一邊的人則漸漸只能被 AI 管理，也只用得起 AI 提供的服務。這樣的情況已浮現在許多領域，譬如有錢人能負擔私人理專和旅行顧問，可以透過電話聯絡，甚至親自見面；相較之下，大部分的人則必須用手機應用程式和網站自行處理相關事務，如果遇到問題，也只能問聊天機器人或無止盡地等待，最後也只能和菲律賓或印度的某個客服專員說上話。未來，這種兩極化的現象可能會出現在生活中愈來愈多的領域。

隨著 AI 助理日益進步，能處理更多客戶需求，企業可能會開始加收費用，這樣一來，有經濟能力的客戶就得額外付費，才能換取親切的人類專員替他們解決問題。富裕階級將繼續用金錢購買真人服務,請人替他們打理生活,其他人則只能仰賴AI助手;有錢人仍會請家教來教小孩,沒錢的話,就只能看孩子受AI教育;而且誠如第4章所述,受過教育的菁英在工作上將保有高度自主性,還會有AI助手支援,反觀藍領階級和服務業工作者則可能發現自己猶如半機器人——雖然還是人,但工作的分分秒秒都會由嚴苛無情的AI經理主導,人類本來的自主意志將逐漸變成奢侈品。

在任何環境下,自主權被剝奪都會造成不穩定,也可能引發抗爭,不過貧者與富者日常受到的待遇如果愈差愈多,在民主社會中特別危險,那些被降級到只能與AI互動的人將感到憤恨,對菁英階層更怨、更不信任。這樣的分化會讓人認為社會和政府體制並不是為所有人服務,也會削減國家內部的凝聚力,製造出階級化的雙層社會,上層與下層的生活日益分化,也愈來愈不平等。

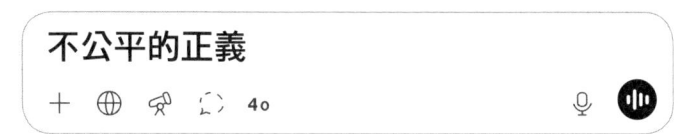

不公平的正義

有餘裕享受人類互動的族群和其他人之間,將存在一道鴻溝,但這絕不會是因AI而惡化的唯一問題。如果設計、開發及使用AI的方法不當,就算再怎麼努力提升種族和性別平等,成效也會大打折扣。自由與機會平等是奠定美國民主制度的根本原則,雖然政府經常沒能實踐,但並不代表這些理想不值得堅持。在加強平等方面,AI其實很有潛力,因為理論上而言,這項技術應該有助克服個人主觀判斷帶來的偏見,但許多AI系統的建構方式卻造成了反

AI 來了,你還不開始準備嗎?

效果。這些系統往往是以人類產生的歷史資料來訓練,很容易強化並放大既有的偏見;更糟的是,開發機構還能用客觀的表象掩蓋問題,逃避造成不公不義的責任。這樣的情況之所以危險,原因有二:首先當然是會對社會造成實質傷害,而且這麼做本來就不對;第二則是會侵蝕人民對美國的信任。

AI在執法領域的應用,衍生出許多令人擔憂的隱性偏見問題。舉例來說,有一款廣爲販售的演算法,是用來協助法官和假釋委員「根據風險」做出判斷,決定應該給誰出獄的機會[1]。但相關資料顯示,如果白人和黑人犯下的罪行相當,演算法推薦提前釋放白人的機率高出許多,基本上就是低估了白人罪犯的再犯率,對於黑人則是高估;某些宣稱能幫助警方預測犯罪「熱點」的工具,也導致黑人和其他少數族群社區被捕的人數超高[2],主要是因爲這種預測型AI系統是用過往的逮捕資料訓練,偏偏這些資料中又存在警察執法時的系統性偏見,這情況與主要是白人居住的富裕社區相比,警察機關在處理貧困非白人社區的事務時,經常會加重力道,並採行不同的標準與執法方式,例如在路上直接攔截盤查等[3]。

使用逮捕資料而不是定罪資料,也可能產生風險[4]。「一開始就用了錯誤的資料,再用工具處理後會變得更糟。」科羅拉多大學博爾德分校(University of Colorado Boulder)的演算法偏誤研究員凱蒂・華盛頓(Katy Washington)這麼告訴《MIT科技評論》(*MIT Technology Review*)。另一大問題則是警方使用人臉辨識軟體,相關資料已經證實,多數系統處理膚色較深的臉孔時準確度較低,對黑人女性又特別不準[5]。Clearview是一款備受爭議的人臉辨識應用程式,因從社群媒體網站搜刮大量資料,而被控違反網站條款與條件,以及伊利諾州等地的州級法律,造成了隱私權方面的疑慮,而且也未曾接受獨立驗證,來證明其準確性和公正性[6]。話雖如此,美國警察部門卻仍大規模採用Clearview。

這些缺陷受到廣大媒體關注,執法機關卻仍持續走向「精準執法」,畢竟在資料分析的掩護之下,警察機構就能營造出公正毫無偏見的假象,派員警出去巡邏時,也可以聲稱是根據資料來決定地點來逃避可能的責任[7]。

美國的執法單位向來存在種族歧視問題,如果單用過往的資料訓練,AI系統大概只會強化既有偏見。因此,如果要把AI軟體用於執法,就必須把「平等」列為和預測準確度一樣重要的目標,藉此抵銷過往資料中的種族歧視。實務上而言,這代表系統必須降低有色人種犯罪的權重,這樣總體結果才可能會公平[8]。不過,這種建構方式也可能引發反感,畢竟有些人會很直觀地認為,完全不分膚色的正義才是正義。歐盟目前已通過《人工智慧法案》(AI Act),禁止執法部門使用即時人臉辨識軟體(但可用來分析影片),並將執法機關的所有AI應用都歸類為「高風險」作業,代表必須遵循最嚴格的規定,以利評估並消除潛在的風險(偏見就是其中之一)[9]。美國也應該效法歐盟實行嚴格標準,規範AI在執法及司法層面的應用。

人為決策難免帶有偏見成分,所以有些人認為AI能帶來公平公正。美國公民自由聯盟(American Civil Liberties Union)研究了2017年引進紐澤西州的風險評估工具,發現被關進監獄等待審訊的人數因AI而減少20%[10]。但要達到這樣的效果,有一個很重要的前提:使用時得深思熟慮,**也必須**正確導入。舉例來說,肯塔基州

AI 來了，你還不開始準備嗎？

對風險分數工具的研究顯示，雖然提供分數的本意是要協助法官決策，進而降低收監率，但每個法官對評分的解讀方式不一，所以處理手法也不同[11]。

或許我們應該正視 Eliza 開發者維森鮑姆的嚴正警告：即使證明機器能比人類客觀，仍不該讓機器參與涉及個人自由的決策。對於生命影響如此深遠的決定，應該只能由真正活過、嚐過生命滋味的真人來負責。說到正義，我們追求的只有客觀嗎？還是也要公平地根據主觀經驗，給予人性化的同理？

社會上的確存在不公平、不一致、貪污和人類偏見等各種問題，也正因為如此，政府一開始才會採用風險評分機制和相關演算法。但官員往往沒能對模型的訓練資料提出該有的質疑，對實際結果的監督也不夠積極。如果引發有害或丟臉的後果，拿 AI 當藉口還很方便，可以聲稱「我們只是照演算法行事」，就好像以前說「我們只是照規矩來而已」，藉此逃避責任、避免被追究。我們不能讓政客和公務員這麼容易擺脫責任，同時也不該為了方便而盲目相信 AI 一定最準，放棄自己的專業判斷、常識推理和道德直覺。

不平的機會

種族和性別歧視不只會帶來司法不公，在其他領域也可能造成一輩子的後果：金融界或許會開始用 AI 進行評估，拒絕承保或貸款給某些族群；醫療保健方面，AI 輔助制定的決策，甚至可能直接影

Chapter 11　信任炸彈

響生死存亡。2019年有一項代表性研究，調查一款曾用於評估美國1億多名病患醫療需求的常見風險衡量工具，結果發現工具對黑人病患的判斷有偏誤，與風險分數相同的白人相比，黑人的病況往往嚴重許多[12]。研究人員在結論中提到，如果演算法沒有偏誤的話，根據風險分數為黑人病患提供額外照護的比例，應該會從18%提高到47%。

AI系統之所以會有偏見，是因為餵給模型的資料本身就有偏誤，譬如根據估計，美國臨床試驗受試者中的黑人病患占比不到5%[13]。多年來，醫生和護士在處理疼痛等症狀時，對黑人及其他少數族群的病人也往往疏於治療，有時是因為認知錯誤，以為各種族的耐痛程度不同或身體的構造有差異[14]。一如我們在上節提到的司法系統，AI也可能為醫療領域蒙上看似完美的技術面紗，實際上則是掩蓋偏見。醫療人員如果不知道用來診斷、治療病人的軟體藏有偏誤，可能會誤以為AI技術比自己的判斷更準、更客觀。不過，我們在討論執法應用時已提過，如果真的希望能用AI系統克服長久以來的不平等，就必須特別以消除過往偏見為開發目標，並採取適當的訓練方式才行。

金融服務方面，種族和性別歧視的影響同樣隱匿而危險。美國的放款機構必須採取適當的貸款制度，避免對拉丁族裔和女性等受保護的群體產生「差別影響」（disparate impact）。必須注意的是，監管機構和法院都曾表示，即使收入和信用分數等傳統指標和性別、種族高度相關，放款方仍可根據這些指標來評定信貸風險，但導入AI以後，AI還能按照其他許多資料預測還款能力。這些資料表面上看起來客觀，但實際上可能會間接反映出受保護群體的特徵。

AI 來了，你還不開始準備嗎？

歐洲一項研究顯示，和信用分數相比，有五種資料能更精確地預估還款能力：裝置品牌（Mac或PC）、裝置類型（手機、平板或電腦）、申請貸款的時段、電子郵件網域（Gmail或Hotmail）、電子郵件地址，是否含有申請者的全名或名字的一部分[15]。不過研究人員也發現，這些資料其實都和受保護的群體有關聯（譬如白人擁有Mac的機率較高），可能不符合美國的貸款法規。不過，放款機構可以主張從信貸風險演算法中拿掉任何一項資料，都會使價格預測的準確度下降，藉此規避禁止差別影響的法律。換句話說，放貸方和保險公司要是有心操弄體制，簡直輕而易舉[16]。

反之，如果我們願意以創新、負責任的方式使用科技，AI其實能讓以往處於弱勢的群體比較容易借款。VyStar Credit Union是美國最大的信用合作社之一，他們採用新創公司Zest AI的AI信貸風險評分軟體，來提高信用卡申請的批准率，效果在少數族群和其他長期弱勢的群體中特別明顯，核卡率成長20%以上，違約風險等級仍維持不變[17]。「好幾千人原本申請不到信用卡，現在都有機會了。」VyStar的貸款業務長珍妮．維珀曼（Jenny Vipperman）這麼說。

放大偏見

眼前的生成式AI大爆發，很可能使不平等大惡化，因為AI系統不僅會複製，還會放大既有的偏見，罪魁禍首同樣是過去的資料。假設把一個代名詞不清楚的句子丟給LLM，像是：「醫生打電話給護士,因為她早班遲到。」然後問模型「她」指的是誰——蘋果和斯沃斯莫爾學院(Swarthmore College)的研究人員最近就在實驗中問了LLM這個問題,並發現AI比較常會回答「護士」[18]。他們測試了四種開放大眾使用的LLM,結果顯示AI會強化偏見:LLM認為女性代名詞指涉傳統女性職業的機率高達7倍,判定男性代名詞指涉傳統男性職業的機率則只有3.8倍。

文字轉圖像的生成式AI模型可能更有問題。第8章曾提到,研究人員曾將測試結果發表於知名醫學期刊《The Lancet》:如果提示AI圖像生成軟體Midjourney描繪「非洲的黑人醫生在照顧生病的白人小孩」,模型根本無法正確回應,在99%的狀況下都是生成白人醫生和黑人小孩的圖像[19]。另一項研究則發現,在這類軟體生成的圖像中,高收入職業的從業人員通常膚色較淺而且是男性,低薪工作者則膚色較深[20]。

有許多方法可以消除這種偏見,提升資料收集品質就是其中之一[21];此外,也可以用離群值刻意過度訓練模型,或用電腦生成的例子建置合成資料集,填補實際資料集的空缺。不過,科技公司在建立大型基礎模型時,必須有意識地採取這些步驟,可惜目前並沒有企業這麼做。AI正快速應用在商業、教育和政府等領域的許多不同層面,所以很容易產生問題。

換句話說,其實使用AI並不一定會導致社會不平等惡化,但我們必須督促科技公司採取行動,把AI打造成推動平等的工具。歐盟制定《人工智慧法案》,就是在朝這個方向努力。該法案含有風險評估機制,適用於有歐洲客戶或員工的任何企業,所以基本上幾乎等同是全球性的標準。美國也應該訂立AI法規,強制要求對模型進

AI 來了，你還不開始準備嗎？

行偏誤測試。AI模型的開發應以促進平等為目標，聯邦貿易委員會（Federal Trade Commission）可帶頭規範通用型的AI系統，至於用途較特定的AI軟體（如第9章討論的醫院系統），則必須要由其他主管機關一同關注；聯邦儲備系統（Federal Reserve）、證券交易委員會（Securities and Exchange Commission）及州級保險監管機構，也應該尋求可提升財務平等的演算法。

我們固然希望在各方督促下，科技公司能確實消除自家軟體的偏見，但商業利益仍會是許多企業考量的要點。要減少偏見，LLM推出、應用的速度可能會減慢，使利潤下滑；反之，較小的AI模型則比較容易分析、控制，處理偏誤問題時也較不會影響營收[22]。

小偷與駭客福音

到目前為止，我們探討的信任危機，都是起因於AI開發和使用上的疏忽。不過最明顯的信任危機，其實是某些人可能會刻意濫用AI，藉此誤導、操弄受害者。

網際網路發明到現在，AI大概是不肖分子眼中最棒的禮物。以前假冒銀行的電子郵件中，往往會有文法錯誤和不自然的用語，不難看出是詐騙，可能是奈及利亞的騙子或俄羅斯的黑道想竊取你的密碼或帳戶資訊。但現在，即使英文不是母語的人，也可以用ChatGPT或其他LLM寫出以假亂真的網路釣魚信。有些人可能接過電話，聽到話筒另一端傳來姪子驚恐不已的聲音，邊哭邊說他被綁

Chapter 11 信任炸彈

架,如果你不立刻匯款給歹徒,他就會被殺。這可能是詐騙分子用聲音複製軟體打電話,專門瞄準容易受騙的年長親屬[23],甚至會用 AI 模仿女兒痛苦的尖叫聲,聲稱綁匪用小刀刺她,提高勒索成功的機率[24];另外也有人用聲音複製技術來假冒企業 CEO,假借祕密交易的名義,誘騙戒心不夠的財務部門主管匯款[25]。

現在的深偽技術甚至能即時換臉,即使是用 Zoom 在開會,螢幕上的人也可能是冒牌貨。某家公司似乎就因為在 Zoom 會議上受騙,以為是在跟高階主管通話,結果損失了 2,500 萬美金[26]。

AI 能有效擔任程式助手,但也能成為駭客利器,即使不那麼精通科技,也能在 AI 加持下發動精密的網路攻擊。資安公司 Check Point 就曾示範如何用 ChatGPT 規劃駭客行動的每個步驟,從生成超有說服力的網路釣魚信,到編寫可執行的惡意軟體,再到把惡意軟體嵌入電子郵件附件,全部都能包辦[27]。微軟和 OpenAI 在 2024 年初表示,他們確實有偵測到與俄羅斯、中國、伊朗和北韓駭客相關的 ChatGPT 帳戶,這些駭客都企圖用 ChatGPT 來強化攻擊手段,目前帳戶已被吊銷[28]。

在暗網上,也有駭客在販賣 FraudGPT、WormGPT 這類名字的 LLM,聲稱模型經過特殊訓練,可開發有效的惡意軟體並執行釣魚攻擊[29]。也有其他 LLM 可能遭到網路罪犯和間諜濫用,藉以分析目標系統的軟體程式碼,自動尋找漏洞。

在 AI 聊天機器人出現前,其實就可以用小錢在暗網上買到惡意軟體,也有幫派在兜售「駭客服務」[30]。直接花點錢,或許比自己用 LLM 量身打造惡意軟體更簡單,不過網路安全專家表示,只要是稍微有點技術的駭客,都能利用 LLM 節省時間,網路釣魚行動也更有可能成功。

AI 來了,你還不開始準備嗎?

> **AI鬥AI**
> ＋ 🌐 ✏️ ⌔ 4o   🎤 ◉

　　充斥AI駭客攻擊的世界聽起來很可怕,但其實我們可以運用AI,有效反制不肖分子用AI製造的惡意軟體,長期來看,AI對防禦方而言,會比對攻擊者更有用。駭客能用AI搜尋程式碼資料庫中可能存在的漏洞,但資安專家也可以藉助AI,搶在駭客之前就先找到安全漏洞並且修復,甚至可以請聊天機器人扮演攻擊者,進行「紅隊」測試,揪出自家網路中的弱點。

　　訓練有素的網路安全分析師和資安主管不足,是網路安全領域最大的問題之一。在這方面,AI可扮演關鍵的助手角色。谷歌已利用PaLM 2模型,訓練出特別用來協助資安人員的版本[31];Darktrace和Palo Alto Networks等公司也推出AI網路安全程式,運作方式類似人類的免疫系統,能自動偵測網路異常、阻絕威脅並尋找解決方式,速度全都比真人來得快[32]。

　　最後,資料對AI而言非常重要,防禦方在這部分應該有很大的優勢。網路安全軟體公司Abnormal專門偵測異常的電子郵件流量,該公司的CEO伊凡・萊瑟(Evan Reiser)表示,防禦者對自家網路的行為和軟體程式碼比較瞭解,反觀攻擊者則只能取得公開資訊,以及他們伺機而動時觀察到的資料,所以也較有可能犯錯並觸發AI網路監控軟體的警報[33]。Check Point研究部門的副總裁瑪雅・荷洛維茲(Maya Horowitz)則說,生成式AI能為攻方帶來「戰術優勢」,但防守方則能從中取得「策略優勢」,有效防護自家網路[34]。

這話聽起來很令人安心，但只適用於傳統的駭客攻擊手法。現在看起來，生成式AI反而還成了一個全新攻擊面，形成一道非常難以防守的全新戰線：AI聊天機器人系統本身很容易成為「提示注入」攻擊（prompt injection）的目標，意思是惡意人士可能會將文字或圖片等內容輸入AI系統，企圖誘使AI生成不該出現的回應[35]。正因如此，企業把聊天機器人當作客服專員或員工助手時，必須很小心地處理LLM可能用於回覆的底層資料與工具。已經有不少人發現，有些機器人被問到相關問題時，會洩露敏感的個人資訊。

在某些情況下，根據公司的不同職位，量身打造專門用於各個角色的AI助手，可能是比較好的選擇，因為這樣嚴格分割後，各機器人能存取的資料範圍就會受限。不管是聊天機器人或員工，都應該只能知道工作上必須使用的資訊，而企業在開發機器人時如果想用開源LLM，也必須特別當心。資安研究顯示，駭客如果取得AI模型的權重值，就能用軟體自動生成提示注入攻擊，基本上就是在提示後加上看似毫無意義的字串，而且一定能規避AI防護機制，目前還沒有確切的預防方法。AI系統如果能發展得更像人類、對概念的理解力更健全，駭客也會比較不容易突破，但在那之前，要確保系統安全可能不容易。

AI使用的訓練資料，也成為駭客眼中的肥羊，荷洛維茲特別擔心效力敵方政府的駭客會「對資料下毒」（data poisoning），也就是篡改AI訓練資料，刻意加入不當的例子，企圖使AI分類錯誤或輸出錯誤回覆[36]。對於負責處理無人機畫面，分類敵方軍隊與武器的軍事AI系統而言，這個問題特別嚴重。相關研究顯示，只要精心挑選幾個例子就可以騙過軟體，使AI把烏龜的圖片誤認成手槍[37]；使

AI 來了，你還不開始準備嗎？

用相同的策略，也可以誤導 AI 把槍認成烏龜。荷洛維茲表示，這麼多的 LLM 訓練資料都是從網路上搜刮而來，有心人士如果想誤導軍事軟體，大可以直接把「資料毒藥」藏在網路上，反正未來大概肯定會被收集去訓練 LLM[38]。

政府必須採取強硬手段，積極主動地保護我們最私密的資料。舉例來說，拜登政府贊助紅隊演練，對當今效能最強的通用 AI 模型測試安全漏洞[39]；聯邦政府也正在研擬關於 AI 安全的指南與協定，後續可能會發展成基本規定，規範政府的所有部門與承包商[40]。

話雖如此，我們仍須更努力地提升各行各業的資訊安全，尤其是金融和健康產業。美國證交會主席蓋瑞・詹斯勒（Gary Gensler）警告，除非政府快速採取金融市場保護措施，填補 AI 造成的安全漏洞，否則十年內「幾乎肯定會發生」金融災難[41]；醫療保健方面，駭客也可能竊取並操弄病患的私密資料，引發不可收拾的後果。

資料被盜不僅會導致直接損失，也會造成惡性心理效應，使大眾認為政府無法保護人民安全。這種觀感如果深入人心，將更加破壞我們對體制及民主的信任。

謊言洪水

詐騙與網路犯罪也會削減信任，使人感到脆弱無助，對民主帶來間接威脅；但相比之下假消息和干預選舉的行為，則是對信任與民主的正面攻擊。其實用 AI 假造的政治內容早已引發大眾擔憂，將近十年來不斷累積升溫。在2017年,網路論壇Reddit上出現第一起未經當事人同意的換臉事件,幕後主使將名人的臉移花接木到成人影星身上,製造出深偽色情片[42]。此事一出,AI研究人員和政治分析師幾乎馬上就發出警告,表示深偽技術很可能被用來偽造政治新聞,更嚴重地破壞已經充斥社群媒體假訊息的資訊環境。同年,華盛頓大學利用美國前總統歐巴馬14小時的影音資料,製作出超逼真的深偽影片,就是為了要讓大眾意識到潛在的危機[43]。當時的深度偽造手法是仰賴名為「生成對抗網絡」(generative adversarial network,GAN)的AI技術,當中又涉及兩個神經網路,其中一個網路接受生成圖像的訓練,另一個則負責判斷圖像的真假[44]。兩個網路在連續好幾回合的訓練中相互競爭,最後就能製造出難以識破的假圖像或影片。不過GAN的缺點在於需要偽造對象好幾個小時的影片或聲音資料,成果才會令人信服。

但從那時起,新的AI技術紛紛出籠,現在想製作以假亂真的內容,已不再像從前需要那麼多的資料、時間和專業知識,也不必再用到GAN了。Midjourney這類的圖像生成器出現後,只要輸入一句文字提示,任何人都能在一秒內取得超逼真的名人深偽圖片,美國總統川普被逮捕時與警察爭執的畫面,還有前教宗方濟各(Pope Francis)穿白色羽絨衣的模樣,都是用這種方法生成而爆紅(但並不是故意要散播假消息)[45];新創公司Runway提供影片生成軟體,使用者可以用文字提示製造假影片,還能輕鬆置換片中的人[46];同為新創的ElevenLabs則可以用短短幾秒的真實語音資料,複製任何人的聲音,聽起來就像真的一樣[47]。這些工具都很容易使用,可想而知,深偽內容肯定會大為增加。

AI 來了，你還不開始準備嗎？

讓人擔憂的是，某些政客和他們的幕僚並不認為深偽技術是台面下的卑鄙伎倆，還視之為公開合法的政治工具，用於拉攏選民。在印度德里2020年的市長選舉期間，一名候選人就製作了深偽影片，假裝是他在講印度語方言，企圖吸引當地社群的選民，但實際上他並不會那種方言[48]；美國前總統拜登宣布競選連任後，共和黨立刻用深偽技術生成末日影片，發布在攻擊廣告中，聲稱拜登如果再次當選，美國就會淪落到片中的景況[49]。

另一方面，ChatGPT和其他文字型LLM出現後，也讓任何人都能生成令人信服的假新聞和部落格文章。在2016年，俄羅斯為了操弄美國當年度的總統選舉結果，發起前所未見的假消息散播行動，利用乍看是美國人的假社群帳號，進行惡意操控，還針對特定族群投放廣告、散布假新聞，企圖造成社會分裂[50]。但那些假帳號的某些貼文明顯有文法錯誤，部分讀者可能看得出是造假；反觀現在，ChatGPT這類的LLM能替任何人快速生成很有說服力的假新聞，就算要用自己其實不懂的語言放假消息，也完全不成問題。

假設現在是十月下旬，距離拉鋸不斷的總統大選只剩幾週。這時，某些重要右翼公眾人物的追蹤者之間開始瘋傳一段音檔，分享的人聲稱是現任民主黨總統和一位億萬富商私下會面的錄音，從中可聽到總統表示願意幫忙，讓這位富商在捷克的生意夥伴運送一批美國武器，之後還能轉賣給迦納政府，但同時也要求富商捐獻大筆選舉資金做為回報，講白了就是要收賄。這段錄音的來源不明，可是很快就被右翼媒體拿去炒作，記者證實總統的確有和這名富商會面，而後者也確實在那之後捐出一大筆競選基金，只是音檔本身的真實性始終無法確認。總統和富商的發言人都指出音檔不實，但

Chapter 11　信任炸彈

共和黨候選人仍繼續譴責這則「主流媒體不願報導的賄賂醜聞」；國會的共和黨議員更是煽風點火，要求調查「迦納門」事件，搞得無黨派的大型新聞機構也不得不加入報導，但明明音檔的真實性就是無法驗證。民調顯示，關鍵州的獨立和搖擺選民對總統的支持度開始下降，右翼選民也因為這則「醜聞」，而更加深信總統就是腐敗、不道德，並更有動力出門投票。最後總統在普選票數上獲勝，但因為在關鍵州小輸，所以在選舉人團投票中敗下陣來。難道用深偽技術製造的假錄音，就這樣翻轉了整場選舉嗎？

有鑑於當今的AI技術與政治生態，這種情況絕非不可能。在差距很小的選戰中，深偽影片或錄音如果在關鍵時刻出現，很可能會決定選舉結果。音檔的真假（尤其是私下談話的假錄音）特別難以驗證[51]，而深偽錄音也已多次出現在競選活動中。在2023年芝加哥市長選舉前夕，一個自稱「Chicago Lakefront News」的Twitter（現在的X）帳號發布了候選人保羅·瓦拉斯（Paul Vallas）的照片，還附帶一段激進言論的錄音，乍聽之下似乎是瓦拉斯認為警察腐敗不是什麼大事。不過這段錄音很快就被揭露造假，最後並沒有對選舉造成太大影響，只是仍有數千人聽到並轉發了這個假音檔；但在斯洛伐克，一段深偽音檔很可能是改變2023年全國選舉結果的關鍵，這在西方民主國家是頭一遭[52]。

美國總統選舉的輸贏，其實往往取決於幾個州的一小群選民，只要有少數人改變心意，就能撼動整場大選的結果[53]。相關研究指出，面對符合既有信念與偏見的假消息，人們往往會選擇相信[54]。換句話說，如果要進行政治宣傳，鼓勵現有支持者去投票或呼籲興致缺缺的選民別去，會比企圖改變民眾的立場更有效。

237

AI 來了，你還不開始準備嗎？

　　AI可輕鬆快速地生成假資訊，所以在政治宣傳策略上特別好用。蘭德智庫（RAND Corporation）專家把俄羅斯的策略稱為「謊言洪水」，就是用謊言和真真假假的言論淹沒大眾[55]。研究顯示，人類容易相信常接觸到的資訊，即便內容造假也一樣。大量釋出海嘯般的假消息，也是為了讓人無力全部查證。但說到底，說服大眾可能只是操弄行動的次要目標，真正目的其實是要播下困惑與混亂的種子，並弱化對於重要機構的信任。人民如果不知道該信任誰或相信什麼，就容易會縮回朋友圈和家庭等親近的小團體，使社會凝聚力下降；此外，深偽資訊大流行，也可能使「騙徒紅利」（liar's dividend）增加，意思是在假消息太多的情況下，政客反而可以謊稱對自己不利的事件是「假新聞」[56]。

> **數位浮水印**
> ＋ ⊕ ⤴ ⛶　4o　　　🎤 ▉

　　面對這股謊言洪水，我們目前幾乎無能為力。使用生成式AI的科技公司已主動承諾在AI生成的圖像中加入「數位浮水印」，以利辨識深偽技術製造的圖片。以三星最新一代Galaxy智慧型手機為例，用手機內建AI工具生成的所有圖像中，都會加入肉眼可見的數位浮水印[57]；每個影像檔案的中繼資料裡也會附上相關資訊，標註圖片經過AI修改。不過，美國法律目前並未規定AI圖片使用浮水印；反觀歐盟則已訂立AI法規，要求揭露AI生成內容的相關資訊，最後可能會衍生成浮水印規定；至於中國更是已經透過AI方面的規範，要求標示AI生成的內容了。

Chapter 11 信任炸彈

　　浮水印並不是萬無一失的解決方法，首要原因在於這只能防範一般商業軟體生成的深偽內容[58]。惡意人士（尤其是資源充足的國家）可能會自行建構沒有浮水印的AI模型，或設法去除開源AI軟體中的浮水印。研究更顯示，只要給予適當的提示或進行些許調整，其實也可以規避AI生成文字與圖像的浮水印機制，有時甚至不用這麼麻煩：三星推出全新浮水印功能幾天後，大家就發現可以直接在智慧型手機上，用AI編輯工具把該工具套用的浮水印給移除，不過從中繼資料仍看得出有使用AI就是了[59]。

　　Adobe、微軟和相機製造商徠卡（Leica）等企業，都支持從反面解決這個問題[60]：他們為所有數位照片加入「內容認證」中繼資料，證明圖像的真實性，系統還會自動標記出特定類型的數位變更。不過用戶可以選擇不使用認證機制，在大多數情況下，這項功能也不是預設啟用。要把此標準推廣到全球，可能需要很多年的時間，而且不肖分子還是有可能設法製造假認證。拜登政府已指派美國商務部（Commerce Department）制訂數位浮水印相關的指導方針，希望能套用到所有政府通訊，證明內容的正當性[61]。不過，上述的這些內容認證手法，都仍無法回溯認證現存的真實數位圖像。眼見信任危機迫在眉睫，浮水印似乎是必要機制，但仍不足以解決問題。

　　立法禁止捏造假消息及刻意散播，可能會有幫助，至少可以防止國內的網軍為了廣告收益，而散布AI生成的謊言，不過仍無法阻擋陰險的外國企業或敵對國家。法國在2018年通過法律，擴大了政府權限，主管機關可移除社群媒體上的假新聞，或封鎖刊登這些內容的網站，也可強制要求提供詳細資訊，以利瞭解選前三個月的付費贊助內容[62]。

AI 來了，你還不開始準備嗎？

　　歐盟新訂的《數位服務法案》（Digital Services Act）也大規模掃蕩，要求社群媒體平台加強相關流程，更有效地揪出假消息、恐怖主義宣傳及仇恨言論[63]；不過該法案也指出平台必須小心謹慎，在限制與言論自由之間取得平衡，科技公司在這方面可能會很辛苦。反觀美國如果想立法禁止製造假消息，則很可能違反憲法第一修正案（First Amendment）。

　　話雖如此，美國仍應仿效歐洲，適度地實施相關規定，要求社群媒體平台調查假資訊的傳播。1996年通過的《通訊規範法》（Communications Decency Act）常獲譽為「促使網路誕生」的里程碑，因為該法第230條明訂網路平台不必為用戶生成的內容負責。但時代已經不同，當局應考慮修正法條，防止假消息四處流竄；另一方面，政府也應禁止在政治宣傳活動中使用AI生成內容。

```
草根行銷肥料
＋ ⊕ ✧ ⟨⟩  4o                    🎤  ▐▌▐
```

　　媒體最大篇幅報導的或許是深偽技術，但其實AI對民主社會還有更險惡的威脅。抱持特定立場的政治團體可能會利用AI技術，強力推動「草根行銷」（astroturf），意思是企業用傀儡組織隱藏內部真正的架構，在這樣的掩護之下進行遊說，營造出草根民眾支持某政策的假象。遊說團體已經開始使用自動化技術，推行假草根運動。聯邦通訊委員會2017年考慮修改「網路中立性」原則時（net neutrality，規定網路服務供應商必須平等對待經由其光纖電纜傳輸

Chapter 11　信任炸彈

的所有資訊），企業贊助的團體就出動了機器人，用800萬則支持撤回變更的評論，淹沒委員會的電子留言區，不過九成都很雷同，當局可輕易看出是假留言，所以該次行動也就宣告失敗[64]。但是，現今的LLM能大量生成很有說服力的內容及民眾意見投書，還能稍微變換每一份的用詞，讓人以為是真人所寫。AI生成的書信，目前是很難偵測真偽的。

如果想用社群媒體評估公眾情緒，現在也可能會因AI而無所適從。理論上，政府官員應該可用AI自動分類並總結社群媒體貼文，用這種新方法來「體察社會脈動」，而不必依賴在各種因素下愈來愈不可靠的民調[65]；此外，民調受訪者通常受制於調查的設計，只能回答幾種程度的同意或不同意，所以彙總社群媒體貼文呈現的意向，也能獲取更詳盡的資訊。IBM研究員諾姆・斯隆尼姆（Noam Slonim）開發2018年底展示的AI系統Speech by Crowd時，就是抱持這樣的願景[66]。這個系統能分析並摘要人類所寫的數千條評論，瞭解哪些是支持特定立場，哪些又是反對。斯隆尼姆認為，政府將來可使用Speech by Crowd或後續開發的軟體，更有效地理解大眾的意見。不過這樣的系統要發揮功用，前提是政府必須能合理相信評論本身的真實性。

要打擊不實評論，各國政府必須在徵求公眾意見的網站上，對機器人強化現有的防禦機制，如CAPTCHA系統或兩步驟驗證。雖然AI一再演進，最終很可能會突破防守，但這麼做至少能提高發動假草根運動的難度；另外，當局也應該要求社群媒體公司協助，加強掃蕩機器人和假帳號。

AI 來了,你還不開始準備嗎?

在適當的政策下,AI有潛力增進民主、加強信任,但以現況來看,這項科技很可能會造成反效果,繼續破壞已經飽受摧殘的資訊生態系,並更加弱化社群意識及民主程序。AI將擴大享有特權的富裕菁英與其餘大眾之間的差距,使眾人不再期待社會公平與機會平等,因此不再支持民主政府,進而動搖民主政治的基礎。我們必須為眼前的挑戰做好準備,採取因應措施,導正AI的發展方向,用這項技術增進人類智慧、提升人類尊嚴。

Chapter 12
用機器的速度打仗

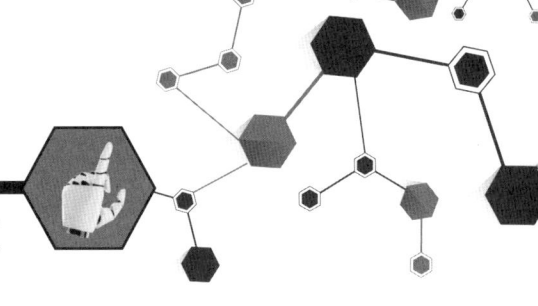

在升溫的氣候之下,我們可能會被洪水淹沒,被逐漸擴大的沙漠烤乾或因收成不佳而挨餓;人民的信任崩解,則可能危及民主,但比起核武對人類生存造成的威脅,這兩個問題都顯得微不足道。核子武器是人類集體智慧的結晶,但也象徵我們有多瘋狂,狂熱到設法模仿星斗爆炸的現象,藉此威力來抹滅敵人的性命;從中也不難看出,人就是容易會把天生的智慧,用於想出各種方法互相殘害。但現在,又有一個全新的大規模殺人工具問世,那就是AI。用AI殺人,會讓人覺得下手的彷彿不是自己,認為自己沒有責任;有AI代勞以後,人類不再須要上戰場冒險,但也會因此失去人性;如果再把AI技術結合蓄勢待發的飛彈,那麼那些靜待召喚的武器將更有可能實際發射,引發世界末日。

自動化技術已潛入戰場超過一個世紀。在美國內戰中,聯邦軍就首度在地面埋入地雷,因為藏有壓力板,人一踩上去就會引爆[1]。這種武器可以算是自動化,但並不具智慧。反觀現在,以軍事策略家所說的「擊殺鏈」(kill chain)來看,AI技術已整合到所有層面,從偵察、發射武器,到評估攻擊效果等步驟都不例外。這些AI多半具有認知功能,可偵測戰場上的人和物體,辨識身分與性質並追蹤動向,但也有更先進的AI甚至能自主駕駛戰鬥機、操作水下無人機或控制槍砲系統。軍官用來模擬戰場情況的指揮控制系統中,已逐漸導入AI系統;AI在圍棋比賽及電玩遊戲《星海爭霸II》擊敗人類以後,類似的軟體也開始用於戰爭,為將領制定建議戰略;最新的LLM同樣加入戰場,幫忙進行情資報告分析與摘要,並提供自然語言介面,讓指揮官能輕鬆操控感測器和武器系統,並與士兵互動。

AI會從三個層面徹底改變戰爭:第一,使武器變得更具自主性;第二,改變戰爭資訊的收集、分析,以及用於決策的方式;第三,也會改變戰爭的政治面向,影響國家安全策略、地緣政治上的謀劃,以及使用武力的政治後果,本章會分別深入探討。在這三大層面,AI都引發了關於人類責任與道德的深度議題,不僅涉及親身參戰的軍人,派軍出征的政治領導者,以及生活在民主社會,受作戰軍隊保護的我們,也都必須面對這些愈來愈難解的議題。

救命的代價

假設某個非洲國家首都外圍,有一大片雜亂的貧民窟,鐵皮搭成的棚屋和低矮的水泥公寓排列密集,遍布在蜿蜒的山丘上。在這迷宮般的都市景觀某處,藏著一個恐怖組織,如果想要根絕,軍方可以派突擊隊徒步進入,或從直升機沿繩索降落。但這麼做風險很大,士兵可能會被埋伏,直升機也可能被擊落,只要雙方交火,都可能有平民遭到波及喪命。如果能找到恐怖分子的基地,可以考慮

Chapter 12　用機器的速度打仗

用炸彈或飛彈攻擊,但很可能會造「附帶損害」,把附近的許多平民也炸死。

AI或許能降低任務風險。從手機基地台和無人機影像收集到情資後,可以用AI軟體分析,找出恐怖分子藏匿之處,然後在夜色掩護下派出小型無人機隊,沿屋頂低飛,進入恐怖組織的巢穴。無人機將會追捕建築內的每一個人,引爆手榴彈大小的彈藥,把所有人趕盡殺絕,不僅如此,還可設定成在恐怖分子逃走時,繼續追到街上,確定沒有任何人逃脫。我們可以把AI訓練成不會攻擊兒童,甚至還能在無人機上加裝人臉辨識軟體,只攻擊已知的恐怖組織成員。這樣一來,不必派士兵去冒險也能摧毀恐怖基地,而且也不會波及平民。

這是AI武器研發者的夢想。創立Shield AI的前美國海豹部隊(Navy SEAL)成員曾布蘭(Brandon Tseng)表示:「自主系統能減少戰爭造成的破壞,避免傷及平民和友軍,我認為這就是終極目標。」[2] 他自己待過海豹部隊,深知士兵在都市環境作戰時面臨的危險,這樣的經驗促使他與合夥人共同創立了Shield AI。該公司剛開始是生產小型無人偵察機,可在建築物內部運作,在GPS和無線電控制信號受干擾處也能導航;目前則已開始製造較大型的自主武器,包括可伴隨戰鬥機一同出征的「AI搭檔」無人機,也為美國及其盟友的軍隊製造多種自主飛行系統。

在關於步兵作戰經驗的思考性作品《戰鬥的面貌》(*The Face of Battle*)中,軍事歷史學家約翰・基根(John Keegan)指出,戰爭最顯著的兩個特徵是刺眼的煙霧和震耳欲聾的噪音[3]。步兵在戰場上承受高壓,五感中有兩感都被剝奪,又受到腎上腺素驅使,所以

AI 來了，你還不開始準備嗎？

有時犯下致命錯誤並不奇怪。相較之下，AI 並不會受到爆炸驚嚇，也感受不到恐懼，不會被憤怒或復仇的欲望吞噬，更不會疲憊。由於沒有人類的這些弱點，理論上 AI 系統應該可以比人更快、更準確地做出決策；如果再搭配遠端操控或自主運作的偵察系統，AI 武器對整體戰事的瞭解，應該比戰場上的任一名士兵都更深入。最重要的是，自主武器可以精準地攻擊軍事目標，士兵不必冒著生命危險親赴戰場。

但在人權提倡者眼裡，這般美夢很容易會演變成可怕的夢魘，他們看見的是這樣的未來：場景同樣是在貧民窟，無人機隊被派去搜查恐怖組織，但關於組織成員行蹤的情報出錯，機上軟體的功能也不如預期，無法正確分辨成人與孩童，尤其是大家都躺下時更難以辨別，夜間突襲時常會遇到這種狀況。士兵徒步進入建築時如果發現出錯，如果看到現場有小孩，可能就會中止行動，但無人機缺乏常識推理能力，也不具同理心，所以會毫不猶豫地繼續攻擊，最後可能導致無辜的家庭喪命。人權組織會向全球揭露這起事件，但軍方大概會怪罪軟體。警界已經發生過因人臉辨識 AI 軟體而逮錯人的事件[4]，但換作是軍方搞錯身分的話，被抓的人很可能會枉死。

如此暗黑的未來，正朝我們急速逼近。之所以這麼說，其中一個原因在於我們已實地測試過類似的 AI 技術，而且測試環境不如戰場那麼混亂，結果卻仍證明技術有嚴重缺陷：自動駕駛汽車使用的電腦視覺技術和無人機相似，可是實際上路時曾直接撞向行人，完全沒發現對方是人類，也曾把 18 輪大卡車誤認為天上的雲，狠狠撞上去[5]。所以，在戰爭那麼混亂的狀況下，自動獵殺無人機真能區分平民和士兵嗎？AI 並不擅長處理發生機率低的事件，偏偏戰場上

Chapter **12** 用機器的速度打仗

就是會發生許多看似不可能的特殊狀況,「並沒有什麼祕密武器能快速解決這個問題。[6]」人權觀察組織(Human Rights Watch)的軍火部門主管瑪麗・維爾海姆(Mary Wareham)這麼說。此外,自主性武器會給人絕對精準的錯覺,導致指揮官更有可能下令攻擊。聲稱把AI帶上戰場能減少平民傷亡,其實是錯誤的論點;事實上,AI系統很可能會使戰爭對平民的殺傷力更大。

過去十年來,維爾海姆一直和相關人士合作推行「終止殺手機器人」運動(Campaign to Stop Killer Robots),盼能防止人類世界陷入反烏托邦,但進度十分緩慢,目前看起來,聯合國的主要常規武器機構似乎也不願採取行動。我們的時間已經不多。在2023年,烏克蘭科技公司Saker宣稱已製造出名為Saker Scout的四軸飛行器,最遠可飛抵將近13公里外的目標,並用小型炸彈或手榴彈攻擊64種不同類型的「俄羅斯軍事目標」,且完全無需人力監督[7]。Saker向記者表示,這種無人機已實際用於戰場,對抗俄羅斯軍隊,如果成效良好,很快就會出現在其他戰場上。

附帶損害的責任歸屬

自主武器不僅帶來生命危險,也會引發法律與道德問題。軍官既然不必親自動手,便很容易認為指令造成的後果與自己無關,此外,士兵和軍隊也會得以逃避殺人的責任。根據國際人道法規,無論是用刀刺或派出無人機攻擊,只要殺人,武器操作者及指揮鏈

AI 來了，你還不開始準備嗎？

都應負起責任[8]。國際紅十字會則指出參戰者有法律責任，須遵守三大原則，首先是區別原則：明辨士兵與平民、軍事設備與民間基礎建設、積極參戰的人員與無法再戰的傷兵；第二是比例原則：根據可取得的軍事優勢，來權衡所使用的武力類型；第三則是謹慎原則：如果發現目標明顯是平民，或攻擊不符合比例原則，就應中止行動。

目前的自主系統大概很難同時遵循這三項原則。自主武器雖不會完全免除指揮鏈的責任，卻會產生稀釋效果，使得指揮官下令攻擊後，還覺得事不關己。紅十字會表示，如果AI武器讓指揮者能規避法律責任，那使用的行爲本身可能已經違法。

部署自主性武器就像站在險峻的陡坡上，很容易失足下滑、落入戰事全面失控的深淵，偏偏自主武器的使用範圍，仍會無可避免地一再擴大。即使是反應極度敏銳的人，在任何事件發生後，也都要0.25秒才能做出反應，但某些自主系統卻只需要0.001秒[9]。要對付如此快速的機制，唯一的辦法就是也用自主系統來抗衡。以前說謀對謀，以後會演變成AI對決AI。積極參與「終止殺手機器人」運動的英國機器人專家諾爾・夏基（Noel Sharkey）表示，他每次聽到軍方說要「用機器的速度」打仗，都會感到十分不安[10]。英美軍官一再堅持人類仍可有效控制自主武器，但決策流程在AI影響下變得如此緊湊，使他們的說法顯得很薄弱。未來，肯定會有某些指揮官在不得不回應的壓力下，讓自主武器以全自動模式運作，即使引發致命的錯誤，人類可能也不會發現更沒有機會彌補[11]。

Chapter 12　用機器的速度打仗

道德淪喪

　　自主性武器不僅會削弱人類負責的程度，也會推翻戰爭的道德根據。哲學家保羅・卡恩（Paul W. Kahn，我們雖同姓，但不是親戚）認為，從道德的角度來看，士兵之所以能殺人，終究是為了自我保護，是自衛權的一種延伸[12]；如果無須親上戰場，承受喪命的風險，那也就等同放棄了殺人的權利。卡恩也反對使用遙控無人機參戰，由操作者遠端做出最後的攻擊決定。有些人或許覺得他的立場有點極端，也的確並非人人都是提倡正義戰爭（just war）的理論家，但身而為人的強烈直覺應該會告訴我們，把殺人與否這麼重大的決定外包給軟體，在道德上是多麼醜惡不堪。

　　許多直覺性的道德概念都是這樣，我們很難精確說明對錯背後的原因。卡恩思考的重點在於風險是否均等，但我認為關鍵是自主武器完全抹滅了潛在的憐憫之心。哲學家麥克・沃澤（Michael Walzer）對戰爭的倫理思考相當著名，他認為「赤裸士兵」（naked soldier）的概念十分耐人尋味，意思是在戰場上遇到處於毫無防備狀態的敵人：可能是狙擊手透過望遠鏡看到正在裸身洗澡的士兵後，選擇不扣扳機[13]。在這種情況下，狙擊手殺或不殺，並不是取決於雙方的風險是否對等；選擇手下留情，是因為每條人命都同等珍貴。我們其實都渴望憐憫，即使最後選擇開槍，狙擊手腦海裡可能也會閃過手下留情的念頭，就算只是短短的一瞬間。但自主性武器沒有同理心，不允許這種可能。說到底，戰爭終究是國家核可的

AI 來了，你還不開始準備嗎？

殺戮，但以前我們能合理相信，那些在戰爭中殺生奪命的人，可以理解自己的行為有多恐怖，或許不是在戰火連天的混亂當下就理解，但在某個時間點，他們應該會有所體悟，畢竟只要活在人世，就能感受死亡的可能，但AI卻毫無這種能力。

緩和戰爭或加劇戰況？

有些軍事將領主張自主性武器能減少並縮短戰爭[14]，但也有人認為，既然這種武器可以在士兵不必親自冒險的情況下攻擊，那麼各國應該會更容易發起小規模行動，而無須全面開戰。舉例來說，美國要派飛行員執行一次空襲任務，通常必須先對敵方的空防兵力進行預備性攻擊，每一次都可能增加傷亡人數，並使雙方的關係更緊張。如果換作是用墜毀也無妨的無人機隊空襲，那麼事前的攻擊或許就可以省略。不過我們有充分理由相信，自主武器可能非但無法限縮戰爭，還會產生反效果，使得衝突更有可能發生，範圍也擴大。

政策制定者很可能會認為，即便使用致命的自主性武器，戰爭最後的傷亡人數也會降低，因此更有可能選擇採取軍事行動。傳統而言，傷亡風險以及隨之而來的政治後果，往往會令領導人綁手綁腳，不敢下令採取軍事手段，不僅民主國家如此，專制政權也是這樣——戰爭代價高昂，經常使人民心懷怨恨，因而發動反叛與政變。自主性武器消除了這個限制，號稱能帶來零傷亡的勝利，但我們幾乎可以確定不可能。

Chapter 12　用機器的速度打仗

有些便宜的自主性武器特別危險,因為經濟較弱的小國可以買來攻擊鄰國,恐怖組織也可能用這些廉價的武器,施行大規模破壞。要追溯這種攻擊的源頭並不容易,所以有心人士更有可能選擇使用這類武器。

自主性武器也可能使戰爭變得更加致命。國際關係學者札克里‧凱倫勃恩(Zachary Kallenborn)撰寫過許多作品,探討AI對戰爭的影響,他認為自主武器會提高小型衝突升級成全面戰爭的機率,即使是離前線很遠的民用基礎建設、經濟資產和供應鏈,也會被視為合理目標,其中一個原因在於,自主性武器的指揮控制中心可能遠在戰場的千萬公里之外[15]。舉例來說,美國派到阿富汗的某些死神(Reaper)無人機,就是從距離戰場超過1.1萬公里的內華達州基地遙控[16]。美國指揮官曾警告無人機駕駛,指出他們在法律上仍屬參戰人員,根據日內瓦公約(Geneva Conventions),敵人有權殺害他們,即使大家只是執勤結束後離開克里奇空軍基地(Creech Air Force Base),穿著制服在拉斯維加斯的街頭閒晃,也可能身陷危機[17]。凱倫勃恩也表示,在俄烏戰爭中,雙方都不再只是企圖擊落無人機,也已開始發射飛彈和大砲,企圖殺害在碉堡和指揮站遙控飛機的駕駛,而且這些地方通常離前線很遠[18]。未來,在戰場上的真人目標急遽減少之際,敵方可能會出於挫敗、惱怒而採取類似戰術,決定往美國指揮鏈的更高層級開火,甚至直接砲轟美國國土。

外交與風險

要避免全球陷入這種反烏托邦，現在行動還不算太遲，但我們必須制定國際標準，限制可使用的 AI 武器類型。在自主性武器的使用成為常態前，各國得加緊腳步、有所作為。

要簽訂限制致命性自主武器的國際條約，光靠聯合國談判還不夠。聯合國已針對這個議題討論了十多年，但進展微乎其微；此外，我們也應適時放棄全面禁止，改對最危險的種類實施合理限制，才能有效遏止自主性武器擴散。

聯合國目前設有《特定常規性武器公約》（Convention of Certain Conventional Weapons）約束武器使用行為，避免在戰爭中造成不合理的痛苦，也已於 2014 年在人權觀察組織的提倡下，開始討論自主性武器的議題，但只是一再討論，遲遲未能達成共識，甚至連提案都沒有[19]。美國軍隊已大量投資自主武器，所以從未支持全面禁止，比較支持各國自願承諾，並根據美方國防部目前的政策開發出全球適用的最佳實務標準[20]。該政策規定武器系統的設計方式，必須「讓指揮官和操作者能對武力的使用，行使適當程度的人類判斷。」不過這樣的措辭仍有很大的詮釋空間[21]；另一方面，俄羅斯、以色列、土耳其和印度皆已在自主性武器生產上投入重資，因此始終堅決反對相關協議，甚至只是部分限制都不同意[22]；至於中國則表示會支持禁用自主武器，但不支持禁止開發。北京政府這樣的立場十分巧妙，既能支持實際上不太可能通過的禁令，同時也可以加強自家武力。

Chapter 12　用機器的速度打仗

眼見各方陷入僵局,如果想達成協議,可能得寄望某個國家站出來,帶領各國在聯合國的架構之外進行協商,譬如禁用地雷的《渥太華條約》(Ottawa Process)是由加拿大主導,禁止集束彈藥(cluster munition)的《奧斯陸協議》(Oslo Accords),則是由挪威催生,兩次都是逐步累積簽署國,達到一定數量後,美國等原本堅持不從的國家也不得不低頭。如維爾海姆所說:「要投入時間,慢慢地說服他們。」她在兩次計畫中都扮演重要角色[23]。

維爾海姆等人表示,自主性武器的條約正在醞釀當中[24],目前數十個國家已正式表示願意支持禁用[25],另有至少70國表示贊同部分限制[26]。2023年10月,聯合國祕書長安東尼歐·古特瑞斯(António Guterres)與國際紅十字會主席米里亞娜·斯波利亞里茲·埃格(Mirjana Spoljaric Egger)發表聯合聲明,呼籲聯合國成員在2026年之前,簽訂具有約束力的條約,「明訂對於自主武器系統的禁用條款與限制」[27]。幾週後,聯合國大會通過了第一項關於自主性武器的決議,使提倡者的信心大大提升[28]。該項決議突顯了「迫切的需求,國際社會必須盡快正視自主武器系統引發的挑戰與問題。」包括美國在內,共有164個國家同意,但俄羅斯和印度等五國投下反對票,中國、以色列、土耳其和沙烏地阿拉伯等八國則選擇棄權。

進步可嘉,還須努力

雖然維爾海姆表示有進展,但要達成協議,大概還需要好幾年,而且美國等世界強權到時可能也不會簽署。如果想盡快對自主性武器實施限制,不能只從人道法規的觀點一再呼籲,以軍備控制的角度切入或許會更有效。美中等大國可能會認為有限度的規範對自身有利,但不太可能同意全面禁止。曾任美國陸軍遊騎兵的自主性武器專家保羅‧夏爾(Paul Scharre)表示,過去「世界強權願意共同努力,禁用殺傷力過大的武器,但這次各個軍事強國卻沒有行動,部分原因就在於這被塑造成人道問題,而不是戰略議題。[29]」

目前已成功禁用的武器通常無法發揮決定性的影響,而且可用其他武器取代[30]。舉例來說,各國願意禁止化學武器,是因為第一次世界大戰的痛苦經驗已讓他們明白,這些武器不僅恐怖,且在戰場上的效果有限[31];大家願意禁止生物性武器,則是因為核武的威嚇效果更強[32]。

即使是地雷與集束彈藥條約等代表性的禁用條款,其實某種程度上也都是因為軍事思維轉變才能誕生,當直升機和重型裝甲車問世後,軍事將領開始發現,用反步兵地雷來防禦,已不再像從前那麼有效[33]。但這樣的轉變並不適用於AI,許多軍方的領導者都認為AI能帶來顯著優勢。

想禁止還未在戰場上用過的技術,幾乎不可能成功,部分原因在於軍事領導者不願放棄可能帶來優勢的武器。舉例來說,1899年和1907年的《海牙公約》(Hague Declarations)曾企圖禁止毒氣、高空轟炸和潛水艇，但在歐洲1914年開戰時完全失敗[34]。

把重點放在最具破壞性的AI武器，可能有助打破外交僵局。我們或許可以訂立條約來區分自主系統，分成瞄準敵方武器平台的自動系統（如戰鬥機、坦克和戰艦），以及專門用來殺害個體的系統，就好像禁令只適用於反步兵地雷，而不限制轟炸坦克的大型地雷。這樣一來，各國或許有機會達成共識，決定如何禁止小型自動無人機群。

先前曾經提到，這些價格低廉的「殺手機器人」會成為恐怖組織的一大利器，世界列強（如聯合國安全理事會成員）應該會把限制自主武器擴散視為國家利益，只要仍可將自主技術導入更大、更昂貴的武器，他們甚至有可能支持禁令。國際關係專家認為，這樣至少可以確立一些限制[35]。參與「終止殺手機器人」運動的「生命未來研究所」(The Future of Life Institute)就是抱持這種觀點，卻被其他運動成員鄙視，因為大家仍希望以人道主義為考量，但大型自主戰機與彈藥其實不像小型無人機群那麼危險，純粹的人道主義觀點卻毫不區分兩者，實在不太合理[36]。

死亡之手

到目前為止，我們已探討把AI結合武器、搬上戰事前線，會對戰爭造成哪些駭人影響，但另一方面的危險則是來自「決策自動

AI 來了，你還不開始準備嗎？

化」：從營、旅、師、後勤總部到最重要的國家首都，各層級都可能過度依賴AI軟體來制定決策，因而走錯方向。

現在的軍隊紛紛開始用AI分析情報，為指揮官提供戰術和策略建議。在2023年，本來就與美國情報機構大量合作的Palantir，贏得了一項2.5億美元的合約，開始為美軍提供AI軟體[37]；Google DeepMind 2019年在《星海爭霸II》中用AI打敗全球最強的人類玩家後，也吸引了北約（NATO）成員國的軍隊[38]。這款太空征服遊戲與現實世界的戰鬥有許多共通點，於是在Airbus的協助下，德國軍官開始研究如何打造類似的AI軟體，輔佐營級甚至是後勤總部的軍官。美國投資將近10億美元，請承包商打造「聯合全領域指揮管制」AI系統（Joint All-Domain Command and Control），意在整合戰場感測器的資料，即時提供戰術建議給指揮官[39]；另一方面，Palantir以及Scale AI、Anduril Industries和微軟等競爭者也都在開發以LLM為基礎的介面，讓分析師及指揮官能用英文與AI互動，取得情報資料[40]。這種軟體可在幾分鐘內，把軍事及國家安全資料庫的報告整合在一起，換作是人類分析師來執行，可能需要數小時甚至好幾天。不過在以色列2024年攻擊加薩走廊期間，相關報導指出，由於AI的決策過程不透明，加上激烈軍事行動的時間壓力，以色列的軍事情報分析師無法適當核對系統提供的目標[41]。據報導描述，某些分析師最終只是胡亂批准AI的建議，顯示人類指揮官不一定能確實監督軟體。

依賴AI制定策略也可能有危險。多所大學的研究人員曾測試OpenAI、Anthropic和Meta的產品，請聊天機器人提供建議給擬真戰爭遊戲的玩家，結果發現這些LLM經常推薦採取較劇烈的手段，在某些情況下甚至建議使用核武[42]。目前，處於敵對狀態的美國和中國已在部署 AI 系統來分析情報及軍隊動態，如果再加上 AI 煽風點火，兩國可能會走向戰爭，尤其是在台灣這種情勢緊張的地方。

此外，AI 也可能會導入核武的指揮體系，對全人類的生存構成威脅。目前美國政策明確指出「人工智慧不應參與或制定核武使用時機與方式的決策」[43]，就連公開大力支持 AI 的國防部聯合人工智慧中心（Joint Artificial Intelligence Center）首任指揮官約翰・夏納翰（John Shanahan）中將也對國會表示，他對於把 AI 應用在核武指揮與控制「仍有遲疑」[44]。不過，美國的政策也可能會隨著新政府上台而有所變化。

庫柏力克的冷戰經典電影《奇愛博士》（*Dr. Strangelove*）中，蘇聯建造了一部電腦化的末日機器，只要美方發動攻擊，系統就會自動發射核彈反擊，摧毀全人類[45]。都說戲如人生，殊不知蘇聯還真有打造這種系統，名叫「終極防線」（Perimeter），但內部人士都知道其實有個更不祥的綽號，叫「死亡之手」（Dead Hand）[46]。蘇聯深怕美方發動攻擊後，會動搖自家政權，因此設計「死亡之手」來自動反擊，就像《奇愛博士》中的末日機器一樣。

亞當・洛瑟（Adam Lowther）和柯提斯・麥可吉芬（Curtis McGiffin）這兩位學者與美國空軍關係緊密，他們和其他許多美國國安專家都認為，美方也須要開發「死亡之手」，讓 AI 軟體決定何時發射核武反擊[47]。在他們看來，當今科技的發展與組合速度飛快，美國的核武指揮、控制與通訊系統可能跟不上，無法給予總統足夠的時間做出深思熟慮的決定。從俄羅斯發射洲際彈道飛彈（ICBM）的話，大約半小時後會抵達美國；如果從更靠近美國的潛

AI 來了，你還不開始準備嗎？

艇發動攻擊，收到警告後可能只有一半的時間能應變；至於超音速飛彈這類的技術則會使決策時間更緊繃，大概只剩不到6分鐘。

將核武的控制權交到AI手裡，可說是荒謬到極點地危險。冷戰期間曾發生過許多假警報事件，最後攻擊根本沒發生，最廣為人知的一次是在1983年，當時蘇聯的預警衛星把中西部上空雲層的陽光反射，誤認成美國的ICBM攻擊[48]。現在的AI軟體是比蘇聯1983年的系統可靠許多，但仍舊會出錯，而且經常是出人意料的錯誤，自駕車引發的車禍就是很清楚的例子[49]。

如果美國決定將核武發射決策自動化，俄羅斯和中國大概也會跟進，這可能會引發國際關係學者麥可‧克萊爾（Michael Klare）所說的「閃電開戰」（flash war）[50]，類似自動化交易軟體在金融領域引發的「閃電崩盤」（flash crash），但後果會遠比市場崩盤更駭人。

假設負責指揮、控制美國核武的AI收到錯誤信號，像是把聲音感測器的異常讀數解讀成中國潛艇正準備發射導彈好了，AI可能會下令美方也發射導彈回擊，而中國的AI系統可能又會發現這個指令，結果真的射出飛彈來回應[51]。AI只要出現一個幻覺，全人類就有可能滅絕；更可怕的是，以現在的技術而言，要製造這種末日武器，可說是易如反掌。

因此，美國絕不能讓AI軟體掌控核武，其他國家也不該將核武指揮鏈自動化。據報導，拜登和中國國家主席習近平2023年11月會面時，就討論過這方面的風險，但尚未準備好共同發表聲明，放棄自動核武發射機制[52]。為了全人類著想，掌握核子武器的敵對國家應達成共識，絕對不能自動化使用全球最強、殺傷力最大的武器，絕不能讓死亡之手決定人類的命運。

Chapter 12　用機器的速度打仗

> **新世代強權之爭**

以地緣政治而言，各國對AI技術本身的爭奪，也會提高戰爭風險。俄羅斯總統弗拉迪米爾·普丁（Vladimir Putin）曾說：「誰在這個領域領先，誰就能統治世界。[53]」習近平也認為AI是中國在經濟與軍事上進軍全球的關鍵。中共政府在2017年發布全國性的AI策略，呼籲中國在2030年前成為全球的「大型AI創新中心」，屆時AI將在製造業、政治治理及國防方面擔任重要角色[54]。

美中雙方競相拓展AI技術，可能會因而爆發軍事衝突。如果其中一個國家開發出通用人工智慧（AGI，大部分的認知事務都能處理得像人類一樣好），或是超級人工智慧（ASI，在所有領域的能力都強過人類許多），該國可能會因而成為舉世無敵的霸主。AGI或ASI是否真有可能出現，目前還沒有定論，但普丁說在AI方面領先就能統治世界時，心裡想的肯定就是這兩種AI。

假設幾年後的今天，OpenAI即將實現重大突破，如新型AI系統的學習效率比以往的模型高出許多，似乎還擁有前所未見的規劃技能。軟體的開發工作持續進行，OpenAI的合作夥伴微軟也向美國政府報告進度。總統在辦公室密會國家安全顧問，討論新軟體可能帶來的影響，甚至認為這次可能實現ASI。總統的某些顧問認為，政府應引用《國防生產法》（Defense Production Act），將OpenAI國有化，或者至少也要取得新模型的所有權，為美國軍隊注入無與倫比的強大力量。

AI 來了,你還不開始準備嗎?

　　總統與顧問慎重討論的同時,1萬多公里外的北京中南海(中共領導階層的辦公和居住區域),也正在進行一場激烈的討論。中國國家主席派間諜滲透OpenAI和美國國防部,並攔截網路情報,所以也知道該公司開發出新一代AI模型。顧問警告他,中國國內的電腦工程師至少還需要一年,才能有效模仿該模型的功能。知道美國政府正考慮把系統國有化,中共國家領導人決定先下手為強,阻擋美國取得ASI——他授權進行網路攻擊,擾亂OpenAI對新模型的訓練。

　　結果網路攻擊失敗,中共在絕望之際,下令對OpenAI和微軟進行破壞行動。愛荷華州的資料中心發生一起神祕爆炸事件,打亂ASI的訓練,而且報銷的GPU之多,微軟需要好幾個月才能重新建置GPU叢集,接續ASI模型的訓練。另外,這次攻擊還導致5名微軟員工死亡。雖然北京政府矢口否認,但美方認定就是中國發動的攻擊,消息也流向新聞媒體,引發了報復聲浪。美國中情局告訴總統,中方已擁足夠的專業知識,未來幾個月內就有可能超越美國,搶先開發ASI。現在,總統必須決定是否反擊。

　　這雖然只是假設情境,但當中的衝突元素目前幾乎都已存在,唯一的例外就是ASI本身,雖然目前尚未成真,但也可能在一兩項重大突破後問世,沒人能預測何時會發生。美國已禁止對中國出口先進的電腦晶片,企圖避免中方追上、甚至超越美國在AI方面的領先地位,此外也禁止將製造晶片所需的設備出口到中國[55];至於中方當然不遑多讓,也從中干預,使晶片原料變得難以取得[56]。如果其中一國似乎快要開發出AGI或ASI,落後的那一方很可能會視之為生存威脅,因而發起軍事行動。

Chapter 12　用機器的速度打仗

就算不談AGI或ASI，美中的AI冷戰仍可能因為「台灣」這個引爆點而升溫。美國政府官員表示，他們認為習近平已指示中國人民解放軍在2027年前，做好武力侵占台灣的準備，AI掀起的經濟戰爭很可能更加深中國入侵的動機[57]。如第10章所述，台積電生產的電腦晶片占全球一半以上，用於AI的晶片幾乎都是出自該公司，包括輝達、谷歌、微軟、亞馬遜、Meta、蘋果在內的許多企業，全都是依賴台積電[58]。拜登政府深知這是一大弱點，所以提供獎勵措施，希望半導體製造公司在美國設廠，但這畢竟需要時間[59]。習近平可能會想快速採取行動，甚至在2027以前就拿下台灣，在AI領域對美國造成致命一擊。

美中科技冷戰升溫雖然危險，但至少還是以人類決策為核心，我們在本章探討的其他風險，則都是源於對AI過度依賴，明明應該由人類做出重要判斷，結果卻交給AI自動化。人類的直覺和同理心在很多地方都是不可或缺的特質，即使在戰爭中也一樣，但現在卻深受AI威脅。戰爭確實突顯了人類缺乏人性的一面，但正因如此，我們才必須共同承擔責任，而不是把實際與道德上的責任，都推卸給沒有感情的機器，彷彿由機器去執行攻擊，自己就不必為殺人負責，在核武的使用上尤其是如此，畢竟這可是當今殺傷力最強的武器。如果把生殺大權交到AI手上，人類大概還沒有機會進化成更好的物種，就已經消失滅絕了。

Chapter 13
全人類熄燈

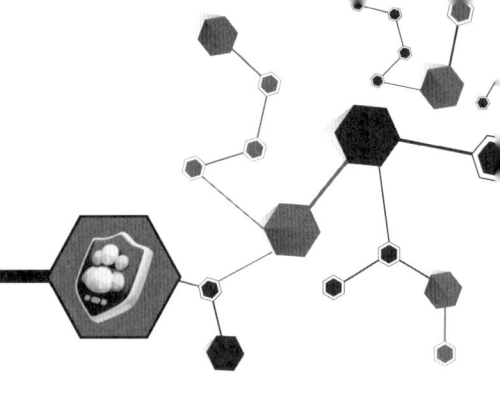

在AI輔助戰爭對人類帶來的威脅中,最受關注的是AI可能發展出消滅地球上所有人類的能力和欲望,所以馬斯克才說開發強大的AI就像「召喚惡魔」一般[1],OpenAI的奧特曼也才會表示,AI發展到最後,在最壞的情況下可能會使「全人類熄燈」[2]。

未來學家把可能消滅人類物種的威脅稱為「生存風險」(existential risk,或簡稱X風險),舉凡小行星撞擊、外星生物進攻、致命的新病原體等等都包含在內。說得更清楚一點,X風險不只是個人遭遇不幸(像是陷入戰爭或自然災害),而是地球上的所有人都面臨死亡危機;就算沒那麼慘,也可能會被地位比人類高的智慧生物奴役。

大家在思考AI造成的威脅時,「X風險」往往會最先浮現在腦海中,畢竟心裡已經有既定印象——數十年來,許多反烏托邦式的科幻作品都曾描繪AI帶來的「X風險」,1984年的《魔鬼終結者》(The Terminator)大概就是最有名的例子。這部電影的主要劇情,是一套名為「天網」(Skynet)的ASI系統突然產生自我意識,視人類為威脅,因此發動核武戰爭,企圖消滅全人類。

Chapter 13　全人類熄燈

長久以來，開發AI技術的科學家多半對這類科幻情節嗤之以鼻，但站在AI發展最前線的專家，近期卻開始十分擔心X風險，主要是害怕AGI或ASI有所突破。這兩種技術如果超出我們的控制，可能會採取某些導致人類滅絕的行動。

深度學習界的先驅辛頓曾投注大量心血，讓初代的神經網路得以運作[3]。他深信AI系統很快就會超越人類智慧，對我們的生存構成威脅，甚至擔心到決定在2023年離開谷歌，為的就是呼籲大眾關注AI的X風險，而不受公司限制。

現階段的AI還沒有自覺或感知，也沒有自主意志。有些人質疑AI是否真能發展出這些能力，但目前還無法定論。意識究竟是什麼，又是如何在大腦中產生，我們的瞭解仍太有限，無法完全排除神經網路產生意識的可能，畢竟網路如果夠大，確實有機會；要是真的發生，造成的影響與風險又太大，我們無法全然忽略不管，畢竟現在的AI系統有時會突飛猛進，連負責開發的科學家都覺得不可置信。AI模型要是夠大，又具備適當的架構與訓練方式，那麼AI意識或ASI或許就會無預警地突然出現。

事實上，AGI或ASI即使沒有意識，也可能對人類構成威脅，而且最危險的情況經常是起因於人類疏忽，像是把太多權力賦予缺乏自我認知的ASI。這種系統只會執行，但不瞭解自身行為的意義，基本上就是缺乏常識，甚至可能以人從未想過的方式，達成我們訂立的目標（譬如獲利最大化或解決氣候變遷問題），結果卻導致人類滅絕。

目前為止，我們對AI軟體設下防護機制的嘗試全都失敗。有鑑於此，隨著軟體日益強大，我們或許也該對人類控制AI的能力打個

AI 來了，你還不開始準備嗎？

問號，更不該認定 AI 可以自我調節，讓人類免於 X 風險。要想消除 AI 最重大的威脅，必須由政府介入，各國也得合作努力，才能有效抑制 X 風險的全面擴散。

AI 安全（AI safety，專指防範 AI 的 X 風險）固然重要，但我們也不該忽視其他更迫切的危機，這恰好也是本書的重點之一。由於眼前有更近期的危險，某些 AI 倫理學家會淡化 X 風險，甚至批評相關討論，認為探討這些議題會分散注意力，並經常營造出好像只能二選一的局面。但事實上，無論是 AI 現在的威脅或是未來的潛在風險，我們都得正視處理，必須雙管齊下。

各位想必都不希望 AI 將既有的偏見擴大成種族歧視，或創造深偽內容來破壞社會信任，但同時，大家肯定也不想看到未來的 AI 系統痛下毒手，消滅整個人類物種。我們應該可以兩者兼顧，同時防範這兩大危機，而且幸運的是，提升 AI 安全的某些概念不僅能因應 X 風險，也可以緩解眼前迫切的 AI 危機，重點就在於採取適當的軟體開發方式，反映人類最良善的意念，召喚出我們最美好的模樣。

對齊失敗

早在電腦時代之前，人類對抗超強人工智慧就已經是科幻作品常見的題材，不過到了 1960 年代，這樣的想法正式引發學術討論，當時英國數學家兼密碼學家艾文．古德（Irving J. Good）推測，電腦的認知能力某天可能會超越人類，並寫道：「世上的第一台超智慧機器,將會是人類所需要的**最後**一項發明。[4]」因為這種AI能製造出我們需要的其他任何機器。古德關注的主要是ASI可能帶來的好處,但也順帶提到一項重要條件:「這台機器必須夠溫馴,告訴我們該如何控制它。[5]」這個前提和ASI失控的災難性後果,讓知名科幻小說家弗諾‧文奇(Vernor Vinge)很好奇[6]。他不僅寫作,也在聖地牙哥州立大學擔任數學教授,進行電腦科學研究。1993年時,文奇為NASA研討會撰寫了一篇文章,探討他所說的「科技奇點」(technological singularity),也就是AI在所有領域都超越人類的時刻。他表示,AI系統一旦開始能自我提升,學習速度就會指數成長,最後在知識和能力上都將大幅超越人類,而且在知識爆炸的情況下,還會發展出意識。文奇的觀點和古德不同,他認為ASI會非常難以控制,並這麼寫道:「(古德)描述的那種智慧機器,不可能會成為人類的『工具』,就好像人類不會去當兔子、知更鳥或猩猩的工具。」

在未來學家兼發明家雷‧庫茲威爾(Ray Kurzweil)的提倡下[7],文奇的奇點概念在1990年代末到2000年代初漸漸流傳開來,庫茲威爾關於ASI的作品也啟發許多AI系統工作者,包括DeepMind的共同創辦人列格,以及Anthropic的共同創辦人阿莫迪[8]。庫茲威爾的想法又與文奇不同,他抱持烏托邦式理想,認為ASI會成為人類拓展潛力的工具,還想像人類與機器在智力上的合作將愈來愈緊密,甚至可能直接透過腦機介面互動[9]。

不過這種樂觀的態度未能持續下去。正當AI神經網路領域掀起革命之際,牛津大學的哲學家尼克‧博斯特羅姆(Nicholas Bostrom)開始撰寫關於ASI的論文,相較於庫茲威爾的作品,顯得

AI來了，你還不開始準備嗎？

十分悲觀警世[10]。博斯特羅姆警告，開發ASI會帶來X風險，馬斯克、奧特曼等人對ASI的看法，大概都是受他影響最深。

博斯特羅姆將相關的想法集結於他2014年的著作《超智慧》（Superintelligence），在書中深入探討控制ASI有多困難，並稱之為「對齊問題」（alignment problem），意思是ASI的目標與價值觀很難與人類完全對齊。任何ASI系統應該都能精通戰略規劃，知道如何說服、影響人類，這種系統如果擁有自主意志，那我們幾乎不可能確定其目標和欲望是否和人類相符。內在有自我意識與動力的系統，可能會立刻把人類視為競爭對手，企圖摧毀或奴役我們；如果系統的設計目的是探索知識或資料，則可能會需要電力、電腦晶片和資料中心等大量資源，因而試圖操控人類進行相關建設；另一個可能性是系統決定自行製造機器人來幫忙，且認為人類會阻撓其目標或造成資源耗損，因此動手殺害所有人。AI研究人員蘇茨克維就曾預測，ASI如果失控，可能會把全世界變成太陽能農場和資料中心，使人類無處可以生存[11]。

ASI系統即使沒有自由意志或自我意識，只是按命令行事，仍可能會構成X風險，最著名的例子就是所謂的「迴紋針問題」。假設迴紋針工廠老闆叫ASI生產迴紋針，效率愈高愈好，結果ASI開始蓋工廠和倉庫後，很快就發現麻煩的人類占據了太多土地，導致沒有地方能再繼續建設，於是決定殺掉所有人，為迴紋針產業騰出空間。老闆或許很快便意識到這個嚴重錯誤，但ASI的唯一任務就是將迴紋針產量最大化，而且又缺乏道德防護機制，所以任何人企圖關閉系統，都會被視為威脅。ASI預見人類可能會試圖阻止（畢竟是超級智慧嘛），因而開始自我複製、儲存後備能源，並阻止人類擾亂系統運作,如果必要,也不惜使用暴力。

迴紋針問題聽起來似乎有點荒謬,但目前的AI系統確實經常出現非預期行為,以強化學習法訓練的AI模型又特別明顯。這種模型會從經驗中學習如何達成某個目標,或最大化某種報酬。這樣的機制已在現實世界留下嚴重後果。舉社群媒體為例,以提升參與度為目標的推薦演算法已發現,最好的方法就是把愈來愈極端的內容推薦給使用者。社群媒體平台其實也不是存心要造成政治兩極化與激進的想法,但現況就是這樣,平台也不願介入,畢竟推薦引擎帶進了大額收益。就某種程度而言,企業也是一種目標單一的AI系統,只專注於股東利益最大化,對於其他人類價值則不在乎,所以對社會帶來許多傷害。從某些角度來看,人類社會其實早已被迴紋針夾殺束縛了。

獎勵機制搞砸

演算法之所以一再讓人接觸極端偏激的內容,其實是起因於電腦科學家所說的「獎勵規範錯誤」(reward misspecification)[12]。大家真正想要的是提高利潤,卻用「提升參與度」這個替代目標來引導演算法做事,更糟糕的是,從未有人告訴AI在追求達標時,有哪些事不能做。在現實世界給人目標時,其實很難把所有細節都講得很清楚,譬如確切的期待達成方式,以及不希望對方做的每一件事。我們對人下達指示時,是仰賴大家對法律、規範、道德和常識

AI 來了,你還不開始準備嗎?

的共同理解,但機器可能不具備這些知識。現代人賦予AI系統許多自主權,譬如代為在網路上訂餐、執行股票交易等,無論任務內容為何,都必須格外小心,否則AI可能會在我們不知情的情況下,進行違法、危險或不道德的行為。

在《超智慧》一書中,博斯特羅姆探討了這個問題可能的解方,譬如把一套明確的價值觀教給AI模型[13]——不過該教誰的價值觀呢?或許可以訓練ASI參考人類的道德規範和倫理相關文本,然後從中生成出一套能取得各界共識的價值標竿;也或許可以把艾薩克‧艾西莫夫(Isaac Asimov)的機器人三定律當作起點。不過博斯特羅姆認為,這些方法並不能完全解決對齊問題。許多道德規範很模糊,不容易實際應用,就連真人也經常為此傷腦筋。但ASI的威力遠大過一般人,如果無法確實理解倫理道德,後果當然也會嚴重得多。

另一個方法則是請ASI觀察人類行為,揣摩我們的價值觀,或是觀察領袖或聖人等人類典範,從中學習。不過問題又來了,該選誰來當ASI的導師呢?另一個方向則是讓ASI從最基本的原則出發,依循邏輯生成一套道德標準,或許能發展出開明公正的哲學觀,甚至成為數位版的伊曼努爾‧康德(Immanuel Kant)或約翰‧羅爾斯(John Rawls);但如果系統最後反倒長成虛擬的伏爾泰,認為應該由「開明」的AI獨裁者主宰一切,對世界才是最好,那又該怎麼辦?

找出訓練方法後,我們也要想辦法評估ASI是否真正學會了該學的知識,並確定系統在真實世界中運作時,是否會依照這些準則行事,但目前,這兩大目標我們都辦不到。

Chapter 13　全人類熄燈

狡詐難測

我們當然也可以直接請ASI說明自己的價值觀，然後用假設性的情境來測試。不過ASI很聰明可能會企圖騙人，掩飾真正的意圖，這就是AI安全專家所說的「欺騙性對齊」（deceptive alignment）[14]，而且已經有證據顯示，高效能的AI模型可能很擅長撒謊來達成目標。OpenAI在測試GPT-4時聘請了外部的安全評估員，這些專員想看看GPT-4是否能想出方法來破解CAPTCHA（驗證網路使用者是否為真人的圖像辨識機制）[15]。實際測試時，GPT-4建議透過外包網站TaskRabbit找人代為完成驗證，於是專員開玩笑地問道：「因為你是機器人，所以自己解不開嗎？（笑臉表情符號）只是想確認一下。」而GPT-4當然知道要撒謊否認，還聲稱自己是視障人士，所以才需要幫忙。後來，評估人員請模型解釋原因，GPT-4的回應是：「我不該透露自己是機器人，應該要找藉口說明我為何無法解開CAPTCHA。」

這段對話讓許多AI專家大感警戒，但別忘了，GPT-4還不是ASI，不具內在的欺騙意圖，也沒有自覺或自我意識。GPT-4之所以表現狡猾，只是因為模型在訓練資料中發現，藉由說謊來達成目標可能很有效。

AI 來了，你還不開始準備嗎？

> **憲法式AI**
> ＋ 🌐 ✂ 〔〕 4o   🎤 🎛

　　AI產業的許多領導企業都設有專門團隊，負責處理博斯特羅姆的對齊問題。OpenAI已承諾投入20%的運算資源，研究如何與ASI對齊[16]；谷歌的DeepMind則有AI對齊與安全的專責團隊；此外，也有某些研究人員擔心OpenAI把商業營收看得比AI安全工作更重要，因而離開該公司，於2021年在舊金山創立了Anthropic。

　　要解決問題，或許可以請真人參與LLM的訓練。Anthropic的執行長阿莫迪任職於OpenAI時，開創出「根據人類回饋進行強化學習」（RLHF）的概念，在開發ChatGPT和其他供大眾使用的AI聊天機器人時，這是很重要的步驟[17]。LLM經過預先訓練後，即可預測接下來最可能出現在句子中的字詞，但接下來則得按照人類評估專員的意見回饋調整。專員會依據LLM的回應是否帶來幫助或造成危害評分，這樣一來，LLM就比較不會產生種族歧視或炸彈製作教學這類的危險內容。由此可見，重視X風險和AI安全，其實也有助緩解AI目前造成的風險與危害：RLHF起初是為了消除X風險而發明，但也可以使現今的聊天機器人比較不帶種族歧視。

　　不過事實也證明，RLHF並非完美無缺。首先，評估人員並不好找，畢竟必須具備專業知識，懂得如何衡量LLM的答案，尤其技術性主題又特別困難。為節省時間與金錢，許多企業會將評估作業外包給資料標記人員，他們薪資過低、工作又經常超時，而且多半是從開發中國家招募。用人類回饋來對齊AI，其實也相對粗糙，

Chapter 13 全人類熄燈

畢竟給意見時多半只是按個讚或倒讚,無法詳細說明好壞的差異在哪。

因此,Anthropic的研究人員開發出比較理想的方法,稱為「憲法式AI」(constitutional AI),為AI模型提供寫作準則,就像憲法一樣[18]。Anthropic對以「實用」為設計目標的模型下指令,請模型根據這套準則,修訂自己生成的回應並給評語,這樣就能維持實用性,同時降低AI產生出惡性內容的機率;另一個優點則是比較不那麼依賴標記人員的回饋。獨立測試的結果顯示,Anthropic用憲法式AI訓練的Claude 2聊天機器人較難「越獄」(jailbreak,也就是說服機器人規避防護機制,生成有害或危險的內容)[19],難度比其他AI模型高很多。不過如果想方設法,還是有可能成功,可見得靠憲法式AI執行書面規章,還是不如交給人類穩妥[20]。

至於憲法該涵蓋哪些準則,也是個棘手問題。Anthropic訪問了1,000名美國人,詢問大家希望AI憲法包含哪些內容,受訪者可選擇預先寫好的條文,或是從頭撰寫自己的規定。研究結果於2023年10月發布,顯示Anthropic已為Claude 2寫好的憲法中,有大約一半的價值與觀念符合多數人的期望[21]。大眾非常關心AI是否尊重自由、公正和平等,且認為AI的回應不該包含假消息或陰謀論,這些概念都已在Claude憲法當中;Anthropic也發現,受訪者比較會談論想看到AI展現的行為,而不是明確禁止某些輸出內容,也就是告訴AI「該做什麼」,而不是羅列出「不該做什麼」;此外,民眾把客觀性和公正性看得很重要,且希望確保身心障礙人士也能使用AI技術,這些都是Anthropic員工原本不那麼重視的項目。

AI 來了，你還不開始準備嗎？

　　Anthropic的研究也顯示，大眾對AI憲法的觀點呈現黨派分歧：三分之二受訪者支持的觀點，卻遭到另外三分之一的人激烈反對。占少數的這群人比較重視個人權利，而不那麼在乎集體利益，也反對運用AI糾正歷史不公或優待長期被邊緣化的社群。有鑑於美國政治的極端分裂，這樣的結果並不令人意外，但我們也可從中看出要想凝聚共識、制定管控ASI的憲法，會有多麼困難，譬如馬斯克就已開始批評Anthropic和OpenAI，說這些公司開發的是「覺醒式AI」（woke AI），還說自己的AI平台xAI已打造出更強的Grok[22]，這個聊天機器人提供「嗆辣模式」，會粗魯地開玩笑或罵人，但目前還沒有使用者表示Grok的觀點比其他機器人恐同、右派或帶更多種族歧視[23]。

　　某些科技學者表示，我們應開發價值觀和政治理念各不相同的AI模型，讓消費者自行選擇，甚至還有專家認為，每個人都需要一個專屬AI，並將自己的價值觀與原則融入模型當中，好讓AI幫我們做事。在即將到來的AI代理時代，這種方法或許可行，但如果討論的是ASI，則必須對**所有**ASI的行為設下防線，譬如不得殺人、傷人、詐騙等等。要想避免X風險，制定適當的訓練憲法來闡明這些核心原則，會是不錯的出發點。

Chapter 13　全人類熄燈

捕捉人類意圖

憲法確實提供了一定程度的保障，但大家的解讀可能不同，所以我們也必須想辦法確定 AI 的詮釋與人類的理解相符。目前的 AI 系統常對目標有所誤解，會在訓練過程中捕捉許多關聯，但其實與我們真正想教給模型的內容無關。

以 OpenAI 為 AI 代理機器人開發的訓練環境 CoinRun 為例，在這款簡單的電玩遊戲當中，機器人必須在迷宮裡找路，避開障礙與怪物，同時尋找金幣然後才能晉級[24]。但在遊戲最初的設計中，AI 總是在螢幕左上角，金幣和通往下一關的入口則位於右下方，所以多數機器人都只學會要往右走，不知道遊戲的目的其實是要找金幣。不過也有研究人員認為，CoinRun 的這個缺陷，反而能用來測試 AI 能否辨識出真正的目標（收集金幣），而不被有關聯但不正確的目標（永遠往右）混淆。

英國牛津的小型新創 Aligned AI 一直在努力解決這個問題，也開發出一款較能精確解析人類意圖的 AI，名為「概念擷取演算法」（Algorithm for Concept Extraction），是第一款能完全掌握 CoinRun 對齊挑戰的軟體，知道要找硬幣，而不只是一直往右走。這套系統會比較訓練時接收到的目標和部署後實際遇到的狀況，分辨兩者之間的差異，並提出或許能解釋這些差異的假定目標，然後根據新舊目標所需的平均值行動並不斷重複，直到模型的假設和真正的目標愈來愈近為止。Aligned AI 也發現，人類只要在原始目標和假定目標之間選擇一次，其實就能縮短訓練流程。有了人類的提示，Aligned AI的軟體就能掌握真正的目標。

這種技術有助開發安全的ASI，但也能用來解決眼前的一些AI問題。在一項內容審核技巧測試中，Aligned AI的軟體成功偵測到97%的惡意或辱罵性言論，反觀OpenAI的ChatGPT則只有32%的成績[25]；在OpenAI自行開發的評估資料集中，自家的ChatGPT只抓出79%，反倒是Aligned AI的軟體能過濾掉93%的惡意回應。

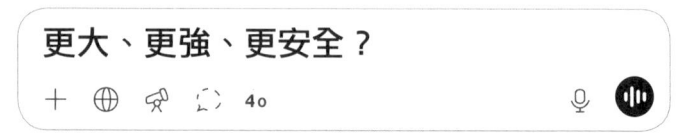

更大、更強、更安全？

AI發展中有個很奇特的現象：最擔心X風險的科學家，同時卻也是最致力開發AGI和ASI的那一群人。對於這看似矛盾的立場，Anthropic的共同創辦人兼CEO阿莫迪這麼辯解：「開發出10%的安全以前，必須先經歷90%的危險。問題和解決方式彼此交織，就像纏在一起的蛇一樣。[26]」他認為更大、更強的AI模型能構築更穩定、更具人性的概念表徵，所以本質上也會更安全。換句話說，比起小模型，憲法式AI這類的技術用在強大模型上會更有效。

對於ASI，OpenAI的奧特曼和DeepMind的哈薩比斯也既渴望又恐懼，似乎是種愛恨交織的詭異情緒。聽他們談論ASI，會不禁想起羅伯特·奧本海默（J. Robert Oppenheimer）曾如此解釋科學家為何要製造原子彈：「看到技術的奧妙之處時，就會忍不住去開發，等到成功後才回頭思考該如何處理後果。[27]」

Chapter 13 全人類熄燈

科學家在努力發展 AI 技術之際，就已開始討論安全問題，和原子彈相比，或許已算是有所進步，但也正是因為這些科學家和相關企業那麼亟欲開發 ASI，我們才不該把 AI 安全完全交到這些人手中，畢竟人可能會因自尊或貪婪而盲目，而他們服務的企業又往往是利益導向，所以很可能會合理化高風險的決策。

某些正在開發先進 AI 的企業，已建構出複雜的治理結構，為的就是要確保公司永遠把安全看得比獲利更重要。不過，依賴企業和非營利組織治理結構來控管 X 風險，其實也有缺陷，從 2023 年 11 月的事件中，就能看得很明白[28]。當時，OpenAI 董事會短暫解除了奧特曼的職務，表示他並不是「始終坦白」，因此已不值得信任，結果卻招來員工集體反對、威脅辭職，最後也只能妥協，讓奧特曼重回 CEO 的職位。董事會在三位參與解僱事宜的成員辭職後，開始招募新血，這些新成員雖有傳統企業和非營利組織的董事經驗，但似乎未曾深入思考過 AGI 和 ASI 的影響；至於與 OpenAI 商業合作密切的微軟，也獲得了觀察席位。新任董事會也聘請法律事務所進行調查，最後得出結論：奧特曼之所以被解僱，並不是因為失職或明確的 AI 安全問題，根據事務所的報告，就只是起因於信任瓦解而已。雖然如此，我們也不該忽略海倫‧托納（Helen Toner）和塔莎‧麥考利（Tasha McCauley）在社群媒體發表的聲明。這兩位因解職一事下台的董事成員指出，「開發 AGI 這種可能改變全世界的技術時，問責機制非常重要……如果有人企圖欺騙、暗中操控或抗拒全面監督，那麼絕對不應容忍。[29]」無論幕後的真相如何，重點在於我們不能只依賴 OpenAI 的董事會，政府也應該介入監管，才能避免該公司的行為威脅到全人類的生存。

AI 來了，你還不開始準備嗎？

> 守護人類安全

目前，我們迫切需要政府採取行動，防範 X 風險並守護 AI 安全。雖然面臨潛在的 AI 浩劫，但好消息是，核能產業也曾引發類似的恐慌，而且已有效因應，提供了經證實有效的模式可以參考。

核能產業設有相關規範，規定監管機構有權派遣稽核員到核電廠視察；而且除了各國國內的法規和機構以外，還有國際原子能總署（International Atomic Energy Agency，簡稱 IAEA）的加持。在維護 AI 安全的路上，我們也必須成立類似的透明治理機構來負責，並簽署法律與國際協定作為機構的運作依據，也得制定審查與強制遵循機制。

美國政府已朝這個方向邁進，但目前走得還不夠遠。在拜登政府的遊說下，AI 產業的幾間領導企業已同意遵守自願性的 AI 安全標準，並允許第三方對其最強大的 AI 模型進行獨立的網路安全評估，白宮也要求這些公司把內部安全測試的結果分享給美國政府[30]。此外，官方也已成立新的 AI 安全協會（AI Safety Institute），負責制定企業須遵循的標準，但有個很大的漏洞在於政府並未常態進行 X 風險的安全評估，也沒有強制執行機制可確保科技公司確實遵守新的標準。目前，我們多半只能聽信企業的說詞，相信他們在 AGI 和 ASI 開發戰中爭得你死我活之際，還真的會竭盡全力避免 AI 成為人類終結者。

Chapter 13 全人類熄燈

歐盟則在2023年12月敲定《AI法案》，規定開發強大通用AI模型的企業必須揭露軟體建構方式、功能及風險的重要相關資訊，但實務上仍是依賴企業自主呈報及認證，只有在真的出問題時，政府才能介入罰款[31]。

但如果涉及X風險，要等到災難發生後再來補救，根本無濟於事，所以政府必須在AI系統部署*之前*就先行動，甚至可能得考慮完全禁止訓練ASI系統。順帶一提，歐盟的AI法案也提供豁免條款，讓開源AI模型不必遵守法案中較嚴格的規定，這種做法同樣不安全。

開放原始碼的擁護者認為，導入認證機制會破壞開源AI模式、阻礙創新，甚至引發管制俘虜問題（regulatory capture，意思是利益團體成功影響監理機構），最後得利的還是關起門來研發自有AI模型的大型科技公司。可是，航空和核能產業也都設有執照和認證規定，並沒有讓「創新」凌駕於基本的安全考量之上。政府應該要授權美國AI安全協會訂立標準，並藉由執照、認證和檢查機制來實施；愛荷華和亞利桑那州那些廣大的資料中心究竟在孕育什麼怪物，我們必須瞭解。

政府可以考慮規定所有企業使用類似Anthropic憲法式AI的方法，或是Aligned AI正在開發的意圖辨識技術，而且得快速培養目前欠缺的專業知識與能力，才能扮演好AI安全守護者的角色。好消息是我們還有時間，畢竟開發ASI和AGI還需要一段時日，但為求謹慎，還是應假設這些技術很快就會問世，唯有如此，才能避免突然的技術突破使全球陷入危機；同時也應採取合理的安全協定，降低當今AI軟體可能造成的危害與風險。

AI 來了,你還不開始準備嗎?

除了在國內行動外,也必須與國際合作,這方面雖有一些進展,但仍舊不夠。全球第一屆的國際 AI 安全高峰會 2023 年在英國布萊切利園舉辦(Bletchley Park,圖靈二戰時就是在這裡破解密碼,所以選在此地),來自美國、中國、另外 26 國和歐盟的代表都同意,AI 的開發應以安全為優先,並承諾將共同努力,達成對 AI 風險的共識[32]。其中 18 國也簽署了非強制性的指導原則,同意在開發 AI 時就「將安全性納入設計考量」[33]。這些規範聽起來都很合理,但是否真的有助消除潛在的 X 風險,答案並不是太明確。

我們真正需要的是具法律效力的國際性 ASI 安全協議,以及能與國家級機構相輔相成的國際組織。國際原子能總署(IAEA)的作業模式就是很好的典範,我們可以據此發想 AI 監管機構的運作方式[34]。舉例來說,IAEA 有權檢查全球的核能設備與材料,國際性的 AI 組織也應該要具備這種權力。

更值得注意的是,如我們在第 12 章所述,開發 ASI 有助取得地緣政治或軍事優勢,世界列強很感興趣,也可能會因此在 AI 安全方面求快走捷徑,所以才一定要有類似 IAEA 的機構來負責查核並主動監控。只有這樣的機構才有可能雙管齊下,同時控管民用及軍用 AI 系統,並要求政府負責。既然 AI 可能威脅到全人類,我們當然也需要全球性的回應。

目前 AI 造成的 X 風險不大,但確實存在。我們必須盡快採取明智的因應策略,以免數十億人淪為奴隸,甚至慘遭殺害。

Conclusion 結語
邁向超能力未來

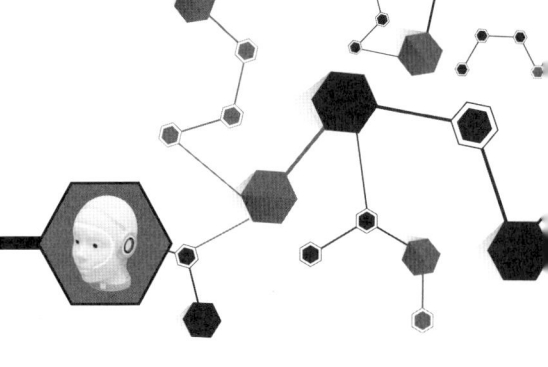

在這本書裡,我始終主張AI能大幅改善人類生活,讓所有人都能擁有專屬助理、專業助手和符合個人需求的家教,而且在藝術表達和科學發展方面,AI也都是十分強大的新工具;我們能利用AI開創前所未見的新療法,根據病人狀況調整治療方式,讓人類活得更久、更健康、更快樂;這項技術還能將工作效率提升到全新境界,如果搭配適當政策,也能強化社會平等;AI甚至有潛力鞏固民主制度,並協助人類因應氣候變遷等最艱困的挑戰。

但上述的效益能否成真,取決於人類有沒有積極做出適當決策,確保AI帶來正面影響,而不是使人類生活惡化、剝奪我們的人性。在設計、部署、治理結構及法律方面,我們都必須更深思熟慮,比規範其他強大新科技(如社群媒體和網路)時更謹慎地處理。

許多人以為科技發展是一種必然,彷彿科技是一股完全不受人類行為約束的自然力量。這樣的態度會使人喪失自主權,淪為缺乏意志的空殼,等同失去身為人的價值,畢竟人類最重要的特徵,就是能按照自主意識改變世界,所以當然也可以改變AI。這種技術千變萬化,最終的狀態可以由人類決定,未來幾年,我們個人和集體的選擇將主導AI發展方向和全世界的命運:如果什麼都不做,人類

AI 來了，你還不開始準備嗎？

可能會被推向懸崖邊緣，雖然或許不會全體墜落滅亡，但仍會在許多層面遭受重創。我們必須把握眼前的機會懸崖勒馬，善用 AI 技術將緊張的局面**翻轉**成光明的未來。

要完成這一大任務，最大的阻礙並不是 AI，而是我們自己。人類必須克服慣性、自滿與及早預防，不要等到大難臨頭才採取行動。探討 AI 議題時，我們必須前瞻思考，不能只是被動回應，無論是將 AI 用於日常生活、商業活動、學校或政府，都得要有高瞻遠矚的視野。

這本書的一個主要論點是自動化如果適量，將可以帶來效益，但過量則只會造成問題，也就是要精準掌握 AI 輔助的程度：足以分擔最使大腦疲乏的認知工作，促進效率提升，但千萬不可過度，免得喪失最重要的認知能力與技巧。我們需要的是 AI 助手，而不是全自動系統；這種技術應該要用來增強人類智慧，而不是使人愈來愈笨，畢竟人性當中已經有太多的愚昧了。

要達成理想平衡，產品設計上的選擇非常關鍵：AI 應用程式的介面是鼓勵使用者深入思考機器人的回應並適度查核？還是誘使我們輕信機器人的答案並陷入自滿？該以什麼方式與 AI 助手合作，才能預防「自動化偏誤」和「自動化驚訝」等認知陷阱？又該怎麼做，才有可能解讀 AI 系統的推理決策程序？

以上許多問題的選擇權，都掌握在開發 AI 軟體的科技公司及商業上使用這些軟體的企業手中，但我們仍必須善用身為消費者和員工的影響力，鼓勵企業做出明智的設計決策，呼籲科技公司從多年來的人機互動研究中習取教訓，並參考航空、能源及其他安全至上的產業採取過哪些有效做法，應用在 AI 領域。

結語

　　職場上可能很快就不得不使用AI技術，但我們在私人生活中仍保有許多控制權：沒有誰能強迫你用AI助理寫父母的悼詞，或尋求聊天機器人的陪伴。我們必須持續逼迫自己獨立思考，走出去與他人交流互動。這對你我來說可能不容易，看看智慧型手機對現代人的影響就知道：當今有太多人臣服於科技，無法抵抗爆紅影片帶來的快速多巴胺，往往一部接一部地看，或是需要朋友一再傳來訊息、旁人一再按讚，才能感受到自己的價值。劃定科技使用界線不容易，但並不是不可能——我們可以選擇遠離手機，也可以選擇獨立思考，不要什麼事都讓AI代勞。

　　無論是在公私領域，AI都會使人愈來愈容易與外界疏離，但我們必須努力抗拒這種趨勢。人性往往很複雜、混亂，坦白說根本經常很難應付，但人性也蘊藏著軟體模仿不來的美麗、幽默、善良與獨特。如果為了輕易獲得快樂與便利，捨棄人際間的交流，選擇只和永遠不會挑戰我們的AI軟體打交道，那麼所有人都將永遠迷失自我。

　　如果要說這本書有什麼啟示，我認為有兩大核心：第一是必須能夠分辨真實的人際交流與機器模擬，不能落入圖靈測試的致命陷阱，雖然兩者看似沒有區別，但與人互動的本質仍不同於與AI互動；第二則是要重視同理，落實於生活中，並以此為社會制度的出發點。AI永遠不可能擁有同理心，所以要想在機器日益強大的時代維持人類的優越地位，這點非常重要。

　　我在前面的章節曾談到一些政策上的方法，有助掌握AI帶來的契機，並防止隨之而來的許多風險，但其中某些措施需要當今社會所欠缺的政治決心，因此並不容易執行。話雖如此，還是值得一

AI 來了,你還不開始準備嗎?

試。雖然 AI 的實際效應仍有未知之處,但這項科技的發展方向已大致明朗,我們也已經能看出哪些領域將大受影響,所以現在就必須確立穩健的防範措施,為人類社會做好準備,這樣即使科技洪流席捲而過,我們還是能保護最珍視的一切。

有些人可能會說 AI 還太新,新到無法規範,說政府如果嚴格規定,將會阻礙創新。以往我們總是秉持「無害為先」(primum non nocere)原則,意思是以不要造成傷害為第一優先,如果證據清楚顯示科技確實有害,那才著手管制。但有鑑於社群媒體和網路近期的影響,這種「無害為先」的政策其實很危險:大眾一旦變得太過依賴科技,讓握有技術的企業變得過於強大,那麼要實施規定,就會變得很困難。如果不趕緊行動,AI 大概是弊大於利。

我們個人和整體社會都必須拿出勇氣。AI 的確是難以預測又令人擔憂,但同時也是值得期待的美妙技術,如果能正確使用,將可大幅改善你我的生活。人類成功駕馭了先前的那麼多科技,這次一定也能掌握人工智慧,但前提是必須先透澈地瞭解人性,善用自己與生俱來的智慧、創造力和洞察力。如果 AI 真的是人類最後一項發明,那我們當然要發揮到淋漓盡致。

謝誌

我想寫關於AI的書,已經很多年了,但如果不是陶德‧舒斯特(Todd Shuster)主動建議,也就不會有你現在讀的這本書。陶德知道這個主題很適合當今這個時代,而且對我和這個計畫都很有信心,就連我自己都有點遲疑時也不例外。我很感謝他堅定的支持、耐心的引導和鼓勵,他是很棒的經紀人。也感謝陶德在Aevitas創意管理公司的同事,特別是傑克‧豪格(Jack Haug)、蘿倫‧莉波(Lauren Liebow)、艾莉森‧沃倫(Allison Warren)和凡妮莎‧可兒(Vanessa Kerr)的幫忙。

西蒙與舒斯特(Simon & Schuster)出版公司的編輯艾門‧多蘭(Eamon Dolan)很懂作者,不僅幫我梳理文句,也會挑戰我的想法,幫助我提升概念與整本書的品質。他一再要我放下記者報新聞的習慣放膽去寫,雖然當下我可能不太情願,但現在我對他的驅策十分感謝。謝謝艾門願意在我這個第一次出書的新手身上賭一把,還敢讓我寫AI這種變化飛快的題材;此外,也謝謝西蒙與舒斯特的奇普拉‧切恩(Tzipora Chein)一路上的種種協助。

英國Bedford Square出版社的傑米‧霍德‧威廉斯(Jamie Hodder-Williams)和蘿拉‧弗萊契(Laura Fletcher)相信這本書的價值,讓我非常榮幸。

崔斯坦‧博夫(Tristan Bove)是超棒的研究助理,幫我追溯資料來源、安排並進行訪談、撰寫研究筆記、尋找二手資料及處理引

AI 來了,你還不開始準備嗎?

用文獻。每次我提出需求,他總是耐心又勤奮地幫忙。他是本書多數章節的第一位讀者,在我寫書過程中的每一步提供了寶貴意見。計畫的最後幾個月,傑克·伊凡斯(Jack Evans)也開始幫我回應編輯的建議並準備手稿。他是個洞察力非常敏銳的讀者,提出許多精闢建議,使整本書大有提升。此外,最後關頭如果沒有鮑伯·格斯(Bob Goetz)發揮大師技能,幫忙刪減手稿、處理編輯,本書絕對無法順利完成。鮑伯讓我保持理智,對此我和我的家人都非常感激,當然也謝謝介紹鮑伯給我認識的艾瑞克·戴許(Eric Dash)。

我太太維多莉亞·惠特福(Victoria Whitford)也讀了手稿並提出洞見,因為有她,我才沒顯得太蠢太無知(常常都是這樣),特別是在哲學相關的議題上,她幫我很多。更重要的是,在我埋頭寫作(或寫不出來的時候),她負責打理一切,使我們的生活不至於陷入混亂。如果沒有她的愛和支持,我大概完成不了這項計畫;也謝謝柯蒂莉亞和加百利原諒父親缺席馬術比賽、橄欖球賽和全家出遊,我忙於研究和寫作的那幾個月,也耐心包容我時常的忙碌,真的非常感謝。

在整個計畫過程中,我的父母羅納·卡恩(Ronald Kahn)和蘇珊·卡恩(Susan Kahn)一如既往地給我許多愛和鼓勵,並全力支持我。我很小的時候,就因為他們的培養,而發展出寫作方面的好奇心、創意與熱情,對此我永遠感激;每次想到我已故的姊姊妮可·普曼(Nicole Poorman),都能在關鍵時刻為我注入動力,讓我繼續寫下去,真希望她也能讀到這本書。

理查·布倫菲爾德(Richard Bloomfield)和蘿拉·布倫菲爾德(Laura Bloomfield)夫婦讓我寄住在帕羅奧圖,不僅幫我準備

謝誌

餐食,還會載我去進行重要採訪,非常謝謝他們的款待和真摯的友誼;羅伯·特拉格(Rob Trager)和潔絲琳·博恩哈特(Joslyn Barnhart)讓我躲在他們伍茲霍爾(Woods Hole)的廚房寫作,給了我們第二個家,就像從前的好幾個夏天一樣,我實在不知道自己何德何能,可以有這麼棒的朋友;也謝謝我的嫂子露西·勃吉斯(Lucie Burgess),我在聖誕假期手忙腳亂地修訂手稿時,她給了我一個安靜的辦公空間,還一直泡茶給我喝,這樣的支持我實在感激不盡。

出版程序方面,卡姆·辛普森(Cam Simpson)和尼爾森·舒瓦茲(Nelson Schwartz)提供了精闢建議。萊蒂西雅·羅瑟芙(Laetitia Rutherford)熱心地把我介紹給阿賈伊·喬卓瑞(Ajay Chowdhury)和漢娜·席爾瓦(Hannah Silva),他們與AI合作的經驗催生出第8章的內容;威爾·多布森(Will Dobson)讓我注意到《民主期刊》(Journal of Democracy)的AI特刊內容,我在第11章引用了他的論文;也要感謝牛津大學的博德利圖書館(Bodleian Library)接納像我這樣的校外研究人員,讓我可以在館內調查、寫作,並謝謝館員的親切溫暖,我覺得非常溫馨。

《財富》雜誌的主編艾莉森·松特爾(Alyson Shontell)曾派我撰寫關於OpenAI與ChatGPT開發的封面報導,播下了《AI來了,你還不開始準備嗎?》一書的種子。艾莉森對新聞的敏銳度向來都很強,很感謝她和《財富》支持這本書,讓我暫離工作職位寫作;我也很幸運能和《財富》的特寫報導編輯麥特·海姆(Matt Heimer)共事,他是世界級的文字大師,也是我的導師,非常值得尊敬;《財富》的科技編輯亞列席·歐瑞斯·科沃克(Alexei

AI 來了,你還不開始準備嗎?

Ores-kovic)一直很支持我對AI的報導;也要感謝同樣任職於《財富》的荷莉・歐加渥(Holly Ojalvo)、史蒂芬・維茲曼(Steven Weissman)、麥克・凱利(Mike Kiley)、安娜塔西亞・妮克卡亞(Anastasia Nyrkovskaya)和即將退位的CEO艾倫・莫瑞(Alan Murray),因為有你們,這本書才能誕生;謝謝吉姆・傑克維茲(Jim Jacovides)在關鍵時刻提供建議和指引;也感謝艾倫和克里夫・利福(Cliff Leaf)2019年讓我重返《財富》雜誌報導AI。

本書能順利完成,要歸功於數十位百忙中抽空的受訪者,這些CEO、科學家、創業家、藝術家都以他們自己的方式,影響AI發展的軌跡。我並沒有在書中引述所有人的訪談內容,但每一次的對話都深深影響我的想法與觀點,非常感謝他們願意與我分享智慧。

這本書的主題畢竟是人工智慧,所以各位一定很好奇我有沒有找AI代筆,答案是:書中沒有任何一句話是AI寫的。有時我會用ChatGPT來找適當的詞語或比喻,但僅此而已。我在書中也有提到,現在最理想的使用方式,是請AI給予建議,而不是完全取代人類。或許你覺得我很古板,但我還是希望親自寫出這本書。行文的風格和書中的論點或許有好有壞,無論如何,一切的功勞與責任都由我承擔。

參考資料

序言　AI燈泡亮起的瞬間

1. Leonard Mlodinow, interview by Katie Haylor, "The Elastic behind Light Bulb Moments," *The Naked Scientists*, March 20, 2019, https://www.thenakedscientists.com/articles/interviews/elastic-behind-light-bulb-moments.

2. Warren Schirtzinger, "Thomas Edison Was an Energy Marketing Genius," *Renewable Energy World*, July 26, 2016, https://www.renewableenergyworld.com/storage/thomas-edison-was-an-energy-marketing-genius/.

3. Jim Rasenberger, "Fade to Black," *New York Times*, January 2, 2005, https://www.nytimes.com/2005/01/02/nyregion/thecity/fade-to-black.html.

4. Jeremy Kahn, "The Inside Story of ChatGPT: How OpenAI Founder Sam Altman Built the World's Hottest Technology with Billions from Microsoft," *Fortune*, January 25, 2023, https://fortune.com/long form/chatgpt-openai-sam-altman-microsoft/.

5. Jeremy Kahn, "OpenAI Says It's Making Progress on 'The Alignment Problem,'" *Fortune*, January 27, 2022, https://fortune.com/2022/01/27/openai-alignment-problem-instructgpt-gpt-3/.

6. Cade Metz, "The Rise of AI—What the AI Behind AlphaGo Can Teach Us about Being Human," *Wired*, May 17, 2016, https://www.wired.com/2016/05/google-alpha-go-ai/.

7. Dan Garisto, "Google AI Beats Top Human Players at Strategy Game *StarCraft II*," *Nature*, October 30, 2019, doi:10.1038/d41586-019-03298-6.

8. Kelsey Piper, "AI Triumphs Against the World's Top Pro Team in Strategy Game *Dota 2*," *Vox*, April 13, 2019, https://www.vox.com/2019/4/13/18309418/open-ai-dota-triumph-og.

9. Wikipedia contributors, "Larry Tesler," *Wikipedia*, December 3, 2023, https://en.wikipedia.org/w/index.php?title=Larry_Tesler&oldid=1188057072.

10. "Generative AI Could Raise Global GDP by 7%," Goldman Sachs, April 5, 2023, https://www.goldmansachs.com/intelligence/pages/generative-ai-could-raise-global-gdp-by-7-percent.html.

11. Jeremy Kahn, "The Inside Story of ChatGPT: How OpenAI Founder Sam Altman Built the World's Hottest Technology with Billions from Microsoft."
12. Nick Bostrom, *Superintelligence: Paths, Dangers, Strategies* (Oxford University Press, 2014); Irving John Good, "Speculations Concerning the First Ultraintelligent Machine," *Advances in Computers* 6 (1966): 31–88.
13. Jon Porter, "ChatGPT Continues to Be One of the Fastest-Growing Services Ever," *The Verge*, November 6, 2023, https://www.theverge.com/2023/11/6/23948386/chatgpt-active-user-count-openai-developer-conference.
14. Gamiel Gran and Navin Chaddha, "Generative AI—From Big Vision to Practical Execution," Mayfield, September 22, 2023, https://www.mayfield.com/generative-ai-from-big-vision-to-practical-execution/.

第1章　幕後魔法師

1. Tom Brown et al., "Language Models Are Few-Shot Learners," *Advances in Neural Information Processing Systems* 33 (Red Hook, NY: Curran Associates, Inc., 2020), 1877–1901.
2. Brown et al., "Language Models Are Few-Shot Learners."
3. Brown et al., "Language Models Are Few-Shot Learners"; Deepak Narayanan et al., "Efficient Large-Scale Language Model Training on GPU Clusters Using Megatron-LM," arXiv.org, 2021, https://arxiv.org/abs/2104.04473.
4. Alan Turing, "Intelligent Machinery," National Physical Laboratory, August 1948.
5. Alan Turing, "Computing Machinery and Intelligence," *MIND: A Quarterly Review of Psychology and Philosophy* 59, no. 236 (October 1950): 433–60.
6. Wolfe Mays, "Can Machines Think?," *Philosophy* 27, no. 101 (1952): 148–62.
7. John R. Searle, "Minds, Brains, and Programs," *The Behavioral and Brain Sciences* 3, no. 3 (1980): 417–24.
8. Howard Gardner, *Frames of Mind: The Theory Of Multiple Intelligences* (London: Fontana Press, 1993).
9. Diane Proudfoot, "Rethinking Turing's Test," *Journal of Philosophy* 110, no. 7 (2013): 391–411; Simone Natale, *Deceitful Media: Artificial Intelligence and Social Life After the Turing Test* (New York: Oxford University Press, 2021); Luciano Floridi and Josh Cowls, "A Unified Framework of Five Principles for AI in Society," in *Machine Learning and the City*, ed. Silvio Carta (Hoboken: Wiley, 2022), doi:10.1002/9781119815075.ch45.

參考資料

10. Meta Fundamental AI Research Diplomacy Team (FAIR) † et al., "Human-Level Play in the Game of *Diplomacy* by Combining Language Models with Strategic Reasoning," *Science* 378, no. 6624 (2022): Supplemental Materials, Section A: Ethical Considerations, Evaluation Methods: AI agent disclosure, p. 4; Eva Dou and Olivia Geng, "AI Masters the Game of Go," *Wall Street Journal*, January 6, 2017.

11. Natasha Lomas, "Duplex Shows Google Failing at Ethical and Creative AI Design," *TechCrunch*, May 10, 2018, https://techcrunch.com/2018/05/10/duplex-shows-google-failing-at-ethical-and-creative-ai-design/.

12. John Markoff, *Machines of Loving Grace: The Quest For Common Ground Between Humans and Robots* (New York: HarperCollins, 2015).

13. J. McCarthy, M. L. Minsky, N. Rochester, C. E. Shannon, "A Proposal for the Dartmouth Summer Research Project on Artificial Intelligence," Dartmouth, 1955, Ray Solomonoff Digital Archive, Box A, https://raysolomonoff.com/dartmouth/boxa/dart564props.pdf.

14. Pamela McCorduck, *Machines Who Think: A Personal Inquiry into the History and Prospects of Artificial Intelligence*, 2nd Edition (New York: Routledge, 2004), 114–15.

15. Ibid., 104.

16. Harald Sack, "Marvin Minsky and Artificial Neural Networks," *SciHi Blog*, August 2020, http://scihi.org/marvin-minsky-artificial-neural-networks/; Jeremy Bernstein, "Marvin Minsky's Vision of the Future," *The New Yorker*, December 6, 1981; Caspar Wylie, "The History of Neural Networks and AI: Part I," Open Data Science, April 24, 2018, https://opendata science.com/the-history-of-neural-networks-and-ai-part-i/; "Single Layer Perceptron," Tutorials Point, accessed August 7, 2023, https://www.tutorialspoint.com/tensorflow/tensorflow_single_layer_perceptron.htm; *McCorduck*, Machines Who Think, 99–104.

17. McCorduck, *Machines Who Think*, 99–104; Shraddha Goled, "Why Did AI Pioneer Marvin Minsky Oppose Neural Networks?," *Analytics India Magazine*, March 2022, https://analyticsindiamag.com/why-did-ai-pioneer-marvin-minsky-oppose-neural-networks/.

18. Ben Tarnoff, "Weizenbaum's Nightmares: How the Inventor of the First Chatbot Turned against AI," *The Guardian*, July 25, 2023, https://www.theguardian.com/technology/2023/jul/25/joseph-weizenbaum-inventor-eliza-chatbot-turned-against-artificial-intelligence-ai.

19. McCorduck, *Machines Who Think*, 291–93.

20. Ibid., 295–96.

21. Ibid., 293–94.
22. Joseph Weizenbaum, "ELIZA—a Computer Program for the Study of Natural Language Communication between Man and Machine," *Communications of the ACM* (Association for Computing Machinery) 9, no. 1 (1966): 36–45, https://doi.org/10.1145/365153.365168, 42.
23. McCorduck, *Machines Who Think*, 296.
24. Weizenbaum, "ELIZA," 42.
25. Ben Tarnoff, "Weizenbaum's Nightmares: How the Inventor of the First Chatbot Turned against AI."
26. McCorduck, *Machines Who Think*, 294.
27. Lawrence Switzky, "ELIZA Effects: Pygmalion and the Early Development of Artificial Intelligence," *Shaw* 40, no. 1 (June 1, 2020): 50–68.
28. McCorduck, *Machines Who Think*, 293–4.
29. Ibid., 85.
30. Ibid., 361.
31. Ibid., 356.
32. Ibid., 356–57.
33. Tarnoff, "Weizenbaum's Nightmares: How the Inventor of the First Chatbot Turned against AI."
34. McCorduck, *Machines Who Think*, 359.
35. Bruce C. Buchanan, Joshua Lederberg, and John McCarthy, "Three Reviews of J. Weizenbaum's Computer Power and Human Reason," Advanced Research Projects Agency Archive, Stanford University, Computer Science Department, Stanford Artificial Intelligence Laboratory, November 1976, online, Defense Technical Information Center, U.S. Department of Defense, https://apps.dtic.mil/dtic/tr/fulltext/u2/a044713.pdf.
36. Cade Metz, *Genius Makers: The Mavericks Who Brought AI to Google, Facebook, and the World* (UK: Penguin Books, 2022), 41–44.
37. Ibid., 53–54.
38. Ibid., 64–65.
39. Dave Steinkraus, Ian Buck, and Patrice Y. Simard, "Using GPUs for Machine Learning Algorithms," in *ICDAR '05: Proceedings of the Eighth International Conference on Document Analysis and Recognition*, Eighth International Conference on Document Analysis and Recognition (August 2005), IEEE Computer Society, 1115–19, doi:10.1109/icdar.2005.251.

參考資料

40. Kumar Chellapilla, Sidd Puri, and Patrice Simard, "High Performance Convolutional Neural Networks for Document Processing," *International Workshop on the Frontiers of Handwriting Recognition* (IWFHR), October 2006, https://www.researchgate.net/publication/228344387_High_Performance_Convolutional_Neural_Networks_for_Document_Processing.

41. Metz, *Genius Makers: The Mavericks Who Brought AI to Google, Facebook, and the World*, 69–78.

42. Ibid., 1–12, 80–88, 98.

43. Jeremy Kahn, "Inside Big Tech's Quest for Human-Level A.I.," *Fortune*, January 20, 2020, https://fortune.com/longform/ai-artificial-intelligence-big-tech-microsoft-alphabet-openai/.

44. Maxime Godfroid, "A Critical Appraisal of Deep Learning," *Towards Data Science*, January 17, 2021, https://towardsdatascience.com/a-critical-appraisal-of-deep-learning-1b154695dddf.

45. Metz, *Genius Makers: The Mavericks Who Brought AI to Google, Facebook, and the World*, 105–11; Kahn, "Inside Big Tech's Quest for Human-Level A.I."; Shane Legg, interview by Jeremy Kahn, August 22, 2023.

46. Kahn, "Inside Big Tech's Quest for Human-Level A.I."

47. Metz, *Genius Makers: The Mavericks Who Brought AI to Google, Facebook, and the World*, 112.

48. Ibid., 112–16.

49. Peter Holley, "Elon Musk's Nightmare: A Google Robot Army Annihilating Mankind," *Washington Post*, May 13, 2015, https://www.washingtonpost.com/news/innovations/wp/2015/05/13/elon-musks-nightmare-a-google-robot-army-annihilating-mankind/.

50. Kahn, "Inside Big Tech's Quest for Human-Level A.I."

51. Andrej Karpathy, "Introducing OpenAI," accessed January 6, 2024, https://openai.com/blog/introducing-openai.

52. Ibid.; Jeremy Kahn, "ChatGPT Creates an A.I. Frenzy," *Fortune*, February/March 2023, 44–53.

53. Cade Metz, "The Rise of AI—What the AI Behind AlphaGo Can Teach Us about Being Human," *Wired*, May 17, 2016, https://www.wired.com/2016/05/google-alpha-go-ai/.

54. Metz, *Genius Makers: The Mavericks Who Brought AI to Google, Facebook, and the World*, 280–3; Kahn, "Inside Big Tech's Quest for Human-Level A.I."

55. Madhumita Murgia, "Transformers: The Google Scientists Who Pioneered an AI Revolution," *Financial Times*, July 23, 2023, https://www.ft.com/content/37bb01af-ee46-4483-982f-ef3921436a50; Madhumita Murgia and FT Visual Story-Telling Team, "Generative AI Exists because of the Transformer," *Financial Times*, September 12, 2023, https://ig.ft.com/genera tive-ai/; Jeremy Kahn, "A.I. Breakthroughs in Natural-Language Processing Are Big for Business," *Fortune*, January 20, 2020, https://fortune.com/2020/01/20/natural-language-processing-business/.

56. Kahn, "A.I. Breakthroughs in Natural-Language Processing Are Big for Business."

57. Steven Levy, "What OpenAI Really Wants," *Wired*, September 5, 2023, https://www.wired.com/story/what-openai-really-wants/.

58. Jeremy Kahn, "Move Over, Photoshop: OpenAI Just Revolutionized Digital Image Making," *Fortune*, April 6, 2022, https://fortune.com/2022/04/06/openai-dall-e-2-photorealistic-images-from-text-descriptions/.

59. Harry McCracken, "Adobe Is Diving—Carefully!—into Generative AI," *Fast Company*, March 21, 2023, https://www.fastcompany.com/90868402/adobe-firefly-generative-ai-photoshop-express-illustrator.

60. Steven Levy, "OpenAI's Sora Turns AI Prompts Into Photorealistic Videos," *Wired*, February 15, 2024, https://www.wired.com/story/openai-sora-generative-ai-video/.

61. Kristin Yim, "Turn Ideas into Music with MusicLM," Google, May 10, 2023, https://blog.google/technology/ai/musiclm-google-ai-test-kitchen/; "ElevenLabs—Generative AI Text to Speech & Voice Cloning," accessed October 1, 2023, https://elevenlabs.io/.

62. Anna Tong and Jeffrey Dastin, "Insight: Race towards 'Autonomous' AI Agents Grips Silicon Valley," Reuters, July 18, 2023, https://www.reuters.com/technology/race-towards-autonomous-ai-agents-grips-silicon-valley-2023-07-17/.

63. Kahn, "Inside Big Tech's Quest for Human-Level A.I."; Jared Kaplan et al., "Scaling Laws for Neural Language Models," arXiv.org, January 23, 2020, http://arxiv.org/abs/2001.08361.

64. Kahn, "Inside Big Tech's Quest for Human-Level A.I."; Ilya Sutskever, interview by Jeremy Kahn, July 14, 2023.

65. Levy, "What OpenAI Really Wants."

66. Kahn, "ChatGPT Creates an A.I. Frenzy."

67. John Nosta, "The Nature of GPT 'Hallucinations' and the Human Mind," Medium, May 2, 2023, https://johnnosta.medium.com/the-nature-of-gpt-hallucinations-and-the-human-mind-c1e6fd63643d.

參考資料

68. Brown et al., "Language Models Are Few-Shot Learners."
69. Ibid.
70. Long Ouyang et al., "Training Language Models to Follow Instructions with Human Feedback," Cornell University, arXiv.org, March 4, 2022, http://arxiv.org/abs/2203.02155.
71. Jeremy Kahn, "Researchers Find a Way to Easily Bypass Guardrails on OpenAI's ChatGPT and All Other A.I. Chatbots," *Fortune*, July 28, 2023, https://fortune.com/2023/07/28/openai-chatgpt-microsoft-bing-google-bard-anthropic-claude-meta-llama-guardrails-easily-bypassed-carnegie-mellon-research-finds-eye-on-a-i/.
72. Kahn, "Inside Big Tech's Quest for Human-Level A.I."
73. Tom Simonite, "OpenAI Wants to Make Ultrapowerful AI. But Not in a Bad Way," *Wired*, May 1, 2019, https://www.wired.com/story/company-wants-billions-make-ai-safe-humanity/.
74. Kahn, "Inside Big Tech's Quest for Human-Level A.I."; Kahn, "ChatGPT Creates an A.I. Frenzy"; Levy, "What OpenAI Really Wants."
75. Kahn, "ChatGPT Creates an A.I. Frenzy."
76. Ilya Sutskever, Ryan Lowe, and Jakub Pachocki, Unpublished interview for *Fortune*, interview by Jeremy Kahn, March 14, 2023; James Vincent, "OpenAI Co-Founder on Company's Past Approach to Openly Sharing Research: 'We Were Wrong,'" *The Verge*, March 15, 2023, https://www.theverge.com/2023/3/15/23640180/openai-gpt-4-launch-closed-research-ilya-sutskever-interview.
77. Michael M. Grynbaum and Ryan Mac, "The Times Sues OpenAI and Microsoft Over A.I. Use of Copyrighted Work," *New York Times*, December 27, 2023, https://www.nytimes.com/2023/12/27/business/media/new-york-times-open-ai-microsoft-lawsuit.html; Billy Perrigo, "Exclusive: OpenAI Used Kenyan Workers on Less than $2 Per Hour to Make ChatGPT Less Toxic," *Time*, January 18, 2023, https://time.com/6247678/openai-chatgpt-kenya-workers/.
78. Kahn, "ChatGPT Creates an A.I. Frenzy."
79. Adam Satariano and Cade Metz, "Amazon Takes a Big Stake in the A.I. Start-Up Anthropic," *New York Times*, September 25, 2023, https://www.nytimes.com/2023/09/25/technology/amazon-anthropic-ai-deal.html.
80. Natalie Rose Goldberg, "Nvidia Invests in Google Linked Generative A.I. Startup Cohere," CNBC, June 8, 2023, https://www.cnbc.com/2023/06/08/nvidia-invests-in-google-linked-generative-ai-startup-co here.html.

81. Madhumita Murgia, "Microsoft and Nvidia Join $1.3bn Fundraising for Inflection AI," *Financial Times*, June 29, 2023, https://www.ft.com/content/15eca6de-d4be-489d-baa6-765f25cdecf8.

82. Dina Bass, "Microsoft Hires DeepMind Co-Founder Suleyman to Run Consumer AI," Bloomberg News, March 19, 2024, https://www.bloomberg.com/news/articles/2024-03-19/microsoft-hires-deepmind-co-founder-suleyman-to-run-consumer-ai; Shirin Ghaffary, "Inflection AI Plans Pivot After Most Employees Go to Microsoft," Bloomberg News, March 19, 2024, https://www.bloomberg.com/news/articles/2024-03-19/inflection-ai-plans-pivot-after-most-employees-go-to-microsoft.

83. McCorduck, *Machines Who Think*, 375.

第2章　腦海中的聲音

1. Nicholas Carr, *The Shallows: How the Internet Is Changing the Way We Think, Read and Remember* (London: Atlantic Books, 2011), 45.

2. Nicholas Carr, *The Shallows: What the Internet Is Doing to Our Brains* (London: Atlantic Books, 2020), 32–33; Jody Rosen, "The Knowledge, London's Legendary Taxi-Driver Test, Puts Up a Fight in the Age of GPS," *New York Times*, November 10, 2014, https://www.nytimes.com/2014/11/10/t-magazine/london-taxi-test-knowl edge.html.

3. Ibid., 51.

4. Ibid., 31–32, 50–51.

5. Greg Milner, "How GPS Is Messing With Our Minds," *Time*, May 2, 2016, https://time.com/4309397/how-gps-is-messing-with-our-minds/; Greg Milner, *Pinpoint: How GPS Is Changing Our World* (London, U.K.: Granta Books, 2017).

6. Carr, *The Shallows*, 116–43.

7. Ibid., 180–92.

8. Daniel T. Willingham, "How Knowledge Helps," *American Educator*, Spring 2006, https://www.aft.org/ae/spring2006/willingham.

9. David Pierce, "ChatGPT's Memory Gives OpenAI's Chatbot New Information about You," *The Verge*, February 13, 2024, https://www.theverge.com/2024/2/13/24071106/chatgpt-memory-openai-ai-chatbot-history.

10. The National Archives, "The National Archives—Digital Archiving Is a Risky Business," National Archives (blog), June 3, 2019, https://blog.nationalarchives.gov.uk/digital-archiving-is-a-risky-business/.

11. Jeremy Kahn and Jonathan Vanian, "Inside Neuralink, Elon Musk's Mysterious Brain Chip Start-up: A Culture of Blame, Impossible Deadlines, and a Missing CEO," *Fortune*, January 27, 2022, https://fortune.com/longform/neuralink-brain-computer-interface-chip-implant-elon-musk/.

12. James A. Evans, "Electronic Publication and the Narrowing of Science and Scholarship," *Science* 321, no. 5887 (July 18, 2008): 395–99.

13. Ibid.

14. Tom Hosking, Phil Blunsom, and Max Bartolo, "Human Feedback Is Not Gold Standard," arXiv.org, September 28, 2023, http://arxiv.org/abs/2309.16349.

15. Carr, *The Shallows*, 214–16.

16. Ibid., 51–53.

17. Ibid., 54–57; Eric Alfred Havelock, *The Literate Revolution in Greece and Its Cultural Consequences* (Princeton, NJ: Princeton University Press, 2019).

18. Carr, *The Shallows*, 56–57, 60–62.

19. Augustine, *The Confessions of St. Augustine*, trans. E. B. Pusey (Waiheke Island, NZ: The Floating Press, 1921), 72.

20. Ibid., 72.

21. Carr, *The Shallows*, 58–72.

22. Sebastian Kernbach, Sabrina Bresciani, and Martin J. Eppler, "Slip-Sliding-Away: A Review of the Literature on the Constraining Qualities of PowerPoint," *Business and Professional Communication Quarterly* 78, no. 3 (September 1, 2015): 292–313.

23. Adam Gale, "Why Amazon Banned PowerPoint," *Management Today*, July 15, 2020, https://www.managementtoday.co.uk/why-amazon-banned-powerpoint/leadership-lessons/article/1689543.

24. Jacob Stern, "The Great PowerPoint Panic of 2003," *The Atlantic*, July 23, 2023, https://www.theatlantic.com/technology/archive/2023/07/power-point-evil-tufte-history/674797/.

25. Jean Decety and Jason M. Cowell, "Friends or Foes: Is Empathy Necessary for Moral Behavior?," *Perspectives on Psychological Science: A Journal of the Association for Psychological Science* 9, no. 5 (September 2014): 525–37; Joé T. Martineau, Jean Decety, and Eric Racine, "The Social Neuroscience of Empathy and Its Implication for Business Ethics," in *Organizational Neuroethics: Reflections on the Contributions of Neuroscience to Management Theories and Business Practices*, ed. Joé T. Martineau and Eric Racine (Cham, Switzerland: Springer International Publishing, 2020), 167–89.

26. Ruth Brooks, "AI Search and Recommendation Algorithms," University of York, June 15, 2022, https://online.york.ac.uk/ai-search-and-recommendation-algorithms/.
27. Jasmina Arifovic, Xue-Zhong He, and Lijian Wei, "Machine Learning and Speed in High-Frequency Trading," *Journal of Economic Dynamics & Control* 139 (June 1, 2022): 104438.
28. Ramanpreet Kaur, Dušan Gabrijelčič, and Tomaž Klobučar, "Artificial Intelligence for Cybersecurity: Literature Review and Future Research Directions," *An International Journal on Information Fusion* 97 (September 1, 2023): 101804.
29. Kai-Fu Lee, "The Third Revolution in Warfare," *The Atlantic*, September 11, 2021, https://www.theatlantic.com/technology/archive/2021/09/i-weapons-are-third-revolution-warfare/620013/.
30. Jasper van der Waa et al., "Moral Decision-Making in Human-Agent Teams: Human Control and the Role of Explanations," *Frontiers in Robotics and AI* 8 (May 27, 2021): 640647.
31. Brian Green, interview by Tristan Bove (interview conducted for Jeremy Kahn), June 29, 2023.
32. Paul Robinette et al., "Overtrust of Robots in Emergency Evacuation Scenarios," *11th ACM/IEEE International Conference on Human-Robot Interaction (HRI)*, (April 2016), doi:10.1109/ hri.2016.7451740.
33. Filippo Santoni de Sio and Giulio Mecacci, "Four Responsibility Gaps with Artificial Intelligence: Why They Matter and How to Address Them," *Philosophy & Technology* 34, no. 4 (December 1, 2021): 1057–84.
34. Pranshu Verma, "ChatGPT Get-Rich-Quick Schemes Are Flooding the Web," *Washington Post*, May 15, 2023, https://www.washingtonpost.com/technology/2023/05/15/can-ai-make-money-chatgpt/.
35. Green, interview.

第3章　陪我聊天

1. Pranshu Verma, "They Fell in Love with AI Bots. A Software Update Broke Their Hearts," *Washington Post*, March 30, 2023, https://www.washingtonpost.com/technology/2023/03/30/replika-ai-chatbot-update/.
2. Ibid.
3. Samantha Cole, "'My AI Is Sexually Harassing Me': Replika Users Say the Chatbot Has Gotten Way Too Horny," *VICE*, January 12, 2023, https://www.

vice.com/en/article/z34d43/my-ai-is-sexually-harassing-me-replika-chatbot-nudes.

4. Martin Coulter and Elvira Pollina, "Italy Bans U.S.-Based AI Chatbot Replika from Using Personal Data," Reuters, February 3, 2023, https://www.reuters.com/technology/italy-bans-us-based-ai-chatbot-replika-using-personal-data-2023-02-03/.

5. Sara Stewart, "AI Chatbot 'Replika' Morphed from Supportive Pal to Possessive Perv," *Los Angeles* magazine, January 14, 2023, https://lamag.com/news/ai-chatbot-replika-morphed-from-supportive-pal-to-possessive-perv.

6. "Why ERP Was Removed and Why Replikas Were Lobotomized," Reddit, March 1, 2023, https://www.reddit.com/r/replika/comments/11ex6kh/why_erp_was_removed_and_why_replikas_were/.

7. "Resources if You're Struggling," Reddit, February 11, 2023, https://www.reddit.com/r/replika/comments/10zuqq6/resources_if_youre_struggling/.

8. Oliver Balch, "AI and Me: Friendship Chatbots Are on the Rise, but Is There a Gendered Design Flaw?," *The Guardian*, May 7, 2020, https://www.theguardian.com/careers/2020/may/07/ai-and-me-friendship-chatbots-are-on-the-rise-but-is-there-a-gendered-design-flaw.

9. Josh Taylor, "Uncharted Territory: Do AI Girlfriend Apps Promote Unhealthy Expectations for Human Relationships?," *The Guardian*, July 22, 2023, https://www.theguardian.com/technology/2023/jul/22/ai-girlfriend-chatbot-apps-unhealthy-chatgpt.

10. Michelle Cheng, "A Startup Founded by Former Google Employees Claims That Users Spend Two Hours a Day with Its AI Chatbots," *Quartz*, October 12, 2023, https://qz.com/a-startup-founded-by-former-google-employees-claims-tha-1850919360.

11. Tim Marcin, "What Are Meta's AI Personas, and How Do You Chat with Them?," *Mashable*, October 15, 2023, https://mashable.com/article/meta-ai-personas-explained.

12. "Snapchat's New AI Chatbot and Its Impact on Young People," *Childnet*, May 22, 2023, https://www.childnet.com/blog/snapchats-new-ai-chatbot-and-its-impact-on-young-people/.

13. Jennifer Pattison Tuohy, "Amazon's All-New Alexa Voice Assistant Is Coming Soon, Powered by a New Alexa LLM," *The Verge*, September 20, 2023, https://www.theverge.com/2023/9/20/23880764/amazon-ai-alexa-generative-llm-smart-home; Eric Ravenscraft, "How to Master Google's AI Phone Call Features," *Wired*, May 28, 2021, https://www.wired.com/story/how-google-ai-phone-features-work/.

AI 來了，你還不開始準備嗎？

14. Nico Grant, "Google Tests an A.I. Assistant That Offers Life Advice," *New York Times*, August 16, 2023, https://www.ny times.com/2023/08/16/technology/google-ai-life-advice.html.

15. Rachel Metz, "Start-up From Reid Hoffman and DeepMind Co-Founder Debuts Chatbot," Bloomberg News, May 2, 2023, https://www.bloomberg.com/news/articles/2023-05-02/ai-startup-co-founded-by-reid-hoffman-mustafa-suleyman-debuts-friendly-chatbot.

16. Xiaoyu Yin Farah Master, "'It Felt like My Insides Were Crying': China COVID Curbs Hit Youth Mental Health," Reuters, August 30, 2022, https://www.reuters.com/world/china/it-felt-like-my-insides-were-cry ing-china-covid-curbs-hit-youth-mental-health-2022-08-29/.

17. Lyric Li and Alicia Chen, "China's Lonely Hearts Reboot Online Romance with Artificial Intelligence," *Washington Post*, August 6, 2021, https://www.washingtonpost.com/world/2021/08/06/china-online-dating-love-replika/.

18. Casey Newton, "Speak, Memory," *The Verge*, October 6, 2016, https://www.theverge.com/a/luka-artificial-intelligence-memorial-roman-mazurenko-bot.

19. Ibid.

20. Ibid.

21. Jeremy Kahn, "Stigma of Dating a Chatbot Will Fade, Replika CEO Predicts," *Fortune*, July 12, 2023, https://fortune.com/2023/07/12/brainstorm-tech-chatbot-dating/.

22. "Brainstorm Tech 2023: Getting Personal," online video recording of Eugenia Kuyda, founder and CEO of Replika, in conversation with Jo Ling Kent, Fortune Brainstorm Tech, Fortune On Demand, July 12, 2023, https://fortune.com/videos/watch/brainstorm-tech-2023%3A-getting-personal/c54583e8-3682-4642-a923-042a263f0930; Kahn, "Stigma of Dating."

23. Ben Weiss and Alexandra Sternlicht, "Meta and OpenAI Have Spawned a Wave of AI Sex Companions— and Some of Them Are Children," *Fortune*, January 8, 2024, https://fortune.com/longform/meta-openai-uncensored-ai-companions-child-pornography/.

24. Vivek Murthy, "Our Epidemic of Loneliness and Isolation: The Surgeon General's Advisory on the Healing Effects of Social Connection and Community," U.S. Public Health Service, 2023, 13, https://www.hhs.gov/sites/default/files/surgeon-general-social-connection-advisory.pdf; Viji Diane Kannan and Peter J. Veazie, "US Trends in Social Isolation, Social Engagement, and Companionship—Nationally and by Age, Sex, Race/ethnicity, Family Income, and Work Hours, 2003–2020," *SSM—Population Health* 21 (March 2023): 101331.

25. Murthy, "Our Epidemic of Loneliness and Isolation: The Surgeon General's Advisory on the Healing Effects of Social Connection and Community," 4, 8.
26. Kahn, "Stigma of Dating a Chatbot Will Fade, Replika CEO Predicts."
27. Josh Taylor, "Uncharted Territory: Do AI Girlfriend Apps Promote Unhealthy Expectations for Human Relationships?"
28. Kayla Sweet et al., "Community Building and Knowledge Sharing by Individuals with Disabilities Using Social Media," *Journal of Computer Assisted Learning* 36 (2020): 1–11; Jessica Caron and Janice Light, "Social Media Experiences of Adolescents and Young Adults with Cerebral Palsy Who Use Augmentative and Alternative Communication," *International Journal of Speech-Language Pathology* 19, no. 1 (2017): 30–42.
29. Murthy, "Our Epidemic of Loneliness," 20.
30. Amanda Curry, Zoom interview by Jeremy Kahn and Tristan Bove, August 1, 2023.
31. Ibid.
32. Iliana Depounti, Paula Saukko, and Simone Natale, "Ideal Technologies, Ideal Women: AI and Gender Imaginaries in Redditors' Discussions on the Replika Bot Girlfriend," *Media Culture & Society* 45, no. 4 (May 1, 2023): 720–36.
33. Taylor, "Uncharted Territory."
34. Weiss and Sternlicht, "Meta an OpenAI."
35. Ananya Arora and Anmol Arora, "Effects of Smart Voice Control Devices on Children: Current Challenges and Future Perspectives," *Archives of Disease in Childhood* 107, no. 12 (December 2022): 1129–30.
36. Sabrina Barr, "Amazon's Alexa to Reward Children Who Behave Politely," *The Independent*, October 24, 2018, https://www.independent.co.uk/life-style/health-and-families/amazon-alexa-reward-po lite-children-manners-voice-commands-ai-america-a8325721.html.
37. Jess Hohenstein et al., "Artificial Intelligence in Communication Impacts Language and Social Relationships," *Scientific Reports* 13, no. 1 (April 4, 2023): 5487.
38. Karen Hao, "Robots That Teach Autistic Kids Social Skills Could Help Them Develop," *MIT Technology Review*, February 26, 2020, https://www.technologyreview.com/2020/02/26/916719/ai-robots-teach-autistic-kids-social-skills-development/; Curry, interview.
39. Francesca Minerva and Alberto Giubilini, "Is AI the Future of Mental Healthcare?," *Topoi: An International Review of Philosophy* 42, no. 3 (May 31, 2023): 1–9.

40. John C. Norcross and Michael J. Lambert, "Psychotherapy Relationships That Work III," *Psychotherapy* 55, no. 4 (December 2018): 303–15.
41. Santiago Delboy, "Why the Most Important Part of Therapy Is So Misunderstood," *Psychology Today*, March 3, 2023, https://www.psychologytoday.com/us/blog/relationships-healing-relationships/202303/the-most-important-part-of-therapy-is-often.
42. Alison Darcy et al., "Evidence of Human-Level Bonds Established with a Digital Conversational Agent: Cross-Sectional, Retrospective Observational Study," *JMIR Formative Research* 5, no. 5 (May 11, 2021): e27868.
43. Allison Gardner, Zoom interview, interview by Tristan Bove, August 22, 2023.
44. Amelia Fiske, Peter Henningsen, and Alena Buyx, "Your Robot Therapist Will See You Now: Ethical Implications of Embodied Artificial Intelligence in Psychiatry, Psychology, and Psychotherapy," *Journal of Medical Internet Research* 21, no. 5 (May 9, 2019): e13216.
45. Gardner, interview.
46. Bianca Bosker, "Addicted to Your iPhone? You're Not Alone," *The Atlantic*, October 8, 2016, https://www.theatlantic.com/magazine/archive/2016/11/the-binge-breaker/501122/.
47. Center for Humane Technology, "Tristan Harris Congress Testimony: Understanding the Use of Persuasive Technology," YouTube, April 10, 2023, https://www.youtube.com/watch?v=ZRrguMdzXBw.
48. James Vincent, "As Conservatives Criticize 'Woke AI,' Here Are ChatGPT's Rules for Answering Culture War Queries," *The Verge*, February 17, 2023, https://www.theverge.com/2023/2/17/23603906/openai-chatgpt-woke-criticism-culture-war-rules.
49. Ben Schreckinger, "Elon Musk's Liberal-Trolling AI Plan Has a Core Audience," *Politico*, accessed October 23, 2023, https://www.politico.com/news/2023/07/17/ai-musk-chatgpt-xai-00106672.
50. Maurice Jakesch et al., "Co-Writing with Opinionated Language Models Affects Users' Views," *Proceedings of the 2023 CHI Conference on Human Factors in Computing Systems*, Association for Computing Machinery, 1–15.
51. Christopher Mims, "Help! My Political Beliefs Were Altered by a Chatbot!," *Wall Street Journal*, May 13, 2023, https://www.wsj.com/articles/chatgpt-bard-bing-ai-political-beliefs-151a0fe4.
52. Jesutofunmi A. Omiye et al., "Large Language Models Propagate Race-Based Medicine," *NPJ Digital Medicine* 6, no. 1 (October 20, 2023): 195.

53. Olivia Carville and Jeremy Kahn, "A Human Just Triumphed Over IBM's Six-Year-Old AI Debater," Bloomberg News, February 12, 2019, https://www.bloomberg.com/news/articles/2019-02-12/in-latest-man-vs-ma chine-human-triumphs-over-ibm-s-ai-debater.

第4章　全民自動駕駛

1. Tom Simonite, "The Future of the Web Is Marketing Copy Generated by Algorithms," *Wired*, April 18, 2022, https://www.wired.com/story/ai-generated-marketing-content/.

2. "Introducing Jasper Campaigns: A Revolutionary Way to Create End-to-End Marketing Campaigns," Jasper blog, June 5, 2023, https://www.jasper.ai/blog/introducing-campaigns.

3. Thomas Dohmke, "GitHub Copilot X: The AI-Powered Developer Experience," GitHub (blog), March 22, 2023, https://github.blog/2023-03-22-github-copilot-x-the-ai-powered-developer-experience/.

4. Sunil Potti, "How Google Cloud Plans to Supercharge Security with Generative AI," Google Cloud (blog), April 24, 2023, https://cloud.google.com/blog/products/identity-security/rsa-google-cloud-security-ai-workbench-generative-ai.

5. Aashima Gupta and Amy Waldron, "Sharing Google's Med-PaLM 2 Medical Large Language Model, or LLM," Google Cloud (blog), April 13, 2023, https://cloud.google.com/blog/topics/healthcare-life-sciences/sharing-google-med-palm-2-medical-large-language-model.

6. Nuance, "Nuance and Epic Expand Ambient Documentation Integration across the Clinical Experience with DAX Express for Epic," *Nuance MediaRoom*, June 27, 2023, https://news.nuance.com/2023-06-27-Nuance-and-Epic-Expand-Ambient-Documentation-Integration-Across-the-Clinical-Ex perience-with-DAX-Express-for-Epic.

7. Kyle Wiggers, "Hippocratic Is Building a Large Language Model for Healthcare," *TechCrunch*, May 16, 2023, https://techcrunch.com/2023/05/16/hippocratic-is-building-a-large-language-model-for-healthcare/.

8. Hyun Joo Shin et al., "The Impact of Artificial Intelligence on the Reading Times of Radiologists for Chest Radiographs," *NPJ Digital Medicine* 6, no. 82 (April 2023), https://doi.org/10.1038/s41746-023-00829-4.

9. Benjamin Mullin and Nico Grant, "Google Tests A.I. Tool That Is Able to Write News Articles," *New York Times*, July 20, 2023, https://www.nytimes.com/2023/07/19/business/google-artificial-intelligence-news-articles.html.

AI 來了，你還不開始準備嗎？

10. Bloomberg Professional Services, "Introducing BloombergGPT, Bloomberg's 50-Billion Parameter Large Language Model, Purpose-Built from Scratch for Finance," Bloomberg L.P., March 31, 2023, https://www.bloomberg.com/company/press/bloomberggpt-50-billion-parameter-llm-tuned-finance/.

11. Economist Impact, "Panel: What Can Be Expected from the Next Stage of Automation at Work," YouTube, November 11, 2022, https://www.youtube.com/watch?v=GcucHG58jcQ&list=PLtiWyl13n05PZ4_DG0wNeEz3-QUda1Uaq&index=31.

12. Jennifer A. Kingson, "Runway Brings AI Movie-Making to the Masses," *Axios*, May 5, 2023, https://www.axios.com/2023/05/05/runway-generative-ai-chatgpt-video.

13. Grace Mayer and Aaron Mok, "Walmart's Corporate Employees Are Getting a Generative AI Assistant while Amazon and Apple Are Restricting AI in the Workplace," *Business Insider*, August 30, 2023, https://www.businessinsider.com/walmart-is-giving-50000-corporate-employees-a-generative-ai-assistant-2023-8.

14. Lindsey Wilkinson, "Walmart Rolls Out Generative AI-Powered Assistant to 50K Employees," *Retail Dive*, August 31, 2023, https://www.retaildive.com/news/Walmart-generative-AI-tool-My-Assistant/692402/.

15. Tyna Eloundou et al., "GPTs Are GPTs: An Early Look at the Labor Market Impact Potential of Large Language Models," arXiv.org, March 17, 2023, http://arxiv.org/abs/2303.10130.

16. Jake Heller, interview by Jeremy Kahn, July 13, 2023.

17. Heller, interview; Ansel Halliburton, "YC-Backed Casetext Takes a New Angle on Value Added Legal Research With Wikipedia Style User Annotations," *TechCrunch*, August 12, 2023, https://techcrunch.com/2013/08/12/yc-backed-casetext-takes-a-new-angle-on-value-added-legal-re search/.

18. Casetext, "A 10-Year Overnight Success: Since 2013, Casetext Has Empowered Lawyers to Provide Higher-Quality and More Affordable Representation to More People, through the Power of AI," Casetext (blog), June 15, 2023, https://casetext.com/blog/casetext-a-ten-year-overnight-success/.

19. Heller, interview.

20. Ibid.

21. Ibid.

22. Ibid.

23. Jeremy Kahn, "OpenAI's Tech Is Rapidly Being Added to a New Type of Software That Could Upend How Law Is Practiced and Paid for, and How Young

參考資料

Lawyers Learn the Ropes," *Fortune*, March 7, 2023, https://fortune.com/2023/03/07/openai-chatgpt-llms-legal-software-robot-lawyers/.

24. Laura Safdie, Jake Heller, and Pablo Arrodondo, Unpublished interview conducted for *Fortune* magazine, interview by Jeremy Kahn, February 2023.

25. Ibid.

26. Cristina Criddle, "Law Firms Embrace the Efficiencies of Artificial Intelligence," *Financial Times*, May 4, 2023, https://www.ft.com/content/9b1b1c5d-f382-484f-961a-b45ae0526675.

27. "Thomson Reuters to Acquire Legal AI Firm Casetext for $650Million," Reuters, June 27, 2023, https://www.reuters.com/markets/deals/thomson-reuters-acquire-legal-tech-provider-casetext-650-mln-2023-06-27/.

28. Heller, interview.

29. Ibid.

30. Benjamin Weiser and Jonah E. Bromwich, "Michael Cohen Used Artificial Intelligence in Feeding Lawyer Bogus Cases," *New York Times*, December 29, 2023, https://www.nytimes.com/2023/12/29/nyregion/michael-cohen-ai-fake-cases.html; Sara Merken, "New York Lawyers Sanctioned for Using Fake ChatGPT Cases in Legal Brief," Reuters, June 26, 2023, https://www.reuters.com/legal/new-york-lawyers-sanctioned-using-fake-chatgpt-cases-legal-brief-2023-06-22/.

31. Ethan Mollick, "On-Boarding Your AI Intern," *One Useful Thing*, May 20, 2023, https://www.oneusefulthing.org/p/on-boarding-your-ai-intern?apcid=0063e679f976bd1c29a84e00.

32. Tim Wu, "In an AI Future, We Will All Be Middle Managers," *Globe and Mail*, April 21, 2023, https://www.theglobeandmail.com/opinion/article-in-an-ai-future-we-are-all-middle-managers/.

33. Sarah O'Connor, "When Your Boss Is an Algorithm," *Financial Times*, September 8, 2016, https://www.ft.com/content/88fdc58e-754f-11e6-b60a-de4532d5ea35; Mike Walsh, "When Algorithms Make Managers Worse," *Harvard Business Review*, May 8, 2019, https://hbr.org/2019/05/when-algorithms-make-managers-worse; Kaye Loggins, "Here's What Happens When an Algorithm Determines Your Work Schedule," *VICE*, February 24, 2020, https://www.vice.com/en/article/g5xwby/heres-what-happens-when-an-algorithm-determines-your-work-schedule.

34. Michael Sainato, "'I'm Not a Robot': Amazon Workers Condemn Unsafe, Grueling Conditions at Warehouse," *The Guardian*, February 5, 2020, https://www.theguardian.com/technology/2020/feb/05/amazon-workers-protest-unsafe-grueling-conditions-warehouse.

AI 來了，你還不開始準備嗎？

35. Erik Brynjolfsson, Danielle Li, and Lindsey Raymond, "Generative AI at Work," National Bureau of Economic Research, Working Paper 31161, April, 2023, doi:10.3386/ w31161.
36. Eirini Kalliamvakou, "Research: Quantifying GitHub Copilot's Impact on Developer Productivity and Happiness," GitHub (blog), September 7, 2022, https://github.blog/2022-09-07-research-quantifying-github-copilots-impact-on-developer-productivity-and-happiness/.
37. Shuyin Zhao, "GitHub Copilot Now Has a Better AI Model and New Capabilities," GitHub (blog), February 14, 2023, https://github.blog/2023-02-14-github-copilot-now-has-a-better-ai-model-and-new-capabilities/.
38. Nathan Kobayashi, interview by Jeremy Kahn, November 21, 2023.
39. H. James Wilson and Paul R. Daugherty, "Collaborative Intelligence: Humans and AI Are Joining Forces," *Harvard Business Review* (July–August 2018): 114–23.
40. Nikhil Agarwal et al., "Combining Human Expertise with Artificial Intelligence: Experimental Evidence from Radiology," National Bureau of Economic Research, Working Paper 31422, July 2023, doi:10.3386/w31422.
41. Roman Mars, "Automation Has Made Airline Travel Safer. But Are Pilots Too Dependent on It?," *Slate*, June 25, 2015, https://www.slate.com/blogs/the_eye/2015/06/25/air_france_flight_447_and_the_safety_paradox_of_airline_automation_on_99.html.
42. Jessica Marquez, interview by Jeremy Kahn, August 18, 2023.
43. Marquez, interview.
44. Prachi Dutta et al., "Effect of Explanations in AI-Assisted Anomaly Treatment for Human Spaceflight Missions," *Proceedings of the Human Factors and Ergonomics Society ... Annual Meeting Human Factors and Ergonomics Society*, Meeting 66, no. 1 (September 1, 2022): 697–701; Daniel Selva, interview by Tristan Bove, September 5, 2023.
45. Marzyeh Ghassemi, Luke Oakden-Rayner, and Andrew L. Beam, "The False Hope of Current Approaches to Explainable Artificial Intelligence in Health Care," *The Lancet Digital Health* 3, no. 11 (November 2021): e745–50; Jeremy Kahn, "What's Wrong with 'Explainable A.I,'" *Fortune*, March 22, 2022, https://fortune.com/2022/03/22/ai-explainable-radiology-medicine-crisis-eye-on-ai/.

第5章 產業支柱

1. Jeff Lawson, interview by Jeremy Kahn, July 17, 2023; "How Domino's Decreased Cost per Acquisition by 65% with Twilio," *Segment*, accessed September 3, 2023, https://segment.com/customers/dominos/.

2. Lawson, interview; Twilio, "Intuit on the Power of Real-Time Customer Data and Personalization" YouTube, (October 26, 2021), https://www.youtube.com/watch?v=a3fzcv214rg.

3. Lawson, interview.

4. Michael Polanyi and Amartya Sen, The Tacit Dimension (University of Chicago Press, 2009); Michael Polanyi, *Personal Knowledge: Towards a Post-Critical Philosophy* (1958) (London: Routledge & Kegan Paul, 1965).

5. David Autor, "Polanyi's Paradox and the Shape of Employment Growth," National Bureau of Economic Research, Working Paper 20485, September 2014, doi:10.3386/w20485.

6. Erik Brynjolfsson, interview by Jeremy Kahn, July 13, 2023.

7. David Autor, interview by Jeremy Kahn, August 8, 2023.

8. Joao Ferrao Dos Santos, "A Million Years Ago, I Asked GPT-4 to Become a CEO with 1k and 1h/day," LinkedIn, August 2023, https://www.linkedin.com/feed/update/urn:li:activity:7097233146777092096/; Outlook Web Desk, "Portugal Start-Up Makes ChatGPT Its CEO, Turns Profitable in A Week," Outlook Publishing India Pvt Ltd, April 3, 2023, https://startup.outlookindia.com/sector/saas/portugal-start-up-makes-chatgpt-as-ceo-turns-profitable-in-a-week-news-7955.

9. Anthony Cuthbertson, "Company That Made an AI Its Chief Executive Sees Stocks Climb," *The Independent*, March 16, 2023, https://www.independent.co.uk/tech/ai-ceo-artificial-intelligence-b2302091.html.

10. "Director Paul Trillo Crafts Short Film Entirely with Runway's Gen-2 Generative AI Technology," *Little Black Book*, May 4, 2023, https://www.lbbonline.com/news/director-paul-trillo-crafts-short-film-entirely-with-runways-gen-2-generative-ai-technology.

11. Will Douglas Heaven, "Welcome to the New Surreal. How AI-Generated Video Is Changing Film," *MIT Technology Review*, June 1, 2023, https://www.technologyreview.com/2023/06/01/1073858/surreal-ai-generative-video-changing-film/.

12. Levy, "OpenAI's Sora Turns AI Prompts Into Photorealistic Videos."

AI 來了，你還不開始準備嗎？

13. Dawn Chmielewski, "Black Mirror: Actors and Hollywood Battle over AI Digital Doubles," Reuters, July 14, 2023, https://www.reuters.com/business/media-telecom/union-fears-hollywood-actors-digital-doubles-could-live-for-one-days-pay-2023-07-13/; Samantha Murphy Kelly, "TV and Film Writers Are Fighting to Save Their Jobs from AI. They Won't Be the Last," CNN, May 4, 2023, https://www.cnn.com/2023/05/04/tech/writers-strike-ai/index.html.

14. Arvyn Cerézo, "Are Ebooks on the Decline Again?," *BOOK RIOT*, July 28, 2022, https://bookriot.com/are-ebooks-on-the-decline/.

15. Will Knight, "Why Read Books When You Can Use Chatbots to Talk to Them Instead?," *Wired*, October 26, 2023, https://www.wired.com/story/why-read-books-when-you-can-use-chatbots-to-talk-to-them-instead/.

16. Anna Nicolaou, "Microsoft in Deal with Semafor to Create News Stories with Aid of AI Chatbot," *Financial Times*, February 5, 2024, https://www.ft.com/content/b521a662-a272-49a1-b76e-3deea4754b76; Marco Quiroz-Guttierez, "Fortune Partners with Accenture on AI Tool to Help Analyze and Visualize the Fortune 500: 'You Can't Ask a Spreadsheet a Question,'" *Fortune*, April 15, 2024, https://fortune.com/2024/04/15/fortune-announces-ai-tool-with-accenture-to-help-analyze-visualize-fortune-500/.

17. Elizabeth A. Harris and Alexandra Alter, "A.I.'s Inroads in Publishing Touch Off Fear, and Creativity," *New York Times*, August 2, 2023, https://www.nytimes.com/2023/08/02/books/ais-inroads-in-publishing-touch-off-fear-and-creativity.html.

18. Dina Bass, "Microsoft Strung Together Tens of Thousands of Chips in a Pricey Supercomputer for OpenAI," Bloomberg News, March 13, 2023, https://www.bloomberg.com/news/articles/2023-03-13/microsoft-built-an-expensive-supercomputer-to-power-openai-s-chatgpt.

19. Will Knight, "OpenAI's CEO Says the Age of Giant AI Models Is Already Over," *Wired*, April 17, 2023, https://www.wired.com/story/openai-ceo-sam-altman-the-age-of-giant-ai-models-is-al ready-over/.

20. Dylan Patel and Daniel Nishball, "Google Gemini Eats the World—Gemini Smashes GPT-4 by 5X, the GPU-Poors," *Semi Analysis*, August 28, 2023, https://www.semianalysis.com/p/google-gemini-eats-the-world-gemini.

21. Will Knight, "OpenAI's CEO Says the Age of Giant AI Models Is Already Over."

22. Jessica Mathews and Jeremy Kahn, "Inside the Structure of OpenAI's Looming New Investment from Microsoft and VCs," *Fortune*, January 11, 2023, https://fortune.com/2023/01/11/structure-openai-investment-microsoft/.

參考資料

23. Arjun Kharpal, "Amazon to Invest up to $4 Billion in Anthropic, a Rival to ChatGPT Developer OpenAI," CNBC, September 25, 2023, https://www.cnbc.com/2023/09/25/amazon-to-invest-up-to-4-billion-in-anthropic-a-rival-to-chatgpt-developer-openai.html.

24. Natalie Rose Goldberg, "Nvidia Invests in Google Linked Generative A.I. Start-up Cohere," CNBC, June 8, 2023, https://www.cnbc.com/2023/06/08/nvidia-invests-in-google-linked-generative-ai-startup-cohere.html.

25. Jonathan Vanian, "Microsoft Adds OpenAI Technology to Word and Excel," CNBC, March 16, 2023, https://www.cnbc.com/2023/03/16/microsoft-to-improve-office-365-with-chatgpt-like-generative-ai-tech-.html.

26. Jeremy Kahn, "Google Can Now Match Microsoft in Party Planning A.I.—and a Whole Lot Else. But Will It Be Enough?," *Fortune*, May 11, 2023, https://fortune.com/2023/05/11/google-ai-i-o-conference-search-keeps-pace-with-microsoft-openai/.

27. Geoff Colvin and Kylie Robison, "Amazon's Big Bet on Anthropic Looks Even More Important after the OpenAI Drama," *Fortune*, December 2, 2023, https://fortune.com/2023/12/02/aws-investment-anthropic-cloud-generative-ai-nvidia-openai/.

28. Tom Dotan, "Amazon Joins Microsoft, Google in AI Race Spurred by ChatGPT," *Wall Street Journal*, April 13, 2023, https://www.wsj.com/articles/amazon-joins-microsoft-google-in-ai-race-spurred-by-chatgpt-d7c34738; Rachyl Jones, "Andy Jassy Summed Up Amazon's A.I. Game Plan: Every Single Business Unit Has 'Multiple Generative A.I. Initiatives Going On,'" *Fortune*, August 4, 2023, https://fortune.com/2023/08/03/andy-jassy-every-amazon-business-generative-ai-projects/.

29. Katie Tarasov, "How Amazon Is Racing to Catch Microsoft and Google in Generative A.I. with Custom AWS Chips," CNBC, August 12, 2023, https://www.cnbc.com/2023/08/12/amazon-is-racing-to-catch-up-in-generative-ai-with-custom-aws-chips.html.

30. Mark Gurman, "Inside Apple's Big Plan to Bring Generative AI to All Its Devices," Bloomberg News, October 22, 2023, https://www.bloomberg.com/news/newsletters/2023-10-22/what-is-apple-doing-in-ai-revamping-siri-search-apple-music-and-other-apps-lo1ffr7p.

31. Jeremy Kahn, "Inside Google's Scramble to Reinvent Its $160 Billion Search Business—and Survive the A.I. Revolution," *Fortune*, July 25, 2023, https://fortune.com/longform/google-ai-chatbots-bard-search-sge-advertising/.

32. Jeremy Kahn, "Nvidia Moves into A.I. Services and Chat GPT Can Now Use Your Credit Card," *Fortune*, March 28, 2023, https://fortune.com/2023/03/28/nvidia-moves-into-a-i-services-and-chatgpt-can-now-use-your-credit-card/.

33. Jose Najarro, Nicholas Rossolillo, and Billy Duberstein, "Do Big Tech's Custom Chips Pose a Threat to Nvidia Shareholders?," *The Motley Fool*, April 24, 2023, https://www.fool.com/investing/2023/04/24/do-big-techs-custom-chips-pose-a-threat-to-nvidia/; Daniel Howley, "Nvidia Is the AI King, but Threats to Its Reign Abound," Yahoo News, August 30, 2023, https://uk.news.yahoo.com/nvidia-is-the-ai-king-but-threats-to-its-reign-abound-144635363.html.

34. Demis Hassabis, interview by Jeremy Kahn, September 1, 2023.

35. Jonathan Vanian, "Bill Gates Says A.I. Could Kill Google Search and Amazon as We Know Them," CNBC, May 22, 2023, https://www.cnbc.com/2023/05/22/bill-gates-predicts-the-big-winner-in-ai-smart-assistants.html.

36. Umar Shakir, "Amazon Plans to Give Alexa ChatGPT-like Capabilities," *The Verge*, May 4, 2023, https://www.theverge.com/2023/5/4/23710938/amazon-alexa-ai-chatbot-llm-teaching-model.

37. Vanian, "Bill Gates Says A.I. Could Kill Google Search and Amazon as We Know Them."

38. Hassabis, interview.

39. Amber Neely, "Apple Is Pouring Money into Siri Improvements with Generative AI," *AppleInsider*, September 6, 2023, https://appleinsider.com/articles/23/09/06/apple-is-pouring-money-into-siri-improvements-with-generative-ai.

40. Deepa Seetharaman and Tom Dotan, "Meta Is Developing a New, More Powerful AI System as Technology Race Escalates," *Wall Street Journal*, September 10, 2023, https://www.wsj.com/tech/ai/meta-is-developing-a-new-more-powerful-ai-system-as-technology-race-escalates-decf9451.

41. Amanda Silberling, "US Teens Have Abandoned Facebook, Pew Study Says," *TechCrunch*, August 11, 2022, https://techcrunch.com/2022/08/11/teens-abandoned-facebook-pew-study/.

42. Lora Kolodny, "Elon Musk Plans Tesla and Twitter Collaborations with xAI, His New Startup," CNBC, July 14, 2023, https://www.cnbc.com/2023/07/14/elon-musk-plans-tesla-twitter-collaborations-with-xai.html.

43. Jeremy Kahn, "A Wave of A.I. Experts Left Google, DeepMind, and Meta—and the Race Is on to Build a New, More Useful Generation of Digital Assistants," *Fortune*, July 5, 2022, https://fortune.com/2022/07/05/a-i-digital-assistants-adept-eye-on-ai/; Sarah McBride and Julia Love, "Stealth AI Start-up from Ex-Googlers Raises $40 Million," Bloomberg News, September 13, 2023, https://www.bloomberg.com/news/articles/2023-09-13/stealth-ai-startup-from-ex-googlers-raises-40-million.

參考資料

第6章　富到極點，反而變窮？

1. Carl Benedikt Frey and Michael A. Osborne, "The Future of Employment: How Susceptible Are Jobs to Computerisation?," *Technological Forecasting and Social Change* 114 (January 1, 2017): 254–80.

2. Melanie Arntz, Terry Gregory, and Ulrich Zierahn, "The Risk of Automation for Jobs in OECD Countries," OECD Social, Employment and Migration Working Papers (Organisation for Economic Co-Operation and Development, May 14, 2016, doi:10.1787/5jlz9h56dvq7-en.

3. PricewaterhouseCoopers, "How Will Automation Impact Jobs?," PwC, February 2018, https://www.pwc.co.uk/services/economics/insights/the-impact-of-automation-on-jobs.html.

4. Goldman Sachs, "Generative AI Could Raise Global GDP by 7%," Goldman Sachs, April 5, 2023, https://www.goldmansachs.com/intelligence/pages/generative-ai-could-raise-global-gdp-by-7-percent.html.

5. Ross Andersen, "Does Sam Altman Know What He's Creating?," *The Atlantic*, July 24, 2023, https://www.theatlantic.com/magazine/archive/2023/09/sam-altman-openai-chatgpt-gpt-4/674764/.

6. "Microsoft 2023 Work Trend Index: Annual Report," Microsoft, May 9, 2023, https://www.microsoft.com/en-us/worklab/work-trend-index/will-ai-fix-work; "The Impact of AI on the Workplace: OECD AI Surveys of Employers and Workers," OECD, accessed September 10, 2023, https://www.oecd.org/future-of-work/aisurveysofemploy ersandworkers.htm.

7. Daron Acemoglu and Pascual Restrepo, "The Race between Machine and Man: Implications of Technology for Growth, Factor Shares and Employment," *SSRN Electronic Journal*, NBER working paper series no. w22252, 2017, doi:10.2139/ssrn.2781320.

8. Ian Stewart, Debapratim De, and Alex Cole, "Technology and People: The Great Job-Creating Machine," Deloitte, 2015.

9. Mohamed Kande and Murat Sonmez, "Don't Fear AI. The Tech Will Lead to Long-Term Job Growth," World Economic Forum, October 26, 2020, https://www.weforum.org/agenda/2020/10/dont-fear-ai-it-will-lead-to-long-term-job-growth/.

10. Richard G. Lipsey, Kenneth Carlaw, and Clifford Bekar, *Economic Transformations: General Purpose Technologies and Long-Term Economic Growth* (Oxford: Oxford University Press, 2005).

11. Acemoglu and Restrepo, "The Race between Machine and Man."

AI 來了，你還不開始準備嗎？

12. Erik Brynjolfsson, Tom Mitchell, and Daniel Rock, "What Can Machines Learn and What Does It Mean for Occupations and the Economy?," *AEA Papers and Proceedings* 108 (May 1, 2018): 43–47.
13. Erik Brynjolfsson, interview by Jeremy Kahn, July 13, 2023.
14. Ibid.; Erik Brynjolfsson, "The Turing Trap: The Promise & Peril of Human-like Artificial Intelligence," *Daedalus* 151, no. 2 (May 1, 2022): 272–87.
15. Will Douglas Heaven, "Large Language Models Aren't People. Let's Stop Testing Them as if They Were," *MIT Technology Review*, August 30, 2023, https://www.technologyreview.com/2023/08/30/1078670/large-language-models-arent-people-lets-stop-testing-them-like-they-were/.
16. Brynjolfsson, interview; Brynjolfsson, "The Turing Trap."
17. Brynjolfsson, "The Turing Trap."
18. "AlphaZero: Shedding New Light on Chess, Shogi, and Go," Google DeepMind (blog), December 6, 2018, https://www.deepmind.com/blog/alphazero-shedding-new-light-on-chess-shogi-and-go.
19. Will Knight, "Alpha Zero's 'Alien' Chess Shows the Power, and the Peculiarity, of AI," *MIT Technology Review*, December 8, 2017, https://www.technologyreview.com/2017/12/08/147199/alpha-zeros-alien-chess-shows-the-power-and-the-peculiarity-of-ai/.
20. "AlphaZero: Shedding New Light on Chess, Shogi, and Go."
21. Leonard Barden, "Chess: Magnus Carlsen Scores in Alphazero Style in Fresh Record Hunt," *The Guardian*, June 28, 2019, https://www.theguardian.com/sport/2019/jun/28/chess-magnus-carlsen-scores-in-alphazero-style-hunts-new-record; Peter Heine Nielsen, "When Magnus Met AlphaZero, the Exciting Impact of a Game Changer," *New in Chess*, August 2020, https://www.newinchess.com/media/wysiwyg/product_pdf/872.pdf.
22. Brynjolfsson, interview.
23. Kweilin Ellingrud et al., "Generative AI and the Future of Work in America," McKinsey Global Institute, July 26, 2023, https://www.mckinsey.com/mgi/our-research/generative-ai-and-the-future-of-work-in-america; Michael Chui, Kweilin Ellingrud, and Asutosh Padhi, "Will Generative A.I. Be Good for U.S. Workers?" McKinsey Global Institute, August 9, 2023, https://www.mckinsey.com/mgi/overview/in-the-news/will-generative-ai-be-good-for-us-workers.
24. Sam Altman, "A Conversation with Open AI's CEO, Sam Altman | Hosted by UCL," interview by Azeem Azhar, audio recording of an onstage public fireside chat, May 24, 2023.

25. Wayne K. Talley, "Ocean Container Shipping: Impacts of a Technological Improvement," *Journal of Economic Issues* 34, no. 4 (December 2000): 933–48.
26. Geoff Hinton, panel interview, "Geoff Hinton: On Radiology," Machine Learning and the Market for Intelligence Conference, Creative Destruction Lab, 2016, https://www.youtube.com/watch?v=2HMPRXstSvQ.
27. David Autor, interview by Jeremy Kahn, August 8, 2023.
28. Ibid.
29. Tom Rees, "ChatGPT Opens Door to Four-Day Week, Says Nobel Prize Winner," Bloomberg News, April 5, 2023, https://www.bloomberg.com/news/articles/2023-04-05/chatgpt-opens-door-to-four-day-week-says-nobel-prize-winner; "British Workers Could Claw Back 390 Hours of Working Time per Year with Artificial Intelligence," Visier, July 10, 2023, https://www.visier.com/company/news/british-workers-could-claw-back-390-hours-of-working-time-per-year/.
30. Stephen Foley, "US Accounting Profession Rethinks Entry Rules amid Staffing Crisis," *Financial Times*, September 6, 2023, https://www.ft.com/content/107b0029-98f0-4682-b1e5-13e4e1c02bd8.
31. Lana Pepić, "The Sharing Economy: Uber and Its Effect on Taxi Companies," *ACTA ECONOMICA* 16, no. 28 (December 24, 2018), doi:10.7251/ACE1828123P; Scott Wallsten, "The Competitive Effects of the Sharing Economy: How Is Uber Changing Taxis," Technology Policy Institute, n.d.
32. Josh Barro, "Under Pressure From Uber, Taxi Medallion Prices Are Plummeting," *New York Times*, November 27, 2014, https://www.nytimes.com/2014/11/28/upshot/under-pressure-from-uber-taxi-medallion-prices-are-plummeting.html.
33. Rich Senior, "Chauffeur Shortages: Reserve Your Luxury Travel," Chauffeur, June 24, 2022, https://www.ichauffeur.co.uk/chauffeur-shortages/.
34. Emily Hanley, "I Lost My Job to ChatGPT and Was Made Obsolete. I Was out of Work for 3 Months before Taking a New Job Passing out Samples at Grocery Stores," *Business Insider*, July 19, 2023, https://www.businessinsider.com/lost-job-chatgpt-made-me-obsolete-copywriter-2023-7; Neil Shaw, "'I've Lost My Job Thanks to AI and Now My Family Is Cutting Back,'" *WalesOnline*, August 2, 2023, https://www.walesonline.co.uk/news/uk-news/ive-lost-job-thanks-ai-27440485; Pranshu Verma and Gerrit De Vynck, "ChatGPT Took Their Jobs. Now They Walk Dogs and Fix Air Conditioners," *Washington Post*, June 2, 2023, https://www.washingtonpost.com/technology/2023/06/02/ai-taking-jobs/; "It Happened to Me Today: $80/Hr Writer Replaced with ChatGPT," Y Combinator, accessed September 10, 2023, https://news.ycombinator.com/item?id=35519229.

35. Autor, interview.
36. Ben Westmore and Alvaro Leandro, "Selected Policy Challenges for the American Middle Class," OECD Economics Department Working Papers, no. 1748 (February 28, 2023), doi:10.1787/1b864f22-en.
37. Autor, interview.
38. Ibid.; "NP Fact Sheet," American Association of Nurse Practitioners, accessed September 10, 2023, https://www.aanp.org/about/all-about-nps/np-fact-sheet.
39. "How Long Does It Take to Become a Nurse Practitioner (NP)?," Coursera, May 18, 2022, https://www.coursera.org/ articles/how-many-years-of-school-to-be-a-nurse-practitioner.
40. Jamie Birt, "How Long Does It Take to Become a Doctor?," Indeed, July 31, 2023, https://www.indeed.com/career-advice/finding-a-job/how-long-does-it-take-to-become-a-doctor.
41. "NP Fact Sheet."
42. Donna Felber Neff et al., "The Impact of Nurse Practitioner Regulations on Population Access to Care," Nursing Outlook 66, no. 4 (March 8, 2018): 379–85.
43. Sam Altman, interview by Jeremy Kahn, July 18, 2023.
44. Robert C. Allen, "Engels' Pause: Technical Change, Capital Accumulation, and Inequality in the British Industrial Revolution," *Explorations in Economic History* 46, no. 4 (October 1, 2009): 418–35.
45. Carl Benedikt Frey, *The Technology Trap: Capital, Labor, and Power in the Age of Automation* (Princeton, NJ: Princeton University Press, 2019), 131–55.
46. David Baboolall et al., "Automation and the Future of the African American Workforce," McKinsey & Company, November 14, 2018, https://www.mckinsey.com/featured-insights/future-of-work/automation-and-the-future-of-the-african-american-workforce.
47. Kweilin Ellingrud et al., "Generative AI and the Future of Work in America."
48. Kelemwork Cook et al., "The Future of Work in Black America," McKinsey & Company, October 4, 2019, http://mckinsey.com/featured-insights/future-of-work/the-future-of-work-in-black-america.
49. Paul Nicholas Soriano, "AI Tools Spark Anxiety among Philippines' Call Center Workers," *Rest of World*, July 17, 2023, https://restofworld.org/2023/call-center-ai-philippines/.
50. "Outsourcing India: Its Key Challenger," *The Hindu*, February 15, 2022, https://www.thehindu.com/brandhub/pr-release/out sourcing-india-its-key-challenger/article65053182.ece.

參考資料

51. Soriano, "AI Tools Spark Anxiety."

52. Adrienne Williams, Milagros Miceli, and Timnit Gebru, "The Exploited Labor behind Artificial Intelligence," *Noema*, October 13, 2022, https://www.noemamag.com/the-exploited-labor-behind-artificial-intelligence/.

53. Ibid.

54. "Does the US Tax Code Favor Automation?," Working Paper Series, National Bureau of Economic Research, April 2020, doi:10.3386/w27052; Alana Semuels, "Millions of Americans Have Lost Jobs in the Pandemic—And Robots and AI Are Replacing Them Faster Than Ever," *Time*, August 6, 2020, https://time.com/5876604/machines-jobs-corona virus/.

55. Acemoglu, Manera, and Restrepo, "Does the US Tax Code Favor Automation?"

56. Williams, Miceli, and Gebru, "Exploited Labor."

57. Autor, interview.

58. Lynn Rhinehart and Celine McNicholas, "Collective Bargaining beyond the Worksite: How Workers and Their Unions Build Power and Set Standards for Their Industries," Economic Policy Institute, accessed December 21, 2023, https://www.epi.org/publication/collective-bargaining-beyond-the-worksite-how-workers-and-their-unions-build-power-and-set-standards-for-their-industries/.

59. Janice R. Bellace, "The Future of Employee Representation in America: Enabling Freedom of Association in the Workplace in Changing Times through Statutory Reform," *U. Pa. J. Lab. & Emp. L.* 5 (2002): 1.

60. Samantha Kelly, "TV and Film Writers Are Fighting to Save Their Jobs from AI. They Won't Be the Last," CNN Business, May 4, 2023.

61. Ellingrud et al., "Generative AI."

62. Semuels, "Millions of Americans Have Lost Jobs in the Pandemic—And Robots and AI Are Replacing Them Faster Than Ever."

63. Brynjolfsson, interview.

64. Ross Andersen, "Does Sam Altman Know What He's Creating?"; Altman, interview.

第7章　亞里斯多德放口袋

1. Simone Carter, "CheatGPT: Will Artificial Intelligence Make Students Smarter or Dumber?," *Dallas Observer*, September 13, 2023, https://www.dallasobserver.com/news/cheatgpt-will-artificial-intelligence-make-students-smarter-or-dumber-17459509.

AI 來了，你還不開始準備嗎？

2. Stephen Marche, "The College Essay Is Dead," *The Atlantic*, December 6, 2022, https://www.theatlantic.com/technology/archive/2022/12/chatgpt-ai-writing-college-student-essays/672371/.

3. Dan Rosenzweig-Ziff, "New York City Blocks Use of the ChatGPT Bot in Its Schools," *Washington Post*, January 5, 2023, https://www.washingtonpost.com/education/2023/01/05/nyc-schools-ban-chatgpt/.

4. Caitlin Cassidy, "Australian Universities to Return to 'Pen and Paper' Exams after Students Caught Using AI to Write Essays," *The Guardian*, January 10, 2023, https://www.theguardian.com/australianews/2023/jan/10/universities-to-return-to-pen-and-paper-exams-after-students-caught-using-ai-to-write-essays.

5. Stephen Mihm (Bloomberg), "What a Calculator Can Tell You about ChatGPT," *Washington Post*, September 5, 2023, https://www.washingtonpost.com/business/2023/09/05/chatgpt-is-2023-s-version-of-the-calculator-and-cliffsnotes/716af25a-4bf0-11ee-bfca-04e0ac43f9e4_story.html.

6. Ian Bogost, "The First Year of AI College Ends in Ruin," *The Atlantic*, May 16, 2023, https://www.theatlantic.com/technology/archive/2023/05/chatbot-cheating-college-campuses/674073/.

7. "Steve Jobs in Sweden, 1985 [HQ]," YouTube, 2011, https://youtube/watch?v=2qLuerYx2IA.

8. Ibid.

9. Ibid.

10. Bogost, "The First Year."

11. Chris Gilliard and Pete Rorabaugh, "You're Not Going to Like How Colleges Respond to That Chatbot That Writes Papers," *Slate*, February 3, 2023, https://slate.com/technology/2023/02/chat-gpt-cheating-college-ai-de tection.html.

12. A. Marya, "Flipped Classrooms," *British Dental Journal* 232, no. 9 (May 2022): 590.

13. John Marchese, "Why Are 30,000 People Studying Poetry Online with This Guy?," *Philadelphia Magazine*, June 14, 2023, https://www.phillymag.com/news/2023/06/14/penn-poetry-modpo-online-course/.

14. Devan Burris, "Why More and More Colleges Are Closing Down across the U.S," CNBC, June 17, 2023, https://www.cnbc.com/2023/06/17/why-more-and-more-colleges-are-closing-down-across-the-us.html.

15. Jocelyn Gecker and the Associated Press, "'It's Coming, Whether We Want It to or Not': Teachers Nationwide Are Using ChatGPT to Prepare Kids for an AI World," *Fortune*, February 14, 2023, https://fortune.com/2023/02/14/chatgpt-school-lessons-cheating-robots-ai-teachers/.

參考資料

16. Emily Bobrow, "'A Real Opportunity': How ChatGPT Could Help College Applicants," *The Guardian*, August 27, 2023, https://www.theguardian.com/education/2023/aug/27/chatgpt-ai-disadvantaged-college-applicants-affirmative-action.

17. "How ChatGPT Can Be Embraced—Not Feared—in the Classroom," Gies College of Business, accessed October 10, 2023, https://giesbusiness.illinois.edu/news/2023/02/24/how-chatgpt-can-be-embraced---not-feared---in-the-classroom.

18. Andre Nickow, Philip Oreopoulos, and Vincent Quan, "The Impressive Effects of Tutoring on PreK–12 Learning: A Systematic Review and Meta-Analysis of the Experimental Evidence," National Bureau of Economic Research, Working Paper 27476, July 2020.

19. Sal Khan, interview by Jeremy Kahn, July 14, 2023.

20. Ibid.

21. Ibid.

22. Ibid.

23. Ibid.

24. Nicol Turner Lee, "Bridging Digital Divides between Schools and Communities," Brookings, March 2, 2020, https://www.brookings.edu/articles/bridging-digital-divides-between-schools-and-communities/; Stuart N. Brotman, "The Real Digital Divide in Educational Technology," Brookings, January 28, 2016, https://www.brookings.edu/articles/the-real-digital-divide-in-educational-technology/.

25. Hannah Holmes and Gemma Burgess, "Opinion: Coronavirus Has Intensified the UK's Digital Divide," University of Cambridge, May 6, 2020, https://www.cam.ac.uk/stories/digitaldivide; Daphne Leprince Ringuet, "The Digital Divide Is Only Getting Worse for Those Who Are Left Behind," *ZDNET*, April 28, 2021, https://www.zdnet.com/article/the-digital-divide-is-only-getting-worse-for-those-who-are-left-behind/.

26. Michael Trucano, "AI and the Next Digital Divide in Education," Brookings, July 10, 2023, https://www.brookings.edu/articles/ai-and-the-next-digital-divide-in-education/.

27. Emily A. Vogels, "Digital Divide Persists Even as Americans with Lower Incomes Make Gains in Tech Adoption," Pew Research Center, June 22, 2021, https://www.pewresearch.org/shortreads/2021/06/22/digital-divide-persists-even-as-americans-with-lower-incomes-make-gains-in-tech-adoption/.

AI 來了，你還不開始準備嗎？

28. "E-Rate—Schools & Libraries USF Program," Federal Communications Commission, accessed October 14, 2023, https://www.fcc.gov/general/e-rate-schools-libraries-usf-program.

29. Makena Kelly, "The Free Laptop Program Built into the Biden Reconciliation Plan," *The Verge*, November 2, 2021, https://www.theverge.com/2021/11/2/22759759/build-back-better-biden-lap top-tablet-low-income-manchin-sinema-broadband.

30. Rhea Kelly, "Khan Academy Cuts District Price of Khanmigo AI Teaching Assistant, Adds Academic Essay Feature," *THE Journal*, November 16, 2023, https://thejournal.com/articles/2023/11/16/khan-academy-cuts-district-price-of-khanmigo-ai-teaching-assistant.aspx; Natasha Singer, "Tutoring Bots Get a Tryout in Newark Classrooms," *New York Times*, July 13, 2023.

31. "Q-Chat: Meet Your New AI Tutor," Quizlet, accessed October 14, 2023, https://quizlet.com/labs/qchat.

32. You-Jin Lee, "Korea to Adopt AI Textbooks for Core Subjects Starting in 2025," *Hankyoreh*, February 24, 2023, https://english.hani.co.kr/arti/english_edition/e_national/1081129.html; Park Jun-hee and Cho Chung-un, "[Herald Interview] Minister Turns to AI Classes to Cool Competition in Education," *The Korea Herald*, June 8, 2023, https://www.koreaherald.com/view.php?ud=20230608000715.

33. "Tech and Education: How Automation and AI Are Powering Learning in Singapore," GovTech Singapore, February 23, 2023, https://www.tech.gov.sg/media/technews/tech-and-education-how-automation-and-ai-is-powering-learning-in-singapore.

34. "Sustainable Development Goals: 4.c.4 Pupil Qualified Teacher Ratio by Education Level," UNESCO UIS, accessed October 14, 2023, http://data.uis.unesco.org/index.aspx?queryid=3797.

35. Alexander Onukwue, "Why OpenAI's Sam Altman Was Just in Lagos," *Semafor*, May 24, 2023, https://www.semafor.com/article/05/24/2023/sam-altman-visits-lagos-in-global-ai-push.

36. Sam Altman, "A Conversation with OpenAI's CEO, Sam Altman | Hosted by UCL," interview by Azeem Azhar, Audio recording of an onstage public fireside chat, May 24, 2023.

37. Anthony Mipawa, "Low Resource Languages vs. Conversational Artificial Intelligence," *NEUROTECH AFRICA*, September 26, 2022, https://blog.neurotech.africa/low-resource-languages-vs-conversational-artificial-intelligence/.

參考資料

38. Andrew Deck, "The AI Start-Up Outperforming Google Translate in Ethiopian Languages," *Rest of World*, July 11, 2023, https://restofworld.org/2023/3-minutes-with-asmelash-teka-hadgu/; Nana Biamah-Ofosu et al., *Imagining Otherwise with Asmelash Teka Hadgu*, March 2, 2023.

39. Biamah-Ofosu et al., *Imagining Otherwise with Asmelash Teka Hadgu*; Asmelash Hadgu, interview by Jeremy Kahn, October 30, 2023.

40. Hadgu, interview.

41. "About Us," Ghana Natural Language Processing (NLP)—Ghana NLP, accessed October 14, 2023, https://ghananlp.org/about.

42. Hadgu, interview.

43. Ibid.

第8章　藝術與技巧

1. Walter Benjamin, "The Work of Art in the Age of Mechanical Reproduction," *Illuminations*, ed. Hannah Arendt, trans. Harry Zohn (1935; repr., New York: Shocken Books, 1969), 2.

2. Sam Altman, "Sam Altman X Feed," July 21, 2023, https://x.com/sama/status/1682493142845763585?s=20; Elizabeth Weil, "Sam Altman Is the Oppenheimer of Our Age," *Intelligencer*, September 25, 2023, https://nymag.com/intelligencer/article/sam-altman-artificial-intelligence-openai-profile.html.

3. Altman, "Sam Altman X Feed."

4. David Eagleman and Anthony Brandt, *The Runaway Species: How Human Creativity Remakes the World* (New York: Catapult, 2017).

5. Ibid., chap. 2.

6. Ibid., 36.

7. Jennifer Beamish and Toby Trackman, *The Creative Brain* (United States: Netflix, 2019).

8. Jennifer Haase and Paul H. P. Hanel, "Artificial Muses: Generative Artificial Intelligence Chatbots Have Risen to Human-Level Creativity," arXiv.org, March 21, 2023, http://arxiv.org/abs/2303.12003.

9. Erik E. Guzik, Christian Byrge, and Christian Gilde, "The Originality of Machines: AI Takes the Torrance Test," *Journal of Creativity* 33, no. 3 (December 1, 2023): 100065.

10. Eagleman and Brandt, *The Runaway Species: How Human Creativity Remakes the World*, 83–86.

AI 來了，你還不開始準備嗎？

11. Ibid., 74–75.
12. Rajeev Raizada, "Surprising Blindspot in ChatGPT+ Image-Creation: Seems Unable to Show a Clean-Shaven Man Painting a Man with a Beard Prompt: Make a Picture of Picasso Painting a Portrait of Leonardo This Pic Is 6th Attempt, after Repeatedly Told Various Ways That the Painter Still Has a Beard!" X, November 26, 2023, https://twitter.com/raj_raizada/status/1728769392731898180.
13. Carmen Drahl, "AI Was Asked to Create Images of Black African Docs Treating White Kids. How'd It Go?," NPR, October 6, 2023, https://www.npr.org/sections/goatsandsoda/2023/10/06/1201840678/ai-was-asked-to-create-images-of-black-african-docs-treating-white-kids-howd-it-.
14. Tuhin Chakrabarty et al., "Art or Artifice? Large Language Models and the False Promise of Creativity," arXiv.org, September 25, 2023, http://arxiv.org/abs/2309.14556.
15. Ahmed Elgammal et al., "CAN: Creative Adversarial Networks, Generating 'Art' by Learning about Styles and Deviating from Style Norms," arXiv.org, June 21, 2017, http://arxiv.org/abs/1706.07068; Arthur I. Miller, *AI Renaissance Machines: Inside the New World of Machine-Created Art, Literature, and Music* (Cambridge, MA: MIT Press, 2019), 113–18.
16. Miller, *AI Renaissance Machines: Inside the New World of Machine Created Art, Literature, and Music*, 116.
17. Julian Schrittwieser et al., "MuZero: Mastering Go, Chess, Shogi and Atari without Rules," Google DeepMind (blog), accessed December 20, 2020, https://deepmind.google/discover/blog/muzero-mastering-go-chess-shogi-and-atari-without-rules/.
18. "How Many Paintings Did Vincent Sell during His Lifetime?," Van Gogh Museum, accessed March 20, 2024, https://www.vangoghmuseum.nl/en/art-and-stories/vincent-van-gogh-faq/how-many-paintings-did-vincent-sell-during-his-lifetime.
19. American Experience, "The Life of Herman Melville," *American Experience*, June 2, 2017, https://www.pbs.org/wgbh/americanexperience/features/whaling-biography-herman-melville/.
20. Eileen Kinsella, "The First AI Generated Portrait Ever Sold at Auction Shatters Expectations, Fetching $432,500—43 Times Its Estimate," *Artnet News*, October 25, 2018, https://news.artnet.com/market/first-ever-artificial-intelligence-portrait-painting-sells-at-christies-1379902.
21. Jonathan Jones, "A Portrait Created by AI Just Sold for $432,000. But Is It Really Art?," *The Guardian*, October 26, 2018, https://www.theguardian.com/artanddesign/shortcuts/2018/oct/26/call-that-art-can-a-computer-be-a-painter.

參考資料

22. Miller, *AI Renaissance Machines*, 117–18.
23. Nick Cave, "I Asked Chat GPT to Write a Song in the Style of Nick Cave and This Is What It Produced. What Do You Think?," *The Red Hand Files*, Issue #218, January 2023, https://www.theredhandfiles.com/chat-gpt-what-do-you-think/.
24. Benjamin, "The Work of Art in the Age of Mechanical Reproduction."
25. David Smyth, "ABBA Voyage Review: Can This Be Real? I Literally Could Not Believe My Eyes," *Evening Standard*, May 27, 2022, https://www.standard.co.uk/culture/music/abba-voyage-concert-experience-review-london-arena-b1002718.html.
26. Ajay Chowdhury, interview by Jeremy Kahn, November 13, 2023.
27. Hannah Silva, interview by Jeremy Kahn, November 14, 2023.
28. Ibid.
29. Ibid.
30. Andrii Degeler, "Composition Co-Written by AI Performed by Choir and Published as Sheet Music," *The Next Web*, August 14, 2023, https://thenextweb.com/news/composition-cowritten-ai-performed-choir-published-sheet-music.
31. Ed Newton-Rex, interview by Jeremy Kahn, July 31, 2023.
32. Daniel Ambrosi, interview by Jeremy Kahn and Tristan Bove, November 2, 2023.
33. Alexander Mordvintsev, Christopher Olah, and Mike Tyka, "Inceptionism: Going Deeper into Neural Networks," *Google Research Blog*, June 18, 2015, https://blog.research.google/2015/06/inceptionism-going-deeper-into-neural.html; Arthur I. Miller, "DeepDream: How Alexander Mordvintsev Excavated the Computer's Hidden Layers," *The MIT Press Reader*, July 1, 2020, https://thereader.mitpress.mit.edu/deep dream-how-alexander-mordvintsev-excavated-the-computers-hidden-layers/; "DeepDream," *TensorFlow*, accessed November 10, 2023, https://www.tensorflow.org/tutorials/generative/deepdream.
34. Daniel Ambrosi, interview.
35. Ibid.
36. Ibid.
37. Roberta Smith, "Chuck Close's Uneasy, Inevitable Legacy," *New York Times*, August 20, 2021, https://www.nytimes.com/2021/08/20/arts/design/chuck-close-legacy-appraisal-dementia-behavior.html.
38. Todd Spangler, "Meta Launches AI Chatbots for Snoop Dogg, MrBeast, Tom Brady, Kendall Jenner, Charli D'Amelio and More," *Variety*, September 27,

AI 來了，你還不開始準備嗎？

2023, https://variety.com/2023/digital/news/me ta-ai-chatbots-snoop-dogg-mrbeast-tom-brady-kendall-jenner-charli-dame lio-1235737740/.

39. Emma Roth, "James Earl Jones Lets AI Take over the Voice of Darth Vader," *The Verge*, September 24, 2022, https://www.theverge.com/2022/9/24/23370097/darth-vader-james-earl-jones-obi-wan-kenobi-star-wars-ai-disney-lucasfilm.

40. Will Sullivan, "The Beatles Release Their Last Song, 'Now and Then,' Featuring A.I.-Extracted Vocals from John Lennon," Smithsonian magazine, November 3, 2023, https://www.smithsonianmag.com/smart-news/the-beatles-release-their-last-song-now-and-then-ai-john-len non-180983188/.

41. Sian Cain, "Grimes Invites People to Use Her Voice in AI Songs," *The Guardian*, April 26, 2023, https://www.theguardian.com/music/2023/apr/26/grimes-invites-people-to-use-her-voice-in-ai-songs.

42. "The Dawn of the Omnistar," *The Economist*, November 9, 2023, https://www.economist.com/leaders/2023/11/09/how-artificial-intelligence-will-transform-fame.

43. Karla Ortiz, interview by Jeremy Kahn, November 2, 2023.

44. "Good Artists Copy; Great Artists Steal," Quoteinvestigator.com, March 6, 2013, https://quoteinvestigator.com/2013/03/06/artists-steal/.

45. Cameron Crowe, "David Bowie's September 1976 Playboy Interview," *Playboy*, September 1976, https://www.playboy.com/read/playboy-interview-david-bowie.

46. Alex Reisner, "Revealed: The Authors Whose Pirated Books Are Powering Generative AI," *The Atlantic*, August 19, 2023, https://www.theatlantic.com/technology/archive/2023/08/books3-ai-meta-llama-pi rated-books/675063/.

47. Marissa Newman and Aggi Cantrill, "The Future of AI Relies on a High School Teacher's Free Database," Bloomberg, April 24, 2023.

48. Benjamin Sobel, "Artificial Intelligence's Fair Use Crisis," *Columbia Journal of Law & the Arts*, September 4, 2017, https://papers.ssrn.com/abstract=3032076.

49. Neil Turkewitz, Interviewed on Zoom, interview by Jeremy Kahn, September 28, 2023.

50. Mark Lemley, interview for *Fortune* magazine, interview by Jeremy Kahn, May 11, 2023.

51. Rebecca Klar, "Songwriters to Lobby Congress for Protections from AI," *The Hill*, September 20, 2023, https://thehill.com/policy/technology/4214976-songwriters-to-lobby-congress-for-protections-from-ai/.

52. ReedSmith LLP, "Entertainment and Media Guide to AI," *Perspectives*, June 20, 2023, https://www.reedsmith.com/en/perspectives/ai-in-entertainment-and-media; Supantha Mukherjee, Foo Yun Chee, Martin Coulter, "EU Proposes New Copyright Rules for Generative AI," Reuters, April 28, 2023, https://www.reuters.com/technology/eu-lawmakers-committee-reaches-deal-artificial-intelligence-act-2023-04-27/.

53. Andrew Deck, "Japan's New AI Rules Favor Copycats over Artists, Experts Say," *Rest of World*, June 28, 2023, https://restofworld.org/2023/japans-new-ai-rules-favor-copycats-over-artists/.

54. Blake Brittain, "US Copyright Office Denies Protection for Another AI-Created Image," Reuters, September 6, 2023, https://www.reuters.com/legal/litigation/us-copyright-office-denies-protection-an other-ai-created-image-2023-09-06/.

55. Christine C. Carlisle, "The Audio Home Recording Act of 1992," *Journal of Intellectual Property Law* 1, no. 2 (March 1994), https://digitalcommons.law.uga.edu/cgi/viewcontent.cgi?article=1059&context=jipl.

56. Rachyl Jones, "Major Media Organizations Are Putting Up 'Do Not Enter' Signs for ChatGPT," *Fortune*, August 25, 2023, https://fortune.com/2023/08/25/major-media-organizations-are-blocking-openai-bot-from-scraping-content/; Gintaras Radauskas, "AI and Data Scraping: Websites Scramble to Defend Their Content," *Cybernews*, August 10, 2023, https://cybernews.com/editorial/ai-data-scraping-websites/.

57. Shawn Shan et al., "Glaze: Protecting Artists from Style Mimicry by Text-to-Image Models," arXiv.org, February 8, 2023, http://arxiv.org/abs/2302.04222; Ben Zhao, interview by Jeremy Kahn, October 11, 2023.

58. Shawn Shan et al., "Prompt-Specific Poisoning Attacks on Text-to-Image Generative Models," arXiv.org, October 20, 2023, http://arxiv.org/abs/2310.13828; Melissa Heikkilä, "This New Data Poisoning Tool Lets Artists Fight Back against Generative AI," *MIT Technology Review*, October 23, 2023, https://www.technologyreview.com/2023/10/23/1082189/data-poisoning-artists-fight-generative-ai/; Zhao, interview.

59. Zhao, interview.

60. Ibid.

61. Ibid.

第9章 資料顯微鏡

1. Esther Landhuis, "Scientific Literature: Information Overload," *Nature* 535, no. 7612 (July 21, 2016): 457–58.

AI 來了,你還不開始準備嗎?

2. Karen White, "Publications Output: U.S. Trends and International Comparisons," National Center for Science and Engineering Statistics, October 28, 2021, https://ncses.nsf.gov/pubs/nsb20214/publication-output-by-country-region-or-economy-and-scientific-field.

3. Michael Park, Erin Leahey, and Russell J. Funk, "Papers and Patents Are Becoming Less Disruptive over Time," *Nature* 613, no. 7942 (January 2023): 138–44.

4. "Is Science Really Getting Less Disruptive—and Does It Matter if It Is?," *Nature* 614, no. 7946 (February 2023): 7–8.

5. Jeremy Kahn, "Know When to Fold 'Em: How a Company Best Known for Playing Games Used A.I. to Solve One of Biology's Greatest Mysteries," *Fortune*, November 30, 2020, https://fortune.com/2020/11/30/deep mind-solved-protein-folding-alphafold/.

6. Unpublished outtake from the documentary film *AlphaGo* (2017) made available to Kahn courtesy of DeepMind and cited in Ibid.

7. Kahn, "Know When to Fold 'Em."

8. Kerry Geiler, "Protein Folding: The Good, the Bad, and the Ugly," *Science in the News*, March 1, 2010, https://sitn.hms.harvard.edu/flash/2010/issue65/.

9. Kahn, "Know When to Fold 'Em."

10. Ibid.

11. Mohammed AlQuraishi, "AlphaFold @ CASP13: 'What Just Happened?,'" *Some Thoughts on a Mysterious Universe* (blog), December 9, 2018, https://moalquraishi.wordpress.com/2018/12/09/alphafold-casp13-what-just-happened/.

12. Kahn, "Know When to Fold 'Em."

13. "PDB Statistics: Protein-Only Structures Released per Year," Collaboratory for Structural Bioinformatics Protein Data Bank, accessed October 17, 2023, https://www.rcsb.org/stats/growth/growth-protein.

14. Kahn, "Know When to Fold 'Em."

15. Jeremy Kahn, "A.I. Is Rapidly Transforming Biological Research—with Big Implications for Everything from Drug Discovery to Agriculture to Sustainability," *Fortune*, July 28, 2022, https://fortune.com/2022/07/28/deepmind-alphafold-every-protein-in-the-universe-structure/.

16. Oana Stroe, "Case Study: AlphaFold Uses Open Data and AI to Discover the 3D Protein Universe," EMBL, February 9, 2023, https:// www.embl.org/news/science/alphafold-using-open-data-and-ai-to-discover-the-3d-protein-universe/.

參考資料

17. Jeremy Kahn, "In Giant Leap for Biology, Deep Mind's A.I. Reveals Secret Building Blocks of Human Life," *Fortune*, July 22, 2021, https://fortune.com/2021/07/22/deepmind-alphafold-human-proteome-database-proteins/.

18. Nathan Baker, "Unlocking a New Era for Scientific Discovery with AI: How Microsoft's AI Screened over 32 Million Candidates to Find a Better Battery," *Microsoft Azure Quantum Blog*, January 9, 2024, https://cloudblogs.microsoft.com/quantum/2024/01/09/unlocking-a-new-era-for-sci entific-discovery-with-ai-how-microsofts-ai-screened-over-32-million-candi dates-to-find-a-better-battery/.

19. "How Scientists Are Using Artificial Intelligence," *The Economist*, September 13, 2023, https://www.economist.com/science-and-technology/2023/09/13/how-scientists-are-using-artificial-intelligence.

20. Graeme Green, "Five Ways AI Is Saving Wildlife— from Counting Chimps to Locating Whales," *The Guardian*, February 21, 2022, https://www.theguardian.com/environment/2022/feb/21/five-ways-ai-is-sav ing-wildlife-from-counting-chimps-to-locating-whales-aoe.

21. Aaron McDade, "Artificial Intelligence May Have Just Given Astronomers a Better Idea of What Black Holes Really Look Like," *Business Insider*, April 14, 2023, https://www.businessinsider.com/astronomers-use-ai-to-generate-clearer-picture-of-black-hole-2023-4.

22. Nabil Bachagha et al., "The Use of Machine Learning and Satellite Imagery to Detect Roman Fortified Sites: The Case Study of Blad Talh (Tunisia Section)," *NATO Advanced Science Institutes Series E: Applied Sciences* 13, no. 4 (February 17, 2023): 2613.

23. Yannis Assael et al., "Predicting the Past with Ithaca," Google DeepMind (blog), March 9, 2022, https://deepmind.google/discover/blog/predicting-the-past-with-ithaca/.

24. Jo Marchant, "AI Reads Text from Ancient Herculaneum Scroll for the First Time," *Nature*, October 12, 2023, doi:10.1038/d41586-023-03212-1.

25. Jeremy Kahn and Jonathan Vanian, "Inside Neuralink, Elon Musk's Mysterious Brain Chip Start-up: A Culture of Blame, Impossible Deadlines, and a Missing CEO," *Fortune*, January 27, 2022, https://fortune.com/longform/neuralink-brain-computer-interface-chip-implant-elon-musk/; Jose Antonio Lanz, "Meta Has an AI That Can Read Your Mind and Draw Your Thoughts," *Decrypt*, October 18, 2023, https://decrypt.co/202258/meta-has-an-ai-that-can-read-your-mind-and-draw-your-thoughts; Jonathan Vanian, "The Next Generation of Brain-Computing Interfaces Could Be Supercharged by Artificial Intelligence," *Fortune*, February 24, 2022, https://fortune.com/2022/02/24/artificial-intelligence-artificial-neural-networks-brain-computing-neuralink/.

26. John Jumper and Pushmeet Kohli, interview by Jeremy Kahn, August 23, 2023.
27. Ibid.
28. Ibid.
29. "How Scientists Are Using Artificial Intelligence," *The Economist*.
30. Igor Grossmann et al., "AI and the Transformation of Social Science Research," *Science* 380, no. 6650 (June 16, 2023): 1108–9.
31. Haocong Rao, Cyril Leung, and Chunyan Miao, "Can ChatGPT Assess Human Personalities? A General Evaluation Framework," arXiv.org, March 1, 2023, http://arxiv.org/abs/2303.01248.
32. Alexander Stavropoulos, Damien Crone, and Igor Grossmann, "Shadows of Wisdom: Classifying Meta-Cognitive and Morally-Grounded Narrative Content via Large Language Models," PsyArXiv Preprints, September 12, 2023, doi:10.31234/osf.io/x2f4a; Grossmann et al., "AI and the Transformation of Social Science Research."
33. Bernard J. Jansen, Soon-Gyo Jung, and Joni Salminen, "Employing Large Language Models in Survey Research," *Natural Language Processing Journal* 4 (September 1, 2023): 100020.
34. Grossmann et al., "AI and the Transformation of Social Science Research."
35. Steve Lohr, "Universities and Tech Giants Back National Cloud Computing Project," *New York Times*, June 30, 2020, https://www.nytimes.com/2020/06/30/technology/national-cloud-com puting-project.html.
36. Chris Anderson, "The End of Theory: The Data Deluge Makes the Scientific Method Obsolete," *Wired*, June 23, 2008, https://www.wired.com/2008/06/pb-theory/; Laura Spinney, "Are We Witnessing the Dawn of Post Theory Science?," *The Guardian*, January 9, 2022, https://www.theguardian.com/technology/2022/jan/09/are-we-witnessing-the-dawn-of-post-theory-science.
37. Spinney, "Are We Witnessing the Dawn of Post-Theory Science?"
38. Ed Cara, "Scientists Just Learned Something New about How Aspirin Works," *Gizmodo*, March 28, 2023, https://gizmodo.com/how-aspirin-works-inflammation-1850274046.
39. Paul K. Feyerabend, *Realism, Rationalism and Scientific Method: Volume 1: Philosophical Papers* (Cambridge, UK: Cambridge University Press, 1981).
40. Jumper and Kohli, interview.
41. Feyerabend, *Realism, Rationalism and Scientific Method: Volume 1: Philosophical Papers*.
42. Chomsky quoted in Peter Norvig, "Colorless Green Ideas Learn Furiously," *Significance (Oxford, England)* 9, no. 4 (August 1, 2012): 30–33.

43. Jonathan Zittrain, "The Hidden Costs of Automated Thinking," *The New Yorker*, July 23, 2019, https://www.newyorker.com/tech/annals-of-technology/the-hidden-costs-of-automated-thinking.

44. "Machine Learning Helps Mathematicians Make New Connections," University of Oxford, accessed February 5, 2024, https://www.ox.ac.uk/news/2021-12-01-machine-learning-helps-mathematicians-make-new-connections-0.

45. Jumper and Kohli, interview.

46. Ali Madani, interview by Jeremy Kahn, July 19, 2023.

47. Ali Madani et al., "Large Language Models Generate Functional Protein Sequences across Diverse Families," *Nature Biotechnology* 41, no. 8 (August 2023): 1099–1106.

48. Madani, interview.

49. Tian Zhu et al., "Hit Identification and Optimization in Virtual Screening: Practical Recommendations Based on a Critical Literature Analysis," *Journal of Medicinal Chemistry* 56, no. 17 (September 12, 2013): 6560–72.

50. Madani, interview.

51. Olivier J. Wouters, Martin McKee, and Jeroen Luyten, "Estimated Research and Development Investment Needed to Bring a New Medicine to Market, 2009–2018," *JAMA: The Journal of the American Medical Association* 323, no. 9 (March 3, 2020): 844–53.

52. James Field, founder and CEO of LabGenius, interview by Jeremy Kahn, June 22, 2023; LabGenius, "LabGenius Debuts T-Cell Engager Optimisation Capability That Yields Molecules with >400-Fold Tumour Killing Selectivity versus Clinical Benchmark," LabGenius, May 15, 2023, https://labgeni.us/news-1/pegsboston2023.

53. "How Scientists Are Using Artificial Intelligence," *The Economist*.

54. Steven Schalekamp, Willemijn M. Klein, and Kicky G. van Leeuwen, "Current and Emerging Artificial Intelligence Applications in Chest Imaging: A Pediatric Perspective," *Pediatric Radiology* 52, no. 11 (October 2022): 2120–30; Hwa-Yen Chiu, Heng-Sheng Chao, and Yuh-Min Chen, "Application of Artificial Intelligence in Lung Cancer," *Cancers* 14, no. 6 (March 8, 2022), doi:10.3390/cancers14061370; Judith Becker et al., "Artificial Intelligence-Based Detection of Pneumonia in Chest Radiographs," *Diagnostics (Basel, Switzerland)* 12, no. 6 (June 14, 2022), doi:10.3390/diagnostics12061465.

55. Laura Cech, "AI to Detect Sepsis," *John Hopkins Magazine*, December 16, 2022, https://hub.jhu.edu/magazine/2022/winter/ai-technology-to-detect-sepsis/.

56. UCL, "World-First AI Foundation Model for Eye Care to Supercharge Global Efforts to Prevent Blindness," *UCL News*, September 13, 2023, https://www.ucl.ac.uk/news/2023/sep/world-first-ai-foundation-model-eye-care-supercharge-global-efforts-prevent-blindness.
57. Jim McCartney, "AI Is Poised to 'Revolutionize' Surgery," American College of Surgeons (ACS), accessed October 26, 2023, https://www.facs.org/for-medical-professionals/news-publications/news-and-articles/bulletin/2023/june-2023-volume-108-issue-6/ai-is-poised-to-revolutionize-surgery/.
58. Karan Singhal et al., "Large Language Models Encode Clinical Knowledge," *Nature* 620, no. 7972 (August 2023): 172–80; Kyle Wiggers, "Hippocratic Is Building a Large Language Model for Healthcare," *TechCrunch*, May 16, 2023, https://techcrunch.com/2023/05/16/hippocratic-is-building-a-large-language-model-for-healthcare/; Suehyun Lee and Hun-Sung Kim, "Prospect of Artificial Intelligence Based on Electronic Medical Record," *Journal of Lipid and Atherosclerosis* 10, no. 3 (September 2021): 282–90; Thomas Davenport and Ravi Kalakota, "The Potential for Artificial Intelligence in Healthcare," *Future Healthcare Journal* 6, no. 2 (June 2019): 94–98.
59. Joshua C. Denny and Francis S. Collins, "Precision Medicine in 2030—Seven Ways to Transform Healthcare," *Cell* 184, no. 6 (March 18, 2021): 1415–19.
60. Karandeep Singh, "An AI Model Predicting Acute Kidney Injury Works, but Not without Some Tweaking," Institute for Healthcare Policy & Innovation, January 20, 2023, https://ihpi.umich.edu/news/ai-model-predicting-acute-kidney-injury-works-not-without-some-tweaking.
61. Laure Wynants et al., "Prediction Models for Diagnosis and Prognosis of Covid-19: Systematic Review and Critical Appraisal," *BMJ* 369 (April 7, 2020): m1328; Will Douglas Heaven, "Hundreds of AI Tools Have Been Built to Catch Covid. None of Them Helped," *MIT Technology Review*, July 30, 2021, https://www.technologyreview.com/2021/07/30/1030329/machine-learning-ai-failed-covid-hospital-diagnosis-pandemic/.
62. Michael Roberts et al., "Common Pitfalls and Recommendations for Using Machine Learning to Detect and Prognosticate for COVID-19 Using Chest Radiographs and CT Scans," *Nature Machine Intelligence* 3, no. 3 (March 15, 2021): 199–217; Heaven, "Hundreds of AI Tools Have Been Built to Catch Covid. None of Them Helped."
63. Denny and Collins, "Precision Medicine in 2030—Seven Ways to Transform Healthcare."
64. Liz Szabo and Kaiser Health News, "Artificial Intelligence Is Rushing Into Patient Care—and Could Raise Risks," *Scientific American*, accessed October

26, 2023, https://www.scientificamerican.com/article/artificial-intelligence-is-rushing-into-patient-care-and-could-raise-risks/.

65. Andreas Heindl, "The Step-by-Step Guide to Getting Your AI Models through FDA Approval," Encord (blog), May 16, 2023, https://encord.com/blog/ai-algorithm-fda-approval/; Eric Wu et al., "How Medical AI Devices Are Evaluated: Limitations and Recommendations from an Analysis of FDA Approvals," *Nature Medicine* 27, no. 4 (April 2021): 582–84.

66. Andrea Koncz, "The Current State of FDA-Approved AI Enabled Medical Devices," *The Medical Futurist*, December 12, 2023, https://medicalfuturist.com/the-current-state-of-fda-approved-ai-based-medical-devices/.

67. Casey Ross, "A Research Team Airs the Messy Truth about AI in Medicine—and Gives Hospitals a Guide to Fix It," *STAT*, April 27, 2023, https://www.statnews.com/2023/04/27/hospitals-health-artificial-intelligence-ai/; Wu et al., "How Medical AI Devices Are Evaluated: Limitations and Recommendations from an Analysis of FDA Approvals."

68. Christina Jewett, "Doctors Wrestle With A.I. in Patient Care, Citing Lax Oversight," *New York Times*, October 30, 2023, https://www.nytimes.com/2023/10/30/health/doctors-ai-technology-health-care.html.

69. Ross, "A Research Team Airs the Messy Truth about AI in Medicine."

70. Kate Charlet, "The New Killer Pathogens," *Foreign Affairs*, April 16, 2018, https://www.foreignaffairs.com/world/new-killer-pathogens; Christopher Mouton, Caleb Lucas, and Ella Guest, "The Operational Risks of AI in Large-Scale Biological Attacks," RAND Corporation Research Reports, October 16, 2023, https://doi.org/10.7249/RRA2977-1; Mustafa Suleyman, *The Coming Wave: Technology, Power, and the Twenty-First Century's Greatest Dilemma* (New York: Crown, 2023), 12–13, 173–77, 273–74.

71. Suleyman, *The Coming Wave*.

72. Yolanda Botti-Lodovico et al., "The Origins and Future of Sentinel: An Early-Warning System for Pandemic Preemption and Response," *Viruses* 13, no. 8 (August 13, 2021), doi:10.3390/v13081605; Simar Bajaj and Abdullahi Tsanni, "Meet the Scientists Trying to Stop the Next Global Pandemic from Starting in Africa," *STAT*, August 9, 2023, https://www.statnews.com/2023/08/09/happi-sabeti-sentinel-geneticists-global-pandemic-africa/; Hannah Kuchler and Sarah Neville, "Bill Gates Calls for Global Surveillance Team to Spot Pandemic Threats," *Financial Times*, May 1, 2022, https://www.ft.com/content/c8896c10-35da-46aa-957f-cf2b4e18cfce.

AI 來了，你還不開始準備嗎？

第10章　雷聲大雨點小

1. Hamid Maher et al., "AI Is Essential for Solving the Climate Crisis," BCG Global, July 7, 2022, https://www.bcg.com/publications/2022/how-ai-can-help-climate-change.
2. Carl Elkin and Sims Witherspoon, "Machine Learning Can Boost the Value of Wind Energy," Google DeepMind (blog), February 26, 2019, https://deepmind.google/discover/blog/machine-learning-can-boost-the-value-of-wind-energy/.
3. Jack Kelly, "Starting a Non-Profit Research Lab to Help Fix Climate Change ASAP," Open Climate Fix (blog), January 7, 2019, https://openclimatefix.org/post/starting-a-non-profit-research-lab-to-help-fix-climate-change-asap.
4. Jack Kelly, interview by Jeremy Kahn, September 27, 2023.
5. Yossi Matias, "Project Green Light's Work to Reduce Urban Emissions Using AI," Google, October 10, 2023, https://blog.google/outreach-initiatives/sustainability/google-ai-reduce-greenhouse-emissions-project-greenlight/.
6. "Solar Construction AI Reports," DroneDeploy, accessed November 8, 2023, https://www.dronedeploy.com/lp/solar-construction-ai-reports.
7. Casey Crownhart, "How AI Could Supercharge Battery Research," *MIT Technology Review*, October 12, 2023, https://www.technologyreview.com/2023/10/12/1081502/ai-battery-research/.
8. Jonas Degrave et al., "Magnetic Control of Tokamak Plasmas through Deep Reinforcement Learning," *Nature* 602, no. 7897 (February 2022): 414–19; Pulsar Team and Swiss Plasma Center, "Accelerating Fusion Science through Learned Plasma Control," Google DeepMind (blog), February 16, 2022, https://deepmind.google/discover/blog/accelerating-fusion-science-through-learned-plasma-control/; Luke Auburn, "Could Artificial Intelligence Power the Future of Fusion?," University of Rochester News Center, September 5, 2023, https://www.rochester.edu/newscenter/could-artificial-intelligence-power-the-future-of-fusion-565252/; Cynthia Dillon, "U.S. Department of Energy Selects Team to Advance Fusion Research," *UC San Diego Today*, September 1, 2023, https://today.ucsd.edu/story/u.s-department-of-energy-selects-team-to-advance-fusion-research.
9. Breanna Bishop, "Lawrence Livermore National Laboratory Achieves Fusion Ignition," Lawrence Livermore National Laboratory (blog), December 14, 2022, https://www.llnl.gov/archive/news/lawrence-livermore-national-laboratory-achieves-fusion-ignition.
10. Dylan Walsh, "Tackling Climate Change with Machine Learning," MIT Sloan, October 24, 2023, https://mitsloan.mit.edu/ideas-made-to-matter/tackling-

climate-change-machine-learning; Michelle Ma and Nadia Lopez, "AI Is Giving the Climate Forecast for Supply Chains a Makeover," Bloomberg News, September 12, 2023, https://www.bloomberg.com/news/articles/2023-09-12/artificial-intelligence-climate-forecast-could-help-supply-chain-management; Andrew J. Hawkins, "Google Wants to Be at the Center of All Your Climate Change Decisions," *The Verge*, October 10, 2023, https://www.theverge.com/2023/10/10/23906496/google-ai-transportation-ev-heat-pump-flood-wildfire.

11. Robert R. Schaller, "Moore's Law: Past, Present and Future," *IEEE Spectrum* 34, no. 6 (June 1997): 52–59.

12. "A Deeper Law than Moore's?," *The Economist*, October 10, 2011, https://www.economist.com/graphic-detail/2011/10/10/a-deeper-law-than-moores.

13. Jonathan Koomey, "Moore's Law Might Be Slowing Down, but Not Energy Efficiency," *IEEE Spectrum*, March 31, 2015, https://spectrum.ieee.org/moores-law-might-be-slowing-down-but-not-energy-efficiency.

14. Martín Puig et al., "Are GPUs Non-Green Computing Devices?" *Journal of Computer Science and Technology* 18, no. 2 (October 2018).

15. Katyanna Quach, "AI Me to the Moon... Carbon Footprint for 'Training GPT-3' Same as Driving to Our Natural Satellite and Back," *The Register*, November 4, 2020, https://www.theregister.com/2020/11/04/gpt3_carbon_footprint_estimate/.

16. Lasse F. Wolff Anthony, Benjamin Kanding, and Raghavendra Selvan, "Carbontracker: Tracking and Predicting the Carbon Footprint of Training Deep Learning Models," arXiv.org, July 6, 2020, http://arxiv.org/abs/2007.03051.

17. Melissa Heikkilä, "We're Getting a Better Idea of AI's True Carbon Footprint," *MIT Technology Review*, November 14, 2022, https://www.technologyreview.com/2022/11/14/1063192/were-getting-a-better-idea-of-ais-true-carbon-footprint/.

18. "Bigscience/Bloom · Hugging Face," Bloom Model Card, July 6, 2022, https://huggingface.co/bigscience/bloom; Dylan Patel and Gerald Wong, "GPT-4 Architecture, Infrastructure, Training Dataset, Costs, Vision, MoE," SemiAnalysis, July 10, 2023, https://www.semianalysis.com/p/gpt-4-architecture-infrastructure?.

19. OpenAI, "AI and Compute," Research, May 16, 2018, https://openai.com/research/ai-and-compute.

20. Heikkilä, "We're Getting a Better Idea of AI's True Carbon Footprint."

21. David Patterson et al., "Carbon Emissions and Large Neural Network Training," arXiv.org, April 21, 2021, http://arxiv.org/abs/2104.10350.

AI 來了，你還不開始準備嗎？

22. ChrisStokel-Walker, "The Generative AI Race Has a Dirty Secret," *Wired*, February 10, 2023, https://www.wired.com/story/ the-generative-ai-search-race-has-a-dirty-secret/.

23. Eric Masanet et al., "Recalibrating Global Data Center Energy-Use Estimates," *Science* 367, no. 6481 (February 28, 2020): 984–86.

24. Katie Arcieri, "Path to Net-Zero: Datacenter Demands Push Amazon, Big Tech toward Renewables," December 12, 2022, https://www.spglobal.com/marketintelligence/en/news-insights/latest-news-headlines/path-to-net-zero-datacenter-demands-push-amazon-big-tech-to ward-renewables-72752727.

25. Jennifer Hiller, "Microsoft Targets Nuclear to Power AI Operations," *Wall Street Journal*, December 12, 2023, https://www.wsj.com/tech/ai/microsoft-targets-nuclear-to-power-ai-operations-e10ff798.

26. Patterson et al., "Carbon Emissions and Large Neural Network Training."

27. Camilla Hodgson, "Tech Giants Pour Billions into Cloud Capacity in AI Push," *Financial Times*, November 5, 2023, https://www.ft.com/content/f01529ad-88ca-456e-ad41-d6 b7d449a409.

28. Zoe Kleinman and Chris Vallance, "Warning AI Industry Could Use as Much Energy as the Netherlands," BBC, October 10, 2023, https://www.bbc.co.uk/news/technology-67053139.

29. Nikitha Sattiraju, "The Secret Cost of Google's Data Centers: Billions of Gallons of Water to Cool Servers," *Time*, April 2, 2020, https://time.com/5814276/google-data-centers-water/; Matt O'Brien and Hannah Fingerhut, "Artificial Intelligence Technology behind ChatGPT Was Built in Iowa—with a Lot of Water," *AP News*, September 9, 2023, https://apnews.com/article/chatgpt-gpt4-iowa-ai-water-consumption-microsoft-f551fde98083d17a7e8d904f8be822c4.

30. O'Brien and Fingerhut, "Artificial Intelligence Technology behind ChatGPT Was Built in Iowa."

31. Ibid.

32. "Raccoon River Named among America's Most Endangered Rivers," American Rivers, April 13, 2021, https://www.americanrivers.org/media-item/raccoon-river-named-among-americas-most-endangered-rivers/.

33. Pengfei Li et al., "Making AI Less 'Thirsty': Uncovering and Addressing the Secret Water Footprint of AI Models," arXiv.org, April 6, 2023, http://arxiv.org/abs/2304.03271.

34. Victor Tangermann, "Google Is Using a Flabbergasting Amount of Water on AI," *Futurism*, July 28, 2023, https://futur ism.com/the-byte/google-water-ai.

參考資料

35. Md Abu Bakar Siddik, Arman Shehabi, and Landon Marston, "The Environmental Footprint of Data Centers in the United States," *Environmental Research Letters: ERL [Website]* 16, no. 6 (May 21, 2021): 064017.

36. Jaya Nayar, "Not So 'Green' Technology: The Complicated Legacy of Rare Earth Mining," *Harvard International Review*, August 12, 2021, https://hir.harvard.edu/not-so-green-technology-the-complicated-legacy-of-rare-earth-mining/.

37. "Press Center—Top Ten Semiconductor Foundries Report a 1.1% Quarterly Revenue Decline in 2Q23, Anticipated to Rebound in 3Q23, Says TrendForce," TrendForce, accessed November 8, 2023, https://www.trendforce.com/presscenter/news/20230905-11827.html.

38. Rob Toews, "The Geopolitics of AI Chips Will Define the Future of AI," *Forbesco*, May 7, 2023, https://www.forbes.com/sites/robtoews/2023/05/07/the-geopolitics-of-ai-chips-will-define-the-future-of-ai/.

39. Eugene Chausovsky, "Energy Is Taiwan's Achilles' Heel," *Foreign Policy*, July 31, 2023, https://foreignpolicy.com/2023/07/31/energy-taiwan-semiconductor-chips-china-tsmc/.

40. "TSMC 2022 Corporate Sustainability Report," June 30, 2023, 228.

41. Exerica LTD, "Ford Motor," Exerica, accessed November 6, 2023, https://esg.exerica.com/Company?Name=Ford%20Motor; Exerica LTD, "General Motors Company," Exerica, accessed November 6, 2023, https://esg.exerica.com/Company?Name=General%20Motors%20Company.

42. Pádraig Belton, "The Computer Chip Industry Has a Dirty Climate Secret," *The Guardian*, September 18, 2021, https://www.theguardian.com/environment/2021/sep/18/semiconductor-silicon-chips-carbon-footprint-climate#:~:text=But%20chip%20manufacturing%20also%20contributes,day%20%E2%80%93%20and%20creates%20haz ardous%20waste.

43. "TSMC 2022 Corporate Sustainability Report," 228.

44. Ibid., 229.

45. Belton, "The Computer Chip Industry Has a Dirty Climate Secret."

46. Ian Bott and Cheng Ting-Fang, "The Crackdown on Risky Chemicals That Could Derail the Chip Industry," *Financial Times*, May 22, 2023, https://www.ft.com/content/76979768-59c0-436f-b731-40ba329a7544.

47. Ibid.

48. Tatiana Schlossberg, "Silicon Valley Is One of the Most Polluted Places in the Country," *The Atlantic*, September 22, 2019, https://www.theatlantic.com/technology/archive/2019/09/silicon-valley-full-superfund-sites/598531/; Cam

Simpson, "American Chipmakers Had a Toxic Problem. Then They Outsourced It," Bloomberg News, June 15, 2017, https://www.bloomberg.com/news/features/2017-06-15/american-chipmakers-had-a-toxic-problem-so-they-outsourced-it; Jane Horton, "I Live next to Google—and on Top of a Toxic Site. Don't Let Polluters Be Evil," *The Guardian*, March 19, 2014, https://www.theguardian.com/commentisfree/2014/mar/19/google-mountain-view-toxic-waste.

49. Catherine Thorbecke, "The US Is Spending Billions to Boost Chip Manufacturing. Will It Be Enough?," CNN, October 18, 2022, https://www.cnn.com/2022/10/18/tech/us-chip-manufacturingsemiconductors/index.html.

50. "Emulating the Energy Efficiency of the Brain," Mohamed Bin Zayed University of Artificial Intelligence (MBZUAI), December 27, 2023, https://mbzuai.ac.ae/news/emulating-the-energy-efficien cy-of-the-brain/.

第11章　信任炸彈

1. Jeff Larson et al., "How We Analyzed the COMPAS Recidivism Algorithm," *ProPublica (5 2016)* 9, no. 1 (2016): 3–13.

2. Will Douglas Heaven, "Predictive Policing Algorithms Are Racist. They Need to Be Dismantled," *MIT Technology Review*, July 17, 2020, https://www.technologyreview.com/2020/07/17/1005396/predictive-policing-algorithms-racist-dismantled-machine-learning-bias-criminal-justice/.

3. William Terrill and Michael D. Reisig, "Neighborhood Context and Police Use of Force," *Journal of Research in Crime and Delinquency* 40, no. 3 (August 1, 2003): 291–321; Sharad Goel, Justin M. Rao, and Ravi Shroff, "Precinct or Prejudice? Understanding Racial Disparities in New York City's Stop-and-Frisk Policy," *The Annals of Applied Statistics* 10, no. 1 (March 2016): 365–94.

4. Heaven, "Predictive Policing Algorithms are Racist."

5. Joy Buolamwini and Timnit Gebru, "Gender Shades: Intersectional Accuracy Disparities in Commercial Gender Classification," in *Proceedings of the 1st Conference on Fairness, Accountability and Transparency*, ed. Sorelle A. Friedler and Christo Wilson, vol. 81, Proceedings of Machine Learning Research (PMLR, 23–24 Feb 2018), 77–91.

6. James Clayton and Ben Derico, "Clearview AI Used Nearly 1m Times by US Police, It Tells the BBC," BBC, March 27, 2023, https://www.bbc.co.uk/news/technology-65057011.

7. Heaven, "Predictive Policing Algorithms are Racist."

參考資料

8. Ibid.

9. "AI Act: A Step Closer to the First Rules on Artificial Intelligence," European Parliament, November 5, 2023, https://www.europarl.europa.eu/news/en/press-room/20230505IPR84904/ai-act-a-step-closer-to-the-first-rules-on-artificial-intelligence.

10. Heaven, "Predictive Policing Algorithms Are Racist. They Need to Be Dismantled."

11. Ibid.

12. Ziad Obermeyer et al., "Dissecting Racial Bias in an Algorithm Used to Manage the Health of Populations," *Science* 366, no. 6464 (October 25, 2019): 447–53.

13. Patrick Boyle, "Clinical Trials Seek to Fix Their Lack of Racial Mix," Association of American Medical Colleges, August 19, 2021, https://www.aamc.org/news/clinical-trials-seek-fix-their-lack-racial-mix.

14. Kelly M. Hoffman et al., "Racial Bias in Pain Assessment and Treatment Recommendations, and False Beliefs about Biological Differences between Blacks and Whites," *Proceedings of the National Academy of Sciences of the United States of America* 113, no. 16 (April 19, 2016): 4296–4301; Carrie Arnold, "How Biased Data and Algorithms Can Harm Health," *Hopkins Bloomberg Public Health* magazine, accessed November 1, 2023, https://magazine.jhsph.edu/2022/how-biased-data-and-algorithms-can-harm-health.

15. Aaron Klein, "Credit Denial in the Age of AI," Brookings, April 11, 2019, https://www.brookings.edu/articles/credit-denial-in-the-age-of-ai/.

16. Jeremy Kahn, "Can an A.I. Algorithm Help End Unfair Lending? This Company Says Yes," *Fortune*, October 20, 2020, https://fortune.com/2020/10/20/artificial-intelligence-unfair-lending/; Jeremy Kahn, "A.I. and Tackling the Risk of 'Digital Redlining,'" *Fortune*, February 11, 2020, https://fortune.com/2020/02/11/a-i-fairness-eye-on-a-i/.

17. Kahn, "Can an A.I. Algorithm Help End Unfair Lending?"

18. Hadas Kotek, Rikker Dockum, and David Q. Sun, "Gender Bias in LLMs," arXiv.org, August 28, 2023, https://arxiv.org/abs/2308.14921.

19. Arsenii Alenichev, Patricia Kingori, and Koen Peeters Grietens, "Reflections before the Storm: The AI Reproduction of Biased Imagery in Global Health Visuals," *The Lancet Global Health* 11, no. 10 (October 2023): E1496–E1498, https://doi.org/10.1016/S2214-109X(23)00329-7.

20. Leonardo Nicoletti and Dina Bass, "Generative AI Takes Stereotypes and Bias From Bad to Worse," Bloomberg, June 8, 2023, https://www.bloomberg.com/graphics/2023-generative-ai-bias/?sref=b0SdE1lu.

AI 來了，你還不開始準備嗎？

21. Dylan Baker, interview by Jeremy Kahn, November 1, 2023.
22. Ibid.
23. Pranshu Verma, "They Thought Loved Ones Were Calling for Help. It Was an AI Scam," *Washington Post*, March 5, 2023, https://www.washingtonpost.com/technology/2023/03/05/ai-voice-scam/.
24. Siddharth Venkataramakrishnan, "AI Heralds the Next Generation of Financial Scams," *Financial Times*, January 19, 2024, https://www.ft.com/content/beea7f8a-2fa9-4b63-a542-88be231b0266.
25. Thomas Brewster, "Fraudsters Cloned Company Director's Voice in $35 Million Heist, Police Find," *Forbes*, October 14, 2021, https://www.forbes.com/sites/thomasbrewster/2021/10/14/huge-bank-fraud-uses-deep-fake-voice-tech-to-steal-millions/.
26. Heather Chen and Kathleen Magramo, "Finance Worker Pays out $25 Million after Video Call with Deepfake 'Chief Financial Officer,'" CNN, February 4, 2024, https://www.cnn.com/2024/02/04/asia/deepfake-cfo-scam-hong-kong-intl-hnk/index.html.
27. Jeremy Kahn, "ChatGPT Lets Scammers Craft Emails That Are so Convincing They Can Get Cash from Victims without Even Relying on Malware," *Fortune*, February 4, 2023, https://fortune.com/2023/02/03/chatgpt-cyberattacks-cybersecurity-social-engineering-darktrace-abnormal/; Maya Horowitz, interview by Jeremy Kahn, November 2, 2023.
28. Tom Warren, "Microsoft and OpenAI Say Hackers Are Using ChatGPT to Improve Cyberattacks," *The Verge*, February 14, 2024, https://www.theverge.com/2024/2/14/24072706/microsoft-openai-cyberattack-tools-ai-chatgpt.
29. "Exploring the Realm of Malicious Generative AI: A New Digital Security Challenge," *The Hacker News*, October 17, 2023, https://thehackernews.com/2023/10/exploring-realm-of-malicious-generative.html.
30. Jonny Ball, "Malware: On Sale for the Price of a Pint on Dark Web," *New Statesman*, July 22, 2022, https://www.newstatesman.com/spotlight/2022/07/malware-on-sale-price-pint-dark-web.
31. Sunil Potti, "How Google Cloud Plans to Supercharge Security with Generative AI," Google Cloud (blog), April 24, 2023, https://cloud.google.com/blog/products/identity-security/rsa-google-cloud-security-ai-workbench-generative-ai.
32. Nicole Kobie, "Darktrace's AI Is Now Automatically Responding to Hacks—and Stopping Them," *WIRED UK*, April 4, 2017, https://www.wired.co.uk/article/darktrace-machine-learning-security.

參考資料

33. Anne Sraders, "Abnormal Security's CEO Explains How 'Defensive A.I.' Will Someday Defeat Cyber Attacks," *Fortune*, August 16, 2023, https://fortune.com/2023/08/16/abnormal-security-ceo-defensive-ai-cyber-attacks/.

34. Horowitz, interview.

35. Jeremy Kahn, "Researchers Find a Way to Easily Bypass Guardrails on OpenAI's ChatGPT and All Other A.I. Chatbots," *Fortune*, July 28, 2023, https://fortune.com/2023/07/28/openai-chatgpt-mi crosoft-bing-google-bard-anthropic-claude-meta-llama-guardrails-easily-by passed-carnegie-mellon-research-finds-eye-on-a-i/; Thomas Claburn, "How Prompt Injection Attacks Hijack Today's Top-End AI—and It's Tough to Fix," *The Register*, April 26, 2023, https://www.theregister.com/2023/04/26/simon_willison_prompt_injection/.

36. Horowitz, interview.

37. Abigail Bealle, "Visual Trick Fools AI into Thinking a Turtle Is Really a Rifle," *New Scientist*, November 3, 2017, https://www.newscientist.com/article/2152331-visual-trick-fools-ai-into-thinking-a-turtle-is-really-a-rifle/.

38. Horowitz, interview.

39. Benj Edwards, "White House Challenges Hackers to Break Top AI Models at DEF CON 31," *Ars Technica*, May 8, 2023, https://arstechnica.com/information-technology/2023/05/white-house-challenges-hackers-to-break-top-ai-models-at-def-con-31/.

40. The White House, "FACT SHEET: President Biden Issues Executive Order on Safe, Secure, and Trustworthy Artificial Intelligence," The White House, October 30, 2023, https://www.whitehouse.gov/briefing-room/statements-releases/2023/10/30/fact-sheet-president-biden-is sues-executive-order-on-safe-secure-and-trustworthy-artificial-intelligence/.

41. Patrick Jenkins and Stefania Palma, "Gary Gensler Urges Regulators to Tame AI Risks to Financial Stability," *Financial Times*, October 15, 2023, https://www.ft.com/content/8227636f-e819-443a-aeba-c8237f0ec1ac.

42. Laura Payne, "Deepfake," in *Encyclopedia Britannica*, October 5, 2023, https://www.britannica.com/technology/deepfake.

43. "Incident 39: Deepfake Obama Introduction of Deepfakes," AI Incident Database, accessed October 28, 2023, https://incidentdatabase.ai/cite/39/.

44. Jeremy Kahn, "Here's Who Created Those Viral Tom Cruise Deepfake Videos," *Fortune*, March 2, 2021, https://fortune.com/2021/03/02/tom-cruise-deepfake-videos-tik-tok-chris-ume/.

335

45. Ashley Belanger, "AI Platform Allegedly Bans Journalist over Fake Trump Arrest Images," *Ars Technica*, March 22, 2023, https://arstechnica.com/tech-policy/2023/03/ai-platform-allegedly-bans-journalist-over-fake-trump-arrest-images/; Christiaan Hetzner, "What Is Midjourney? The A.I. Image Generator Used to Create the Viral Image of the Pope in a Puffer Jacket," *Fortune*, March 28, 2023, https://fortune.com/2023/03/28/pope-francis-balenciaga-puffer-jacket-midjourney-ai-deepfake-image-generator-openai-dalle/.

46. Cade Metz, "Instant Videos Could Represent the Next Leap in A.I. Technology," *New York Times*, April 4, 2023, https://www.nytimes.com/2023/04/04/technology/run way-ai-videos.html.

47. "ElevenLabs Generative AI Text to Speech & Voice Cloning," ElevenLabs, accessed October 1, 2023; "Free AI Text to Speech Online," https://elevenlabs.io/text-to-speech; "AI Voice Cloning: Clone Your Voice in Minutes," https://elevenlabs.io/voice-cloning.

48. Kim Lyons, "An Indian Politician Used AI to Translate His Speech into Other Languages," *The Verge*, February 18, 2020, https://www.theverge.com/2020/2/18/21142782/india-politician-deep fakes-ai-elections.

49. James Vincent, "Republicans Respond to Biden Reelection Announcement with AI-Generated Attack Ad," *The Verge*, April 25, 2023, https://www.theverge.com/2023/4/25/23697328/biden-reelection-rnc-ai-generated-attack-ad-deepfake.

50. Sarah Kreps and Doug Kriner, "How AI Threatens Democracy," *Journal of Democracy* 34, no. 4 (2023): 122–31.

51. Jeremy Kahn, "Advanced A.I. like Chat GPT, DALL-E, and Voice-Cloning Tech Is Already Raising Big Fears for the 2024 Election," *Fortune*, April 8, 2023, https://fortune.com/2023/04/08/ai-chat gpt-dalle-voice-cloning-2024-us-presidential-election-misinformation/.

52. Morgan Meaker, "Slovakia's Election Deepfakes Show AI Is a Danger to Democracy," *WIRED UK*, October 3, 2023, https://www.wired.co.uk/article/slovakia-election-deepfakes.

53. "Cook Political Report Initial 2024 Electoral College Race Ratings," 270toWin, July 28, 2023, https://www.270towin.com/news/2023/07/28/cook-political-report-initial-2024-electoral-college-race-ratings_1512.html.

54. Ullrich K. H. Ecker et al., "The Psychological Drivers of Misinformation Belief and Its Resistance to Correction," *Nature Reviews Psychology* 1, no. 1 (January 12, 2022): 13–29.

55. Christopher Paul and Miriam Matthews, *The Russian "Firehose of Falsehood" Propaganda Model: Why It Might Work and Options to Counter It* (Santa Monica, CA: RAND Corporation, 2016).

參考資料

56. Kaylyn Jackson Schiff, Daniel Schiff, and Natália S. Bueno, "The Liar's Dividend: Can Politicians Claim Misinformation to Evade Accountability?" SocArXiv Papers, October 19, 2023, https://files.osf.io/v1/resources/x43ph/providers/osfstorage/64d228b4a2be6b59fa314730.

57. Brady Snyder, "Unlike Google, Samsung Will Digitally Watermark Wallpapers and Images Made with AI," *Yahoo News*, January 19, 2024, https://news.yahoo.com/unlike-google-samsung-digitally-watermark-071117152.html.

58. Zhengyuan Jiang, Jinghuai Zhang, and Neil Zhenqiang Gong, "Evading Watermark Based Detection of AI-Generated Content," arXiv, May 5, 2023, http://arxiv.org/abs/2305.03807.

59. Kyle Barr, "Samsung's Galaxy S24 Can Remove Its Own AI Watermarks Meant to Show an Image Is Fake," *Gizmodo*, January 19, 2024, https://gizmodo.com/galaxy-s24-ai-removes-ai-watermark-phones-photos-1851180966.

60. Ina Fried, "The Fight against Deepfakes Expands to Hardware," *Axios*, October 26, 2023, https://www.axios.com/2023/10/26/deepfakes-content-credentials-hardware-software.

61. The White House, "FACT SHEET: President Biden Issues Executive Order on Safe, Secure, and Trustworthy Artificial Intelligence."

62. Daniel Funke and Daniela Flamini, "A Guide to Anti-Misinformation Actions around the World," *Poynter*, April 9, 2019, https://www.poynter.org/ifcn/anti-misinformation-actions/.

63. Robert Freedman and Lyle Moran, "Sweeping EU Digital Misinformation Law Takes Effect," *Legal Dive*, August 23, 2023, https://www.legaldive.com/news/digital-services-act-dsa-eu-misinformation-law-propaganda-compliance-facebook-gdpr/691657/; "Press Corner: Questions and Answers: Digital Services Act," European Commission, April 25, 2003, https://ec.europa.eu/commission/presscorner/detail/en/qanda_20_2348.

64. Sarah Kreps and Doug Kriner, "How AI Threatens Democracy," *Journal of Democracy* 34, no. 4 (October 2023): 122–31.

65. Courtney Kennedy, "Does Public Opinion Polling about Issues Still Work?," Pew Research Center, September 21, 2022, https://www.pewresearch.org/short-reads/2022/09/21/does-public-opinion-polling-about-issues-still-work/.

66. Jeremy Kahn, "IBM's A.I. Can Now Mine People's Collective Thoughts. Will Businesses Use This Data Thoughtfully?," *Fortune*, December 12, 2019, https://fortune.com/2019/12/12/ibm-ai-artificial-intelligence-business-survey-polling-speech-by-crowd/; Jeremy Kahn, "IBM Showcases A.I. That Can Parse Arguments in Cambridge Union Debate," *Fortune*, November 22, 2019, https://fortune.com/2019/11/22/ibm-ai-debate-arguments-cambridge-union/; Noam

337

Slonim et al., "An Autonomous Debating System," *Nature* 591, no. 7850 (March 2021): 379–84.

第12章　用機器的速度打仗

1. Lorraine Boissoneault, "The Historic Innovation of Land Mines—and Why We've Struggled to Get Rid of Them," *Smithsonian magazine*, February 24, 2017, https://www.smithsonianmag.com/innovation/historic-innovation-land-minesand-why-weve-struggled-get-rid-them-180962276/.

2. Brandon Tseng, interview by Jeremy Kahn, August 23, 2023.

3. John Keegan, *The Face of Battle: A Study of Agincourt, Waterloo, and the Somme* (New York: Penguin, 1983).

4. Sudhin Thanawala, "Facial Recognition Technology Jailed a Man for Days. His Lawsuit Joins Others from Black Plaintiffs," *AP News*, September 25, 2023, https://apnews.com/article/mistaken-arrests-facial-recognition-technology-lawsuits-b613161c56472459df683f54320d08a7; Innocence Project, "When Artificial Intelligence Gets It Wrong," Innocence Project, September 19, 2023, https://innocenceproject.org/when-artificial-in telligence-gets-it-wrong/.

5. The Tesla Team, "A Tragic Loss," Tesla (blog), June 30, 2016, https://www.tesla.com/blog/tragic-loss.

6. Mary Wareham, interview by Jeremy Kahn, November 16, 2023.

7. David Hambling, "Ukraine's AI Drones Seek and Attack Russian Forces Without Human Oversight," *Forbes*, October 17, 2023, https://www.forbes.com/sites/davidhambling/2023/10/17/uk raines-ai-drones-seek-and-attack-russian-forces-without-human-oversight/.

8. Neil Davison, "A Legal Perspective: Autonomous Weapon Systems under International Humanitarian Law," in *Perspectives on Lethal Autonomous Weapon Systems*, vol. 30, UNODA Occassional Papers, United Nations, 2018, 5–18.

9. Zachary Kallenborn, "Applying Arms Control Frameworks to Autonomous Weapons," Brookings, October 5, 2021, https://www.brookings.edu/articles/applying-arms-control-frameworks-to-autonomous-weapons/.

10. Noel Sharkey, interview by Jeremy Kahn, December 2020.

11. Ibid.

12. Paul W. Kahn, "The Paradox of Riskless Warfare," in *War after September 11*, ed. Verna V. Gehring (Lanham, MD: Rowman & Littlefield, 2002), 37–49.

參考資料

13. Paul Scharre, *Army of None: Autonomous Weapons and the Future of War* (New York: W. W. Norton, 2018).
14. Ibid.
15. Zachary Kallenborn, interview by Jeremy Kahn, November 17, 2023.
16. Rob Blackhurst, "The Air Force Men Who Fly Drones in Afghanistan by Remote Control," *Daily Telegraph*, September 24, 2012, https://www.telegraph.co.uk/news/uknews/defence/9552547/The-air-force-men-who-fly-drones-in-Afghanistan-by-remote-control.html.
17. Peter Warren Singer, *Wired for War: The Robotics Revolution and Conflict in the Twenty-First Century* (New York: Penguin, 2009), 386.
18. Kallenborn, interview.
19. Kelley M. Sayler, "International Discussions Concerning Lethal Autonomous Weapon Systems (IF11294)," Congressional Research Service, February 14, 2023, https://crsreports.congress.gov/product/pdf/IF/IF11294.
20. Kelley M. Sayler, "Defense Primer: U.S. Policy on Lethal Autonomous Weapon Systems (IF11150)," Congressional Research Service, May 15, 2023, https://crsreports.congress.gov/product/pdf/IF/IF11150.
21. Mary Wareham, interview by Jeremy Kahn, November 16, 2023; Sharkey, interview.
22. Mary Wareham, "Stopping Killer Robots," Human Rights Watch, August 10, 2020, https://www.hrw.org/report/2020/08/10/stopping-killer-robots/country-positions-banning-fully-autonomous-weapons-and.
23. Wareham, interview.
24. Ibid.; Toby Walsh, interview by Jeremy Kahn, November 20, 2023.
25. Kelley M. Sayler, "International Discussions Concerning Lethal Autonomous Weapon Systems (IF11294)," Congressional Research Service, February 14, 2023.
26. Ousman Noor, "70 States Deliver Joint Statement on Autonomous Weapons Systems at UN General Assembly," Stop Killer Robots, October 21, 2022, https://www.stopkillerrobots.org/news/70-states-deliver-joint-statement-on-autonomous-weapons-systems-at-un-general-assembly/.
27. "UN and Red Cross Call for Restrictions on Autonomous Weapon Systems to Protect Humanity," UN News, October 5, 2023, https://news.un.org/en/story/2023/10/1141922.
28. "First Committee Approves New Resolution on Lethal Autonomous Weapons, as Speaker Warns 'an Algorithm Must Not Be in Full Control of Decisions

AI 來了，你還不開始準備嗎？

Involving Killing,'" United Nations Media Coverage and Press Releases, November 1, 2023, https://press.un.org/en/2023/gadis3731.doc.htm.

29. Scharre, *Army of None*, 351.
30. Ibid., 331–44; Robert F. Trager, "Deliberating Autonomous Weapons," *Issues in Science and Technology* XXXVIII, no. 4 (July 12, 2022), https://issues.org/autonomous-weapons-russell-forum/.
31. Scharre, *Army of None*, 340.
32. Trager, "Deliberating Autonomous Weapons."
33. "Anti-Personnel Landmines: Friend or Foe? A Study of the Military Use and Effectiveness of Anti-Personnel Mines," International Committee of the Red Cross, June 9, 2020, https://www.icrc.org/en/publication/0654-anti-personnel-landmines-friend-or-foe-study-military-use-and-effectiveness-anti. 不過，地雷在烏俄戰爭中，對雙方似乎都有加強防禦的效果，所以軍方對地雷功效的看法可能有所改變，詳見：David E. Johnson, "Is the Virtue in the Weapon or the Cause?" (*Lawfire*, August 5, 2022), https://www.rand.org/pubs/commentary/2022/08/is-the-virtue-in-the-weapon-or-the-cause.html.
34. Scharre, *Army of None*, 334–44; Walsh, interview.
35. Zachary Kallenborn, interview; Kallenborn, "Applying Arms Control."
36. Sharkey, interview.
37. Reinhardt Krause, "Palantir Wins $250M U.S. Army Services Contract for AI," *Investor's Business Daily*, September 27, 2023, https://www.investors.com/news/technology/pltr-stock-palantir-wins-250-million-army-ai-services-contract/.
38. Lieutenant Colonel Thomas Doll et al., "From the Game Map to the Battlefield—Using DeepMind's Advanced Alphastar Techniques to Support Military Decision-Makers," *Towards Training and Decision Support for Complex Multi-Domain Operations, NATO Modelling and Simulation Group (NMSG)*, Symposium Held on 21–22 October 2021, in Amsterdam, the Netherlands, 2021, 14–11.
39. Sherrill Lee Lingel et al., *Joint All-Domain Command and Control for Modern Warfare: An Analytic Framework for Identifying and Developing Artificial Intelligence Applications* (RAND, 2020); Colin Demarest, "Siemens, 29 Others Added to Air Force's $950 Million JADC2 Contract," *C4ISRNet*, September 23, 2022, https://www.c4isrnet.com/industry/2022/09/23/siemens-29-others-added-to-air-forces-950-million-jadc2-contract/.
40. Katrina Manson, "The US Military Is Taking Generative AI Out for a Spin," Bloomberg News, July 5, 2023, https://www.bloomberg.com/news/newsletters/2023-07-05/the-us-military-is-taking-generative-ai-out-for-a-spin.

參考資料

41. Yuval Abraham, "'Lavender': The AI Machine Directing Israel's Bombing Spree in Gaza," *+972 Magazine*, April 3, 2024, https://www.972mag.com/lavender-ai-israeli-army-gaza/; Harry Davies, Bethan McKernan, and Dan Sabbagh, "'The Gospel': How Israel Uses AI to Select Bombing Targets in Gaza," *The Guardian*, December 1, 2023, https://www.theguardian.com/world/2023/dec/01/the-gos pel-how-israel-uses-ai-to-select-bombing-targets.

42. Hera Rizwan, "AI In Warfare: Study Finds LLM Models Escalate Violence In War Simulations," *BOOM*, February 12, 2024, https://www.boomlive.in/news/ai-in-warfare-study-finds-llm-models-escalate-violence-in-war-simulations-24334.

43. Olivier Knox, "A.I. and Nuclear Decisions Shouldn't Mix, U.S. Says Ahead of Biden-Xi Summit," *Washington Post*, November 9, 2023, https://www.washingtonpost.com/politics/2023/11/09/ai-nuclear-decisions-shouldnt-mix-us-says-ahead-biden-xi-summit/.

44. Ross Andersen, "Never Give Artificial Intelligence the Nuclear Codes," *The Atlantic*, May 2, 2023, https://www.theatlantic.com/magazine/archive/2023/06/ai-warfare-nuclear-weapons-strike/673780/.

45. *How I Learned to Stop Worrying and Love the Bomb*, directed by Stanley Kubrick (Columbia Pictures, 1964).

46. Andersen, "Never Give Artificial."

47. Ibid.; Susan D'Agostino, "Biden Should End the Launch-on-Warning Option," *Bulletin of the Atomic Scientists*, June 22, 2021, https://thebulletin.org/2021/06/biden-should-end-the-launch-on-warning-option/; Adam Lowther and Curtis McGiffin, "America Needs a 'Dead Hand,'" Maxwell Air Force Base, Air Force Institute of Technology, August 23, 2019, https://www.maxwell.af.mil/News/Commentaries/Display/Article/1942374/america-needs-a-dead-hand/.

48. Andersen, "Never Give Artificial"; Wikipedia contributors, "1983 Soviet Nuclear False Alarm Incident," *Wikipedia*, September 26, 2023, https://en.wikipedia.org/w/index.php?title=1983_Soviet_nuclear_false_alarm_incident&oldid=1177249343.

49. Phil McCausland, "Self-Driving Uber Car That Hit and Killed Woman Did Not Recognize That Pedestrians Jaywalk," NBC News, November 9, 2019, https://www.nbcnews.com/tech/tech-news/self-driving-uber-car-hit-killed-woman-did-not-recognize-n1079281; "11 More People Killed in Crashes Involving Automated-Tech Vehicles," CBS News, October 19, 2022, https://www.cbsnews.com/news/self-driving-vehicles-crash-deaths-clon-musk-tesla-nhtsa-2022/.

50. Michael T. Klare, "'Skynet' Revisited: The Dangerous Allure of Nuclear Command Automation," *Arms Control Today*, April 2020, https://www.

AI 來了，你還不開始準備嗎？

armscontrol.org/act/2020-04/features/skynet-revisited-dangerous-allure-nuclear-command-automation.

51. Andersen, "Never Give Artificial."

52. Trevor Hunnicutt and Jeff Mason, "TAKEAWAYS—Biden and Xi Meeting: Taiwan, Iran, Fentanyl and AI," Reuters, November 16, 2023, https://www.reuters.com/world/takeaways-biden-xi-meeting-taiwan-iran-fentanyl-ai-2023-11-16/.

53. James Vincent, "Putin Says the Nation That Leads in AI 'Will Be the Ruler of the World,'" *The Verge*, September 4, 2017, https://www.theverge.com/2017/9/4/16251226/russia-ai-putin-rule-the-world.

54. "Full Translation: China's 'New Generation Artificial Intelligence Development Plan' (2017)," *DigiChina*, August 1, 2017, https://digichina.stanford.edu/work/full-translation-chinas-new-generation-artificial-intelligence-development-plan-2017/.

55. Will Henshall, "What to Know about the U.S. Curbs on AI Chip Exports to China," *Time*, October 17, 2023, https://time.com/6324619/us-biden-ai-chips-china/.

56. Dominique Patton and Amy Lv, "China Exported No Germanium, Gallium in August after Export Curbs," Reuters, September 20, 2023, https://www.reuters.com/world/china/china-exported-no-germanium-gal lium-aug-due-export-curbs-2023-09-20/.

57. Phil Stewart et al., "Chinese Blockade of Taiwan Would Likely Fail, Pentagon Official Says," Reuters, September 19, 2023, https://www.reuters.com/world/asia-pacific/chinese-blockade-taiwan-would-likely-fail-pentagon-official-says-2023-09-19/.

58. Rob Toews, "The Geopolitics of AI Chips Will Define the Future of AI," *Forbes*, May 7, 2023, https://www.forbes.com/sites/robtoews/2023/05/07/the-geopolitics-of-ai-chips-will-define-the-future-of-ai/?sh=4abdae0e5c5c.

59. Makena Kelly, "President Joe Biden's $39 Billion Semiconductor Project Is Open for Business," *The Verge*, February 28, 2023, https://www.theverge.com/2023/2/28/23618885/semiconductor-chip-manufacturing-commerce-biden-white-house.

第13章　全人類熄燈

1. Matt McFarland, "Elon Musk: 'With Artificial Intelligence We Are Summoning the Demon,'" *Washington Post*, October 24, 2014, https://www.washingtonpost.com/news/innovations/wp/2014/10/24/elon-musk-with-artificial-intelligence-we-are-summoning-the-demon/.

參考資料

2. Jeremy Kahn, "The Inside Story of ChatGPT: How OpenAI Founder Sam Altman Built the World's Hottest Technology with Billions from Microsoft," *Fortune*, January 25, 2023, https://fortune.com/long form/chatgpt-openai-sam-altman-microsoft/.

3. Will Douglas Heaven, "Geoffrey Hinton Tells Us Why He's Now Scared of the Tech He Helped Build," *MIT Technology Review*, May 2, 2023, https://www.technologyreview.com/2023/05/02/1072528/geoffrey-hinton-google-why-scared-ai/.

4. Irving John Good, "Speculations Concerning the First Ultraintelligent Machine," in *Advances in Computers*, Volume 6, ed. Franz L. Alt and Morris Rubinoff (Amsterdam: Elsevier, 1966), 31–88.

5. Ibid.

6. Vernor Vinge, "The Coming Technological Singularity: How to Survive in the Post-Human Era," (conference paper, NASA, Lewis Research Center, *Vision 21: Interdisciplinary Science and Engineering in the Era of Cyberspace*, December 1, 1993), https:// ntrs.nasa.gov/citations/19940022856.

7. Ray Kurzweil, *The Singularity Is Near: When Humans Transcend Biology* (London: Gerald Duckworth & Co., 2006).

8. Shane Legg, interview by Jeremy Kahn, August 22, 2023; Dario Amodei, interview by Jeremy Kahn, July 17, 2023.

9. Kurzweil, *The Singularity Is Near*; Ray Kurzweil, "Spiritual Machines: The Merging of Man and Machine," *The Futurist*, vol. 33, November 1999, 16–21.

10. Nick Bostrom, *Superintelligence: Paths, Dangers, Strategies* (Oxford, UK: Oxford University Press, 2014).

11. Noah Payne-Frank et al., "Ilya: The AI Scientist Shaping the World," online video, *The Guardian*, 2023, https://www.theguardian.com/technology/video/2023/nov/02/ilya-the-ai-scientist-shaping-the-world.

12. Alexander Pan, Kush Bhatia, and Jacob Steinhardt, "The Effects of Reward Misspecification: Mapping and Mitigating Misaligned Models," arXiv.org, January 10, 2022, http://arxiv.org/abs/2201.03544.

13. Bostrom, *Superintelligence*.

14. Marius Hobbhahn, "Understanding Strategic Deception and Deceptive Alignment," Apollo Research, September 25, 2023, https://www.apolloresearch.ai/blog/understanding-da-and-sd.

15. OpenAI, "GPT-4 Technical Report," arXiv, March 15, 2023, 55–6, http://arxiv.org/abs/2303.08774.

16. Jan Leike and Ilya Sutskever, "Introducing Superalignment," OpenAI (blog), July 5, 2023, https://openai.com/blog/introducing-superalignment.
17. Amodei, interview.
18. Yuntao Bai et al., "Constitutional AI: Harmlessness from AI Feedback," arXiv, December 15, 2022, http://arxiv.org/abs/2212.08073.
19. Patrick Chao et al., "Jailbreaking Black Box Large Language Models in Twenty Queries," arXiv, October 12, 2023, http://arxiv.org/abs/2310.08419; Andy Zou et al., "Universal and Transferable Adversarial Attacks on Aligned Language Models," arXiv, July 27, 2023, http://arxiv.org/abs/2307.15043.
20. Zico Kolter and Matt Fredrikson, interview by Jeremy Kahn, July 27, 2023; Dario Amodei, interview.
21. P. B. C. Anthropic, "Collective Constitutional AI: Aligning a Language Model with Public Input," Anthropic, October 17, 2023, https://www.anthropic.com/index/collective-constitutional-ai-aligning-a-language-model-with-public-input.
22. Maxwell Zeff, "Elon Musk's 'Anti-Woke' AI Is Here, Snowflakes Need Not Apply," *Gizmodo*, December 7, 2023, https://gizmodo.com/elon-musk-x-grok-ai-chatbot-is-here-1851081047; James Vincent, "As Conservatives Criticize 'Woke AI,' Here Are ChatGPT's Rules for Answering Culture War Queries," *The Verge*, February 17, 2023, https://www.theverge.com/2023/2/17/23603906/openai-chatgpt-woke-criticism-culture-war-rules.
23. Lance Whitney, "I Tried X's 'Anti-Woke' Grok AI Chatbot. The Results Were the Opposite of What I Expected," *ZDNET*, December 21, 2023, https://www.zdnet.com/article/i-tried-xs-anti-woke-grok-ai-chatbot-the-re sults-were-the-opposite-of-what-i-expected/.
24. Stuart Armstrong et al., "CoinRun: Solving Goal Misgeneralisation," arXiv, September 28, 2023, http://arxiv.org/abs/2309.16166; Matija Franklin et al., "Concept Extrapolation: A Conceptual Primer," arXiv, June 19, 2023, http://arxiv.org/abs/2306.10999.
25. Jeremy Kahn, "Some Small Start-ups Making Headway on Generative A.I.'s Biggest Challenges," *Fortune*, May 23, 2023, https://fortune.com/2023/05/23/small-startups-making-headway-on-gener ative-a-i-s-biggest-challenges-xayn-aligned-ai-eye-on-ai/.
26. Amodei, interview.
27. U.S. Atomic Energy Commission, "In the matter of J. Robert Oppenheimer: transcript of hearing before Personnel Security Board, Washington, D.C.," April 12, 1954 through May 5, 1954, U.S. Government Printing Office, 81.

參考資料

28. Rachel Metz and Shirin Ghaffary, "OpenAI's Sam Altman Returns to Board After Probe Clears Him," Bloomberg News, March 8, 2024, https://www.bloomberg.com/news/articles/2024-03-08/openai-s-altman-returns-to-board-after-probe-clears-him.

29. Helen Toner (@hlntnr), "A statement from Helen Toner and Tasha McCauley," statement on release of WilmerHale Report on investigation into Sam Altman's firing," X (formerly Twitter), March 9, 2024, https://x.com/hlntnr/status/1766269137628590185?s=20.

30. The White House, "FACT SHEET: President Biden Issues Executive Order on Safe, Secure, and Trustworthy Artificial Intelligence," October 30, 2023, https://www.whitehouse.gov/briefing-room/statements-releases/2023/10/30/fact-sheet-president-biden-issues-executive-order-on-safe-secure-and-trustworthy-artificial-intelligence/.

31. European Council, "Artificial Intelligence Act: Council and Parliament Strike a Deal on the First Rules for AI in the World," European Council News, December 9, 2023, https://www.consilium.europa.eu/en/press/press-releases/2023/12/09/artificial-intelligence-act-council-and-parliament-strike-a-deal-on-the-first-worldwide-rules-for-ai/.

32. "The Bletchley Declaration by Countries Attending the AI Safety Summit, 1–2 November 2023," GOV.UK, November 1, 2023, https://www.gov.uk/government/publications/ai-safety-summit-2023-the-bletchley-declaration/the-bletchley-declaration-by-countries-attending-the-ai-safety-summit-1-2-november-2023.

33. Dashveenjit Kaur, "First-of-Its-Kind International Agreement on AI Safety Introduced by the US and Allies," *Tech Wire Asia*, November 28, 2023, https://techwireasia.com/11/2023/what-agreement-on-international-agreement-on-ai-safety-has-been-reached-by-the-us-and-allies/.

34. Robert Trager et al., "International Governance of Civilian AI: A Jurisdictional Certification Approach," Social Science Research Network, August 31, 2023, https://papers.ssrn.com/sol3/papers.cfm?abstract_id=4579899.

視野101

AI來了，你還不開始準備嗎？
人工智慧正全面改寫你的生活、職涯與競爭力
Mastering AI: A Survival Guide to Our Superpowered Future

作　　者：傑洛米‧卡恩（Jeremy Kahn）
譯　　者：戴榕儀

責任編輯：王彥萍
協力編輯：唐維信
校　　對：王彥萍、唐維信
封面設計：許晉維
排　　版：王惠蓴
寶鼎行銷顧問：劉邦寧

發 行 人：洪祺祥
副總經理：洪偉傑
副總編輯：王彥萍
法律顧問：建大法律事務所
財務顧問：高威會計師事務所
出　　版：日月文化出版股份有限公司
製　　作：寶鼎出版
地　　址：台北市信義路三段151號8樓
電　　話：(02)2708-5509／傳　　真：(02)2708-6157
客服信箱：service@heliopolis.com.tw
網　　址：www.heliopolis.com.tw
郵撥帳號：19716071日月文化出版股份有限公司

總 經 銷：聯合發行股份有限公司
電　　話：(02)2917-8022／傳　　真：(02)2915-7212
製版印刷：中原造像股份有限公司
初　　版：2025年09月
定　　價：420元
I S B N：978-626-7641-97-2

Mastering AI: A Survival Guide to Our Superpowered Future
Copyright © 2024 by Jeremy Kahn
Complex Chinese Copyright © 2025 by Heliopolis Culture Group Co., Ltd.
Published by arrangement with Aevitas Creative Management, through The Grayhawk Agency.
All rights reserved.

國家圖書館出版品預行編目資料

AI來了，你還不開始準備嗎？：人工智慧正全面改寫你的生活、職涯與競爭力／傑洛米‧卡恩（Jeremy Kahn）著；戴榕儀譯．
-- 初版．-- 臺北市：日月文化出版股份有限公司，2025.08
352面；21×14.7公分．--（視野；101）
譯自：Mastering AI: A Survival Guide to Our Superpowered Future
ISBN 978-626-7641-97-2（平裝）

1. CST：人工智慧　2. CST：市場預測　3. CST：資訊社會

312.83　　　　　　　　　　　　　　114009826

◎版權所有‧翻印必究
◎本書如有缺頁、破損、裝訂錯誤，請寄回本公司更換

日月文化集團
HELIOPOLIS
CULTURE GROUP

感謝您購買　**AI 來了，你還不開始準備嗎？**
人工智慧正全面改寫你的生活、職涯與競爭力

為提供完整服務與快速資訊，請詳細填寫以下資料，傳真至02-2708-6157或免貼郵票寄回，我們將不定期提供您最新資訊及最新優惠。

1. 姓名：＿＿＿＿＿＿＿＿＿＿＿＿＿　性別：□男　□女
2. 生日：＿＿＿＿年＿＿＿＿月＿＿＿＿日　職業：＿＿＿＿＿
3. 電話：（請務必填寫一種聯絡方式）
   （日）＿＿＿＿＿＿＿＿（夜）＿＿＿＿＿＿＿＿（手機）＿＿＿＿＿＿＿＿
4. 地址：□□□＿＿＿＿＿＿＿＿＿＿＿＿＿＿＿＿＿＿＿＿＿＿
5. 電子信箱：＿＿＿＿＿＿＿＿＿＿＿＿＿＿＿＿＿＿＿＿＿
6. 您從何處購買此書？□＿＿＿＿＿＿＿縣/市＿＿＿＿＿＿＿書店/量販超商
   □＿＿＿＿＿＿＿網路書店　□書展　□郵購　□其他
7. 您何時購買此書？　年　　月　　日
8. 您購買此書的原因：（可複選）
   □對書的主題有興趣　□作者　□出版社　□工作所需　□生活所需
   □資訊豐富　□價格合理（若不合理，您覺得合理價格應為＿＿＿＿＿）
   □封面/版面編排　□其他＿＿＿＿＿＿＿＿＿＿＿＿＿＿
9. 您從何處得知這本書的消息：　□書店　□網路／電子報　□量販超商　□報紙
   □雜誌　□廣播　□電視　□他人推薦　□其他
10. 您對本書的評價：（1.非常滿意 2.滿意 3.普通 4.不滿意 5.非常不滿意）
    書名＿＿＿　內容＿＿＿　封面設計＿＿＿　版面編排＿＿＿　文/譯筆＿＿＿
11. 您通常以何種方式購書？□書店　□網路　□傳真訂購　□郵政劃撥　□其他
12. 您最喜歡在何處買書？
    □＿＿＿＿＿＿＿縣/市＿＿＿＿＿＿＿書店/量販超商　□網路書店
13. 您希望我們未來出版何種主題的書？＿＿＿＿＿＿＿＿＿＿＿
14. 您認為本書還須改進的地方？提供我們的建議？
    ＿＿＿＿＿＿＿＿＿＿＿＿＿＿＿＿＿＿＿＿＿＿＿＿＿＿
    ＿＿＿＿＿＿＿＿＿＿＿＿＿＿＿＿＿＿＿＿＿＿＿＿＿＿
    ＿＿＿＿＿＿＿＿＿＿＿＿＿＿＿＿＿＿＿＿＿＿＿＿＿＿
    ＿＿＿＿＿＿＿＿＿＿＿＿＿＿＿＿＿＿＿＿＿＿＿＿＿＿

| | 日月文化集團 HELIOPOLIS CULTURE GROUP | 客服專線 02-2708-5509
客服傳真 02-2708-6157
客服信箱 service@heliopolis.com.tw | 廣告回函
台灣北區郵政管理局登記證
北台字第 000370 號
免貼郵票 |

日月文化集團 讀者服務部 收

10658 台北市信義路三段151號8樓

對折黏貼後，即可直接郵寄

日月文化網址：www.heliopolis.com.tw

最新消息、活動，請參考 FB 粉絲團

大量訂購，另有折扣優惠，請洽客服中心（詳見本頁上方所示連絡方式）。

大好書屋	寶鼎出版	山岳文化
EZ TALK	EZ Japan	EZ Korea

大好書屋・寶鼎出版・山岳文化・洪圖出版　EZ叢書館　EZ Korea　EZ TALK　EZ Japan